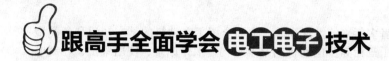

跟高手全面学会 电工电子 技术

轻松掌握
电动机
维修技能

王桂英　主　编
冯广玉　孙玉倩　副主编

U0248532

化学工业出版社
·北京·

本书从实用角度出发，结合作者多年来的维修经验，全面介绍了电动机的基本知识和各类型电动机的维修技术。书中详细讲述了三相异步电动机的基本结构、工作原理、使用维护、控制电路、故障原因及处理，各种维修工具与仪表，电动机绕组结构特点、绕组展开图与接线图的画法，绕组重绕修理、嵌线规律与工艺、修后检测与试验，列举了许多维修范例；同时也对工具及测试仪器和机电维修与故障诊断技巧进行了重点说明。书中所讲解的内容，都是从生产实践中提炼出来的，以帮助读者尽快掌握电动机的维修技能。

本书可供电机使用和维修工及相关技术人员阅读；电机设计和制造部门的工程技术人员及职校、技校相关专业师生也可参阅；也是初学者的入门教材。

图书在版编目（CIP）数据

轻松掌握电动机维修技能 / 王桂英主编，—北京：化学工业出版社，2014.6
（跟高手全面学会电工电子技术）
ISBN 978-7-122-20395-3

Ⅰ.①轻⋯　Ⅱ.①王⋯　Ⅲ.①电动机-维修　Ⅳ.①TM320.7

中国版本图书馆 CIP 数据核字（2014）第 074894 号

责任编辑：刘丽宏　　　　　　　　　　　　文字编辑：陈　喆
责任校对：宋　玮　　　　　　　　　　　　装帧设计：刘丽华

出版发行：化学工业出版社（北京市东城区青年湖南街 13 号　邮政编码 100011）
印　　装：化学工业出版社印刷厂
787mm×1092mm　1/16　印张 14　字数 380 千字　2015 年 1 月北京第 1 版第 1 次印刷

购书咨询：010-64518888（传真：010-64519686）　售后服务：010-64518899
网　　址：http://www.cip.com.cn
凡购买本书，如有缺损质量问题，本社销售中心负责调换。

定　　价：49.00 元

前言 《《——

随着科学技术的日新月异，电工电子技术不断融合，电工、电子技术已成为日常生活和工业、科技不可或缺的一部分，只要涉及到用电的地方，就有电工、电子技术的存在。同时大量新工艺、新技术的电子电气产品不断涌现，不仅带动了电子电气工业生产、维修等行业的发展，也为社会创造了许多就业机会。

"家有万贯，不如一技在身"。很多人非常想学好电工电子技术，但由于种种原因，常常望而却步。为了让初学者能轻松掌握电工或电子技术，快速上岗，胜任工作，让有技术基础的人员能全面学会电工电子技术，争当技术能手、高手，我们组织电工电子领域有丰富实践经验的技术高手编撰了这套《跟高手全面学会电工电子技术》丛书（以下简称《丛书》）。

《丛书》基础起点低，语言通俗易懂，力求用图、表说话，分册涵盖了从电工基础识图、高低压电工到电子技术、电气维修等相关实用技术内容，主要包括《轻松掌握家装电工技能》、《轻松掌握汽车维修电工技能》、《轻松掌握维修电工技能》、《轻松掌握高压电工技能》、《轻松掌握低压电工技能》、《轻松掌握电动机维修技能》、《轻松看懂电动机控制电路》、《轻松看懂电子电路图》、《轻松掌握电子元器件识别、检测与应用》、《轻松掌握电梯安装与维修技能》，帮助读者轻松、快速、高效掌握电工电子相关知识和技能。

本书为《轻松掌握电动机维修技能》分册。

本书根据笔者多年带徒弟修理电动机的经验，从最基本的电动机修理基础知识着手，讲解了电动机的绕组与拆装、绕组重绕、计算方法及改制；单相异步电动机、三相异步电动机、串励电动机、直流电动机嵌线与维修技术；电子调速直流电动机、罩极式电动机及同步电动机维修技术；同时介绍了电动机维修常用工具和材料、电动机常见故障与检修绕组的浸漆与烘干、电动机的检查与试验等；在绕组重绕计算中采用较简易的实用计算方法，并附有大量实例供初学者参考。

本书最大的特点是在介绍电动机原理的同时，详细地讲解了电动机绕组及绕组的嵌线步骤与故障检修，同时，对各类电动机绕组的分布和接线，采用直观性很强的展开图等进行介绍，这样使读者能够更加有针对性地学会电动机的维修思路、技巧和常见故障排除。本书注重实际应用，图文并茂，书中所讲解的内容，都是从生产实践中提炼出来的，读者经过学习、理解和掌握后即可独立维修电动机。

本书由王桂英主编，冯广玉、孙玉倩任副主编，参加本书编写的人员还有洪立彬、樊炳涛、许良、董忠、张亮、马妙霞、刘小凯，全书由张伯虎审核。

由于编者水平有限，书中不足之处难免，敬请批评指正。

编者

目录 <<—

第一章

电动机基础知识

第一节　电

一、电荷的产生

构成一切物质的基础是原子，而原子是由原子核及围绕原子核旋转的电子组成的。原子核带正电荷，环绕原子核旋转的电子带负电荷。所有电子的大小、质量和电荷都是完全一样的。不同的化学元素，原子的结构也不同。如图 1-1(a) 所示为几种原子结构。原子中存在原子核所带正电和电子所带负电互相吸引的作用，所以电子环绕原子核运动而不从原子中飞出去。

(a) 原子不同结构　　　　(b) 自由电子运动

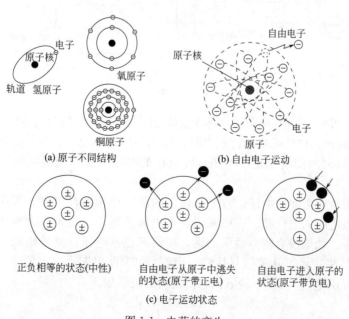

正负相等的状态(中性)　　　自由电子从原子中逃失　　　自由电子进入原子的
　　　　　　　　　　　　　的状态(原子带正电)　　　状态(原子带负电)

(c) 电子运动状态

图 1-1　电荷的产生

完整的原子，原子核所带的正电荷，刚好等于它外围所有电子所带的负电荷，所以整个原子就是一个不带电的、电性中和的粒子。应该注意的是，金属元素的原子中电子数目比较多，它们分布在几层轨道上，如图 1-1 中的金属原子所示，那些靠近原子核轨道上的电子与原子核的吸引力比较强，所以不容易脱离原子核。但是最外层轨道上的电子，受核的吸引力比较弱，很容易脱离原子核的束缚，跑到轨道外面去，成为"自由电子"。这些自由电子在原子间穿来穿去做着没有规则的运动，如图 1-1(b) 所示。原子失去了最外层电子后，它的电中性就被破坏了，这个原子就带正电，称为正离子。飞出轨道的电子也可能被另外的原子所吸收，这个吸收了额外电子的原子就带负电，称为负离子，如图 1-1(c) 所示。原来处于中性状态的原子，由于失去电子或额外地获得电子变成带电离子的过程，叫做电离。

二、电压

众所周知，河水总是从高处流向低处。因此要形成水流，就必须使水流两端具有一定的水位差，即水压，如图 1-2(a) 所示。与此相似，在电路里，使金属导体中的自由电子做定向移动形成电流的原因是导体的两端具有电压。电压是形成电流的必要条件之一。自然界物体带电后就会带上一定的电压，一般情况下，物体所带正电荷越多电位越高，如果把两个电位不同的带电体用导线连接起来，电位高的带电体中的正电荷便向电位低的那个带电体流去，于是导体中便产生了电流。

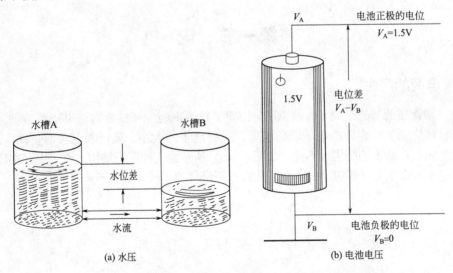

(a) 水压
(b) 电池电压

图 1-2　电压

在电路中，任意两点之间的电位差，称为这两点间的电压。电压分直流电压和交流电压。电池上的电压为直流电压，它是通过化学反应维持电能量的，电池电压电位差示意图如图 1-2(b) 所示。而交流电压是随时间周期变化的电压，发电厂的电压一般为交流电压，这种电压就是常用的交流电。

所谓电压是指两点之间的电压，它是以认定的某一点作为参考点。所谓某点的电压，就是指该点与参考点之间的电位差。一般来说，在电力工程中，规定以大地作为参考点，认为大地的电位等于零。如果没有特点说明的话，所谓某点的电压，就是指该点与大地之间的电压。电压用字母 U 来表示，其单位是伏特，用符号 "V" 来表示，大的单位可用千伏（kV）表示，小的单位可用毫伏（mV）表示。它们之间的关系如下：

$$1kV = 1000V$$
$$1V = 1000mV$$

我国规定标准电压有许多等级，安全电压 12V、36V，民用市电单相电压 220V，低压三相电压 380V，城乡高压配电电压 10kV 和 35kV，输电电压 110kV 和 220V，还有长距离超高压输电电压 330kV 和 500kV。

三、电流

在各种金属中都含有大量的自由电子，如果将金属导体和一个电源连接起来时，导体中的自由电子（负电荷）就会受到电池负极的排斥和正极的吸引，使它们朝着电池正极运动，如图 1-3(a) 所示。自由电子的这种有规则的运动，形成了金属导体中的电流。习惯上人们都把正电荷移动的方向定为电流的方向，它与电子移动的方向相反。

在现实中，通常要知道电路中电流的大小。电流的大小可以用每单位时间内通过导体任一横截面的电荷量来计算，称为电流强度，简称电流。电流强度的单位是安培（A），它是这样规定的，1s 内通过导体横截面上的电荷量 Q 为 1 库仑（C）（注：1C 相当于 6.242×10^{18} 个电子所带的电荷量），则电流强度就是 1A，即 $1A = \dfrac{1C}{1s}$。

安培用符号"A"表示。在实际工作中，还常常用到较小的单位毫安（mA）和微安（μA），它们的关系是：

$$1A = 1000mA$$
$$1mA = 1000\mu A$$

大小和方向都不随时间变化的电流，称为直流电流，如图 1-3(b) 所示；大小和方向均随时间作周期性变化的电流，称为交流电流，如图 1-3(c) 所示。在实际生活中，最常用交流电。

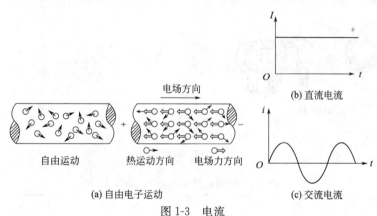

(a) 自由电子运动
电场方向
自由运动　　热运动方向　　电场力方向

(b) 直流电流

(c) 交流电流

图 1-3　电流

四、电阻

自由电子在导体中沿一定方向流动时，不可避免地会受到阻力，这种阻力是自由电子与导体中的原子发生碰撞而产生的。导体中这种阻碍电流通过的阻力叫电阻，电阻用符号 R 或 r 表示。

电阻的基本单位是欧姆，用"Ω"来表示。如果在电路两端所加的电压是 1 伏特（V），流过这段电路的电流是 1 安培（A），那么这段电阻就定为 1 欧姆（Ω）。在日常应用中，如果电阻较大，常常采用较大的单位千欧（kΩ）和兆欧（MΩ），关系如下：

$$1k\Omega = 10^3 \Omega$$
$$1M\Omega = 10^6 \Omega$$

图 1-4 所示为各种电阻图形及符号。

物体电阻的大小与制成物体的材料、几何尺寸和温度有关。一般导线的电阻可由以下公式求得：

$$R = \rho \frac{l}{S}$$

式中，l 为导线长度，m；S 为导线的横截面积，mm^2；ρ 为电阻率，$\Omega \cdot mm^2/m$。

电阻率 ρ 是电工计算中的一个重要物理常数，不同材料物体的电阻率各不相同。电阻率直接反映各种材料导电性能的好坏。材料导电性能越好，它的电阻率越小。常用导体材料的电阻率见表 1-1。

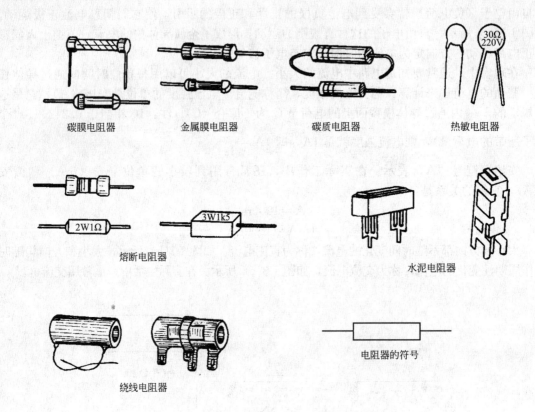

图 1-4　电阻

表 1-1　常用金属的电阻率（20℃）

材　料	电阻率/（$\Omega \cdot mm^2/m$）	材　料	电阻率/（$\Omega \cdot mm^2/m$）
银	0.0165	铸铁	0.5
铜	0.0175	黄铜	0.065
钨	0.0551	铝	0.0283
铁	0.0978		
铅	0.222		

五、电容和电容器

当两个导体的中间用绝缘物质隔开时，就形成了电容器。组成电容器的两个导体叫做极板，中间的绝缘物是介质。电容器外形及符号如图 1-5(a) 所示。

电容器是一种储存电荷的容器。如图 1-5(b) 所示，把电容器和直流电源接通，在电场力的作用下，电源负极的自由电子将向与它相连的 B 极板上移动，使 B 极板带有负电荷；而另一极板 A 上的自由电子将向与它相连的电源正极移动，使 A 极板带有等量的正电荷。这种电荷的移动要持续到极板间的电压与电源电压相等时为止。这样，电容器就储存了一定的电荷。电容储存电荷的过程叫做电容器的充电。

将充好电的电容器 C 通过电阻 R 接成闭合回路，如图 1-5(c) 所示，由于电容器储存着电场能量，两极板间有电压 U_C，可以等效为一个直流电源。在电压 U_C 作用下，极板 B 上的电子就会跑向极板 A 上与正电荷中和，极板上的电荷逐渐减少，U_C 逐渐降低，直到 $U_C = 0$ 时，电荷释放完毕。这一过程称为电容器的放电。

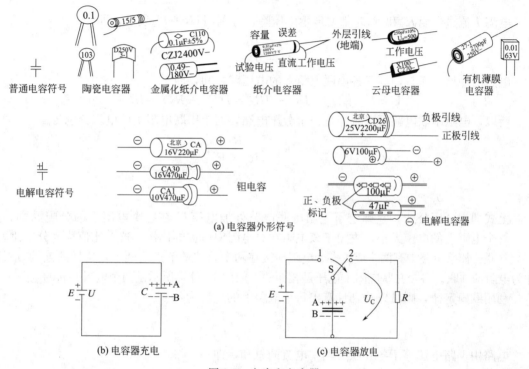

(a) 电容器外形符号

(b) 电容器充电　　　　(c) 电容器放电

图 1-5　电容和电容器

电容器既然是一种储存电荷的容器，它的容量是有大小的。为了比较和衡量电容器本身储存电荷的能力，可用每伏电压下电容器所储存电荷量的多少作为电容器的电容量，电容量用字母 C 表示，即

$$C = \frac{Q}{U}$$

式中，C 为电容器的电容量；Q 为极板上的电荷量；U 为电容器两端的电压。

若电压 U 的单位为伏特，电荷量 Q 的单位为库仑，则电容量的单位为法拉，用"F"表示。

在实际应用中，法拉这个单位太大，所以很少使用，一般使用微法（μF）和皮法（pF）为单位，有

$$1\mu F = 10^{-6} F$$
$$1pF = 10^{-12} F$$

六、 电阻的串联与并联

串联：如果电路中有两个或更多个电阻一个接一个地顺序相连，并且在这些电阻中流过同一电流，则这种连接方式就称为电阻的串联。如图 1-6(a) 所示是两个电阻串联的电路。

由于电流只有一个通路，所以电路的总电阻 R 等于各串联电阻之和，即 $R = R_1 + R_2$。R

称为电阻串联电路的等效电阻。

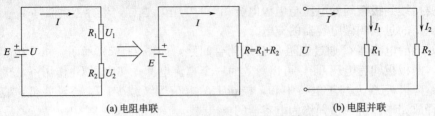

(a) 电阻串联　　　　　　　　　　　　　(b) 电阻并联

图 1-6　电阻的串联和并联

电流 I 流过电阻 R_1 和 R_2 时都要产生电压降，分别用 U_1 和 U_2 表示，即

$$U_1 = IR_1$$
$$U_2 = IR_2$$

电路的外加电压 U，等于各串联电阻上的电压降之和，即

$$U = U_1 + U_2 = IR_1 + IR_2 = I(R_1 + R_2) = IR$$

所以，电阻串联电路可以看作是一个分压电路，两个串联电阻上的电压分别为：

$$U_1 = IR_1 = \frac{R_1}{R_1 + R_2} U$$

$$U_2 = IR_2 = \frac{R_2}{R_1 + R_2} U$$

上式即为分压公式，它确定了电阻串联电路外加电压 U 在各个电阻上的分配原则。显然，每个电阻上的电压大小，决定于该电阻在总电阻中所占的比例，这个比值称为分压比。

并联：如果电路中有两个或更多电阻连接在两个公共的节点之间，则这样的连接方式就称为电阻的并联。各个并联电阻上电压是相同的。如图 1-6(b) 所示是两个电阻并联的电路。

利用欧姆定律，则可以分别计算出每个电阻上的电流为：

$$I_1 = \frac{U}{R_1}, \quad I_2 = \frac{U}{R_2}$$

电路中干路电流等于各并联支路中电流的总和，即

$$I = I_1 + I_2$$

两个并联电阻也可以用一个等效电阻 R 来代替。等效电阻 R 可由下式推出

$$\frac{U}{R} = \frac{U}{R_1} + \frac{U}{R_2}$$

$$\frac{1}{R} = \frac{1}{R_1} + \frac{1}{R_2}$$

上式表明，多个电阻并联以后的等效电阻 R 的倒数，等于各个支路电阻的倒数之和。由此式可以很容易地计算出电阻并联电路的等效电阻。

在实际应用中，经常需要计算两个电阻并联的等效电阻，这时可利用下列公式：

$$R = \frac{1}{\frac{1}{R_1} + \frac{1}{R_2}} = \frac{R_1 R_2}{R_1 + R_2}$$

第二节　常用电工定律

一、欧姆定律

欧姆定律是电路中最基本的定律，如图 1-7 所示。欧姆定律内容：在一段电路中，流过

该段电路的电流与电路两端的电压成正比，与该电路的电阻成反比，可用下式表示：

$$I = \frac{U}{R}$$

式中，R 为电阻，Ω；I 为电流，A；U 为电压，V。

上面的公式也可用下式表示：

$$U = IR$$

该式的物理意义是：电流 I 流过电阻 R 时，会在电阻 R 上产生电压降，电流 I 越大，电阻 R 越大，电阻上得到的电压 U 就越多。

欧姆定律还可用下式表示：

$$R = \frac{U}{I}$$

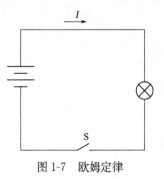

图 1-7 欧姆定律

即在任何一段电路两端加上一定的电压 U，可以测量出流过这段电路的电流 I，这时，可以把这段电路等效为一个电阻 R。这个重要概念，在电路分析与计算中经常用到。

二、右手螺旋定则

法国物理学家安培通过实验确定了通电导线周围磁场的形状。他把一根粗铜线垂直地穿过一块硬纸板的中部，又在硬纸板上均匀地撒上一层细铁粉。当用电池给粗铜线通上电流时，用手轻轻地敲击纸板，纸板上的铁粉就围绕导线排列成一个个同心圆，如图 1-8(a) 所示。仔细观察就会发现，离导线穿过的点越近，铁粉排列得越密。这就表明，离导线越近的地方，磁场越强。如果取一个小磁针放在圆环上，小磁针的指向就停止在圆环的切线方向上。小磁针北极（N 极）所指的方向就是磁力线的方向。改变导线中电流的方向，小磁针的方向也跟着倒转，说明磁场的方向完全取决于导线中电流的方向。电流的方向与磁力线的方向之间可用右手螺旋定则来判定，如图 1-8(b) 所示。把右手的大拇指伸直，四指围绕导线，当大拇指指向电流方向时，其四指所指的方向就是环状磁力线的方向。

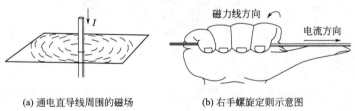

(a) 通电直导线周围的磁场   (b) 右手螺旋定则示意图

图 1-8 通电直导线

三、左手定则

取长度为 L 的直导体，放入磁场中，使导体的方向与磁场的方向垂直。当导体通过电流 I 时，就会受到磁场对它的作用力 F，这种磁场对通电导体产生的作用力叫电磁力，如图 1-9(a) 所示。实验证明，电磁力 F 与磁场的强弱、电流的大小以及导体在磁场范围内的有效长度有关。

应用电磁力的概念可以导出一个用以衡量磁场强弱的物理量——磁感应强度。取一根长 1m 的直导体，如果通过导体的电流为 1A，放到不同的磁场中或磁场的不同部位，就会发现，这根通电导体所受到的电磁力各不相同。因此，磁场内某一点磁场的强弱，可用长 1m、通有 1A 电流的导体上所受的电磁力 F 来衡量（导体与磁场方向垂直），即为磁感应强度，用符号 "B" 来表示，公式为：

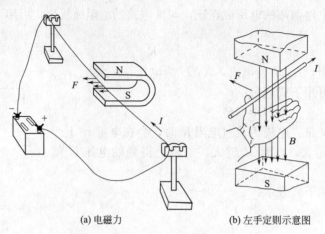

(a) 电磁力　　　　　　(b) 左手定则示意图

图 1-9　电磁力与磁感应强度（左手定则）

$$B = \frac{F}{Il}$$

式中，F 为电磁力，N；I 为电流，A；l 是导体长度，m。此时，磁感应强度 B 的单位为特斯拉，用 "T" 表示，B 是矢量。

如果在磁场中每一点的磁感应强度大小都相同，方向也一致，这种磁场称为均匀磁场。

磁场对通电导体作用力 F 的方向可用左手定则来确定。如图 1-9（b）所示，将左手平伸，大拇指和四指垂直，让手心面对磁力线，使磁力线穿过手心四指指向电流的方向，则大拇指所指的方向就是电磁力的方向。

磁感应强度 B 与垂直于磁场方向的面积 S 的乘积，叫做磁通，用字母 Φ 表示，单位是韦伯（Wb）。简单地说，磁通可理解为磁力线的根数，而磁感应强度 B 则相当于磁力线密度。磁感应强度 B 和磁通 Φ 之间的关系，可用下式表示：

$$\Phi = BS$$

$$B = \frac{\Phi}{S}$$

四、右手定则

通过实践证明，感应电动势 E 与磁场的磁感应强度 B、导体的有效长度 l 以及导线的运动速度 v 成正比，即

$$E = Blv$$

式中，B 的单位为特斯拉（T），l 单位为米（m），v 的单位为米/秒（m/s）时，E 的单位是伏特（V）。

上式说明，导体切割磁力线的速度越快，磁场的磁力线越密以及导体在磁场范围内的有效长度越大，感应电动势也越大，换句话说，导体在单位时间内切割的磁力线越多，导体中产生的感应电动势就越大。

直导体中感应电动势的方向可用右手定则来判定。如图 1-10 所示，右手平伸，手心面对磁力线，使磁力线穿过手，并使大拇指与四指垂直并指向导线运动的方向，那么伸直的四指就指向感应电流的方向。

上述直导体在磁场中作切割磁力线的运动所产生感应电动势的现象，是电磁感应的一个特例。法拉第总结了大量电磁感应实验的结果，得出了一个确定感应电动势大小和方向的普遍规律，称为法拉第电磁感应定律。

法拉第电磁感应定律说明不论由于何种原因或通过何种方式，只要使穿过导体回路的磁通（磁力线）发生变化，导体回路中就必然会产生感应电动势。感应电动势的大小与磁通的变化率成正比，即

$$e = -\frac{\Delta \Phi}{\Delta t}$$

式中，$\Delta \Phi$ 为磁通的变化量，Wb；Δt 为时间的变化量，s；e 为感应电动势，V。式中的"—"号是用来确定感应电动势方向的。

若回路是一个匝数为 n 的线圈，则线圈中的感应电动势为

$$e = -n\frac{\Delta \Phi}{\Delta t}$$

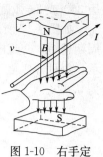

图 1-10　右手定则示意图

五、 交流电的工作原理

如图 1-11(a) 是一个简单的交流电路。当交流电源的出线端 a 为正极，b 为负极时，电流就从 a 端流出，经过电阻 R 流回 b 端，如图中实线箭头所示。当出线端 a 变为负极，b 变为正极，电流就由 b 端流出，经过 R 流回 a 端，如图中虚线箭头所示。交流电不仅方向随时间作周期性的变化，其大小也随时间连续变化，在每一瞬间会有不同的数值。所以，在交流电路中，采用小写字母 i、u、e、p 等表示交流电的瞬时值。

交流发电机也是利用电磁感应原理进行工作的，其结构如图 1-11(b) 所示。在 N、S 两个磁极之间有一个装在轴上的圆柱形铁芯，它可以在磁极之间转动，俗称转子。转子铁芯槽内嵌放着线圈（图中只画出了其中的一匝）。为便于理解，把图 1-11(b) 简化成图 1-11(c) 的形式。

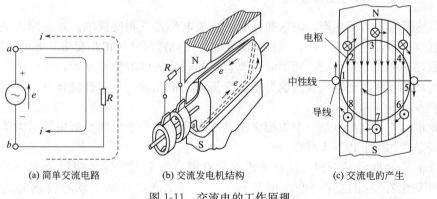

(a) 简单交流电路　　　　(b) 交流发电机结构　　　　(c) 交流电的产生

图 1-11　交流电的工作原理

设转子以均匀的角速度 ω（其定义后面给出）逆时针方向旋转，则导体也随转子一起旋转。导体转到位置 1 时，切割不到磁力线，导体中不产生感应电动势。转到位置 2 时，将因切割磁力线产生感应电动势，用右手定则可以判定其方向是由里向外的。转到位置 5 时，不切割磁力线，没有感应电动势产生。转到位置 6 时又将切割磁力线而产生感应电动势，用右手定则可以判定其方向是从外向里的。这样，导体随转子旋转一周时，导体中感应电动势的方向交变一次，即转到 N 极下是一个方向，转到 S 极下变为另一个方向，此即为产生交流电的基本原理。

六、 正弦波交流电的周期、 频率和角频率

正弦交流电的瞬时值每经过一定的时间会重复一次，在交流电变化的过程中，由某一瞬时值经过一个循环后变化到同样方向和大小的瞬时值，叫做变化一周。交流电变化一周要经

历 360°或 2π 弧度，这样规定的角度称为电角度。

如图 1-12 所示，交流电变化一周所用的时间叫周期，用字母"T"表示，以秒作单位。周期越短，交流电变化越快。在 1s 内变化的周期数，叫做交流电的频率，用字母"f"来表示。每秒钟变化一周期，定为 1 赫兹（Hz）。我国电力网供给的交流电是 50Hz，其周期为 0.02s。

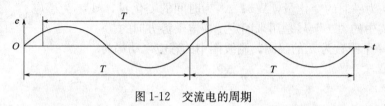

图 1-12　交流电的周期

周期与频率的关系为

$$T = \frac{1}{f}, \quad f = \frac{1}{T}$$

进行正弦交流电路的计算时，常采用角频率 ω 这个参数。角频率 ω 与频率 f 的差别就是它不用每秒钟变化的周期数而用每秒钟所经历的角度来表示交流电变化的快慢。交流电变化一周可表示为 360°，也就是 2π 弧度。因此角频率 ω 与频率 f、周期 T 的关系为

$$\omega = \frac{2\pi}{T} = 2\pi f$$

ω 的单位为弧度/秒，常写成 rad/s。50Hz 相当于 314rad/s。

七、三相交流电的工作原理

我国发电厂和电力网生产、输送和分配的交流电都是三相交流电。这是因为三相交流电具有许多优点。在发电设备方面，三相交流发电机比同样尺寸的单相交流发电机输出功率大；在输电方面，三相供电制也较单相供电制节省材料；从用电的使用来看，生产中广泛使用的三相交流电动机与直流电动机及其他类型的交流电动机相比，具有性能优良、结构简单、价格低廉等优点。

概括地说，三相交流电是三个单相交流电的组合，这三个单相交流电的最大值相等，频率相同，只是在相位上相差 120°。

如图 1-13（a）所示是三相交流发电机的示意图。发电机的定子绕组分为三组，每组为一相，各相绕组在空间位置上彼此相差 120°，对称地嵌放在定子铁芯内侧的线槽内。显然，它们的始端（A、B、C）和它们的末端（X、Y、Z）在空间位置上彼此相差 120°。转子上装置着 N、S 两个磁极，当转子以角速度 ω 顺时针方向旋转时，由于三相的绕组在铁芯中放置的位置彼此相隔 120°，所以一旦磁极转到正对 A-X 绕组时，A 相电动势达到最大值 E_m，而 B 相绕组需要等转子磁极转 1/3 周（即 120°）后，其中的电动势才达到最大值，也就是 A 相电动势超前 B 相电动势 120°。同理，B 相电动势超前 C 相电动势 120°，C 相电动势又超前于 A 相电动势 120°。很显然，三相电动势的频率相同，最大值相等，仅初相角不同。假设 A 相电动势的初相角为 0°，则 B 相为 −120°，C 相为 120°。用三角函数式表示为：

$$e_A = E_m \sin \omega t$$
$$e_B = E_m \sin (\omega t - 120°)$$
$$e_C = E_m \sin (\omega t + 120°)$$

图 1-13（b）所示为三相交流电的矢量图。

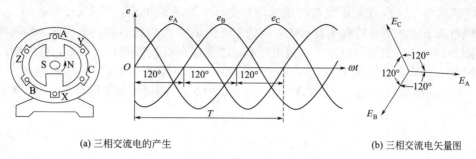

(a) 三相交流电的产生　　　　　　　　　(b) 三相交流电矢量图

图 1-13　三相交流电的工作原理

八、三相四线制供电线路

　　假如注意观察一下工厂的低压配电线路，就会发现三相供电线路有四根线，其中三根线是"火线"，另一根线为"地线"。在三相供电线路中，A、B、C三相绕组的末端 X、Y、Z 接在一起称为中性点（用"O"表示），以 O 点引出的一根公共导线，其作为从负载流回电源的公用回线，叫中性线或零线，其余的三根线叫相线。这样的供电线路叫三相四线制供电线路，如图 1-14（a）所示。

　　在应用中只要观察一下低压架空线就会发现，一般情况下中性线都比相线要细或与相线一般粗，下面来分析一下中性线上电流的大小。

　　假设三个相是对称的，各相负载完全相同，则三相电流的有效值也相等，则三角函数表示的每相电流如下：

$$i_A = I_m \sin \omega t$$
$$i_B = I_m \sin (\omega t - 120°)$$
$$i_C = I_m \sin (\omega t + 120°)$$

　　三相对称电流波形图如图 1-14（b）所示，任取 a、b、c、d 四个瞬间，不论哪个瞬间，三相电流的瞬时值之和均等于零。这就意味着，在三相负载平衡时，中性线上的电流等于零，因此某些三相对称负载可以省去中性线。在实际应用中，三相供电线路的负载不可能对称，仍需加中性线，但中性线电流总是小于每一相的电流。

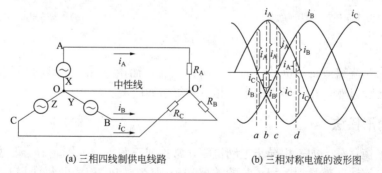

(a) 三相四线制供电线路　　　　　　　　(b) 三相对称电流的波形图

图 1-14　三相四线制供电线路

九、星形接法

　　在三相四线制供电线路中，常取两种电压：三相异步电动机需接 380V 的电压；而照明则需接 220V 的电压。图 1-15（a）是三相交流发电机绕组的星形接法。一般规定，发电机每相绕组两端的电压（也就是相线与中性线间的电压）称为相电压，用 U_A、U_B、U_C 表示。两相始端之间的电压（也就是相线与相线之间的电压）称为线电压，用 U_{AB}、U_{BC}、U_{CA} 表示。应注意线电压下脚注字母的顺序表示线电压的正方向是从 A 相到 B 相，书写时不能颠倒。

从图 1-15（b）的矢量可以看出：线电压 U_{AB} 之间存在着相位差，所以 U_{AB} 包含着 A 相和 B 相两相电压，但由于 U_A 和 U_B 之间存在着相位差，所以 U_{AB} 等于 U_A 与 U_B 的矢量和。又因为 U_A 和 U_B 是反向串联的，所以 U_{AB} 就等于 U_A 加上负的 U_B。利用矢量图推算出线电压和相电压的关系为

$$\frac{1}{2}U_{AB} = U_A \cos 30° = \frac{\sqrt{3}}{2}U_A$$

即 $U_{AB} = \sqrt{3}U_A$

写成一般公式

$$U_{线} = \sqrt{3}U_{相}$$

由上面分析可以得出以下结论：发电机三相绕组作星形连接时，线电压的有效值等于相电压有效值的 $\sqrt{3}$ 倍，在相位上线电压较它对应的相电压超前 30°。

平时说的 220V 就是相电压，而星形接法的线电压则为 380V，如图 1-15（c）所示。

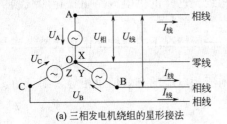

(a) 三相发电机绕组的星形接法

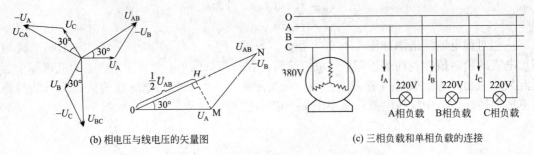

(b) 相电压与线电压的矢量图　　　　　　(c) 三相负载和单相负载的连接

图 1-15　星形接法

三相电源每相绕组或每相负载中的电流叫相电流；而由电源向负载每一相供电的线路上的电流叫线电流。显然，在星形接法中，相电流等于线电流。

十、 三角形接法

很多三相平衡负载，如三相异步电动机等，常接成三角形，如图 1-16（a）所示。

所谓三角形接法，就是把各相负载的首尾端分别接在三根相线的每两根相线之间，接入顺序是：A 相负载的末端 X′ 接 B 相负载的始端 B′；B 相末端 Y′ 接 C 相负载的始端 C′；C 相负载的末端 Z′ 接 A 相负载的始端 A′，然后把三个连接点分别接到电源的三根相线上，图 1-16（a）中的②是一台接成三角形的电动机在电源线上的接法。可以看出，负载作三角形连接时，线电压等于相电压，但相电流并不等于线电流。从图 1-16（a）中可以看出，线电流 I_A 等于相电流 I_{AB} 与（$-I_{CA}$）的矢量和。

线电流与相电电流的关系可以绘成矢量图，如图 1-16（b）所示，可以看出

$$I_A = \sqrt{3}\, I_{AB}$$

写成一般公式

$$I_{线} = \sqrt{3}\, I_{相}$$

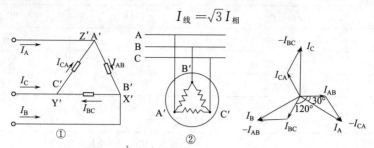

(a) 三相负载的三角形连接 (b) 三角形接法负载的相电流与线电流矢量图

图 1-16 三角形接法

综上所述，三相对称负载作三角形连接时，线电流的有效值等于相电流有效值的 $\sqrt{3}$ 倍，线电流在相位上较它对应的相电流滞后 30°。

第三节 电动机的分类与型号

一、电动机的分类

电动机种类较多，分类见表 1-2。

表 1-2 电动机分类

电动机	直流电动机			
	交流电动机	异步电动机	单相异步电动机	
			三相异步电动机	笼型电动机
				绕线型电动机
		同步电动机		

二、电动机的型号

电动机编号方法如图 1-17 所示。其中产品代号见表 1-3，规格代号见表 1-4，特殊环境代号见表 1-5。

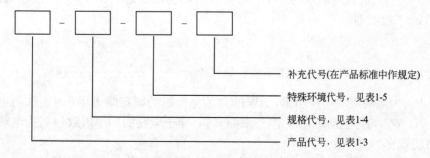

图 1-17 电动机编号方法

表1-3　电动机产品代号

电动机代号	代号汉字意义	电动机代号	代号汉字意义
Y	异	YQ	异启
YR	异绕	YH	异（滑）
YK	异（快）	YD	异多
YRK	异绕（快）	YL	异立
YRL	异绕立	YZP	异（制）旁

表1-4　电动机规格代号

产品名称	产品型号构成部分及其内容
小型异步电动机	中心高（mm）-机座长度（字母代号）-铁芯长度（数字代号）-极数
大、中型异步电动机	中心高（m）-铁芯长度（数字代号）-极数
小型同步电动机	中心高（mm）-机座长度（字母代号）-铁芯长度（数字代号）-极数
大、中型同步电动机	中心高（m）-铁芯长度（数字代号）-极数

表1-5　电动机特殊环境代号

汉字意义	汉语拼音代号	汉字意义	汉语拼音代号
"热"带用	T	"船"（海）用	H
"湿热"带用	TH	化工防（腐）用	F
"干热"带用	TA	户"外"用	W
"高"原用	G		

第四节　电动机的主要性能及参数

一、额定功率及效率

电动机在额定状态运行时轴上输出的机械功率，是电动机的额定功率 P_{2N}，单位以千瓦（kW）计。输出功率与输入功率不等，它比电动机从电网吸取的输入功率要小，其差值就是电动机本身的损耗功率，包括铁损、铜损和机械损耗等。

从产品目录中查得的效率是指电动机在额定状态运行时，输出功率与输入功率的比值。因此三相异步电动机的额定输入功率 P_{1N} 可由铭牌所标的额定功率 P_{2N}（或从产品目录中查得）和效率 η_N 求得，即

$$P_{1N} = P_{2N}/\eta_N$$

三相异步电动机的额定功率可用下式计算：$P_{2N} = \dfrac{\sqrt{3}U_N I_N \eta_N \cos\varphi_N}{1000}(\text{kW})$

式中，P_{2N} 为电动机的额定功率，kW；U_N 为电动机的额定线电压，V；I_N 为电动机的额定线电流，A；$\cos\varphi_N$ 为电动机在额定状态运行时，定子电路的功率因数；η_N 为电动机在额定状态运行时的效率。

电动机运行在非额定情况时，公式也成立，只是各物理量均为非额定值。

三相异步电动机的效率和功率因数见表1-6。

表 1-6   三相异步电动机的效率和功率因数

功　率		10kW 以下	10～30kW	30～100kW
2 极	效率 η/%	76～86	87～89	90～92
	功率因数 $\cos\varphi$	0.85～0.88	0.88～0.90	0.91～0.92
4 极	效率 η/%	75～86	86～89	90～92
	功率因数 $\cos\varphi$	0.76～0.78	0.87～0.88	0.88～0.90
6 极	效率 η/%	70～85	86～89	90～92
	功率因数 $\cos\varphi$	0.68～0.80	0.81～0.85	0.86～0.89

二、电压与接法

电动机在额定运行情况下的线电压为电动机的额定电压，铭牌上标明的"电压"就是指加在定子绕组上的额定电压（U_N）值。目前在全国推广使用的 Y 系列中小型异步电动机额定功率在 4kW 及以上的，其额定电压为 380/220V，为 Y/△接法。这个符号的含义是当电源线电压 380V 时，电动机的定子绕组应接成星形（Y），而当电源线电压为 220V 时，定子绕组应接成三角形（△）。

一般规定电动机的电压不应高于或低于额定值的 5%，当电压高于额定值时，磁通将增大，会引起励磁电流的增大，使铁损大大增加，造成铁芯过热。当电压低于额定值时，将引起转速下降，定子、转子电流增加，在满载或接近满载时，可能使电流超过额定值，引起绕组过热，在低于额定电压下较长时间运行时，由于转矩与电压的平方成正比，在负载转矩不减小的情况下，可能造成严重过载，这对电动机的运行是十分不利的。

电动机在额定运行情况下的定子绕组的线电流为电动机的额定电流（I_N），单位为 A。对于"380V、△接法"的电动机的线电流只有一个，而对于"380/220V、Y/△接法"的电动机，对应的线电流则有两个。在运行中应特别注意电动机的实际电流，不允许长时间超过额定电流值。

三、额定转速

电动机在额定状态下运行时，电动机转轴的转速称为额定转速，单位为 r/min。

四、温升及绝缘等级

温升是指电动机在长期运行时所允许的最高温度与周围环境温度之差。我国规定环境温度取 40℃，电动机的允许温升与电动机所采用的绝缘材料的耐热性能有关，常用绝缘材料的等级和最高允许温度见表 1-7。

表 1-7   绝缘等级与温升的关系

绝　缘　等　级	A	E	B	F	H
绝缘材料最高允许温度	105℃	120℃	130℃	155℃	180℃
电动机的允许温升	60℃	75℃	80℃	100℃	125℃

五、定额（或工作方式）

定额指电动机正常使用时允许连续运转的时间。一般分有连续、短时和断续三种工作方式。

连续：指允许在额定运行情况下长期连续工作。

短时：指每次只允许在规定时间内额定运行、待冷却一定时间后再启动工作，其温升达不到稳定值。

断续：指允许以间歇方式重复短时工作，它的发热既达不到稳定值，又冷却不到周围的环境温度。

六、功率因数

铭牌上给定的功率因数指电动机在额定运行情况下的额定功率因数（$\cos\varphi_N$）。电动机的功率因数不是一个常数，它是随电动机所带负载的大小而变动的。一般电动机在额定负载运行时的功率因数为 0.7~0.9，轻载和空载时更低，空载时功率因数只有 0.2~0.3。

由于异步电动机的功率因数比较低，应力求避免在轻载或空载的情况下长期运行。对较大容量的电动机应采取一定措施，使其处于接近满载情况下工作和采取并联电容器来提高线路的功率因数。

七、额定频率

电动机在额定运行情况下，定子绕组所接交流电源的频率称额定频率（f），单位为 Hz。我国规定标准交流电源频率为 50Hz。

八、功率因数

电动机有功功率与视在功率之比称为功率因数。异步电动机空载运行时，功率因数为 0.2。

九、启动电流

电动机启动时的瞬间电流称启动电流。电动机的启动电流一般是额定电流的 5.5~7 倍。

十、启动转矩

电动机在启动时所输出的力矩称启动转矩。常用启动转矩与额定转矩的比值来表示启动转矩的大小。异步电动机的启动转矩一般是额定转矩的 1~1.8 倍。

十一、最大转矩

电动机所能拖动最大负载的转矩，称为电动机的最大转矩。常用最大转矩与额定转矩的倍数来表示最大转矩的大小。异步电动机的最大转矩，一般是额定转矩的 1.8~2.2 倍。

第五节 电动机的选择与安装

一、电动机容量的选择

要为某一台生产机械选配电动机，首先需要考虑电动机的容量。如果电动机的容量选大了，虽然能保证设备正常运行，但是不仅增加了投资，并且由于电动机经常不是在满负荷下运行，它的效率和功率因数也都不高，会造成电力的消费；如果电动机的容量选小了，就不能保证电动机的生产机械正常运行，不能充分发挥生产机械的效能，并会使电动机过早地损坏。

电动机的容量是根据它的发热情况来选择的。在容许温度以内，电动机绝缘材料的寿命为 15～25 年。如果超过了容许温度，电动机的使用年限就要缩短。一般来说，超过 8℃，使用寿命就要缩短一半。电动机的发热情况，又与负载的大小及运行时间的长短（运行方式）有关。所以应按不同的运行方式来考虑电动机容量的选择问题。

电动机的运行方式通常可分为长期运行、短时运行和重复短时运行三种。下面分别进行讨论。

（1）长期运行电动机容量的选择

① 在恒定负载下长期运行的电动机容量等于生产机械所需的功率/效率。

② 在变动负载下长期运行的电动机。选择其容量时，常采用等效负载法，就是假设一个恒定负载来代替实际的变动负载，但是两者的发热情况应相同，然后按①所述原则选择电动机容量，所选容量应等于或略大于等效负载。

（2）短时运行电动机容量的选择　所谓短时运行方式，是指电动机的温升在工作期间未达到稳定值，而停止运转时，电动机能完全冷却到周围环境的温度。

电动机在短时运行时，可以容许过载，工作时间越短，则过载可以越大，但过载量不能无限增大，必须小于电动机的最大转矩。选择电动机容量可根据过载系统 λ（最大转矩/额定转矩）来考虑，电动机的额定功率应大于等于生产机械所要求的功率/λ。

（3）重复短时运行电动机容量的选择　专门用于重复短时运行的交流异步电动机为 JZR 和 JZ 系列。标准负载持续率分 15%、25%、40% 和 60% 四种，重复运行周期不大于 10min。电动机的功率也可应用等效负载法来选择。

二、电动机种类的选择

选择电动机的种类是从交流或直流、机械特性、调速与启动性能、维护及价格等方面来考虑的。

（1）要求机械特性较硬而无特殊调速要求的一般生产机械，如功率不大的水泵、通风机和小型机床等，应尽可能选用笼型电动机。

（2）某些要求启动性能较好，在不大范围内平滑调速的设备，如起重机、卷扬机等，可采用绕线型电动机。

（3）为了提高电网的功率因数，功率较大而又不需要调速的生产机械，如大功率水泵和空气压缩机等，可采用同步电动机。

（4）在设备有特殊调速及大启动转矩等方面的要求而交流电动机不能满足时，才考虑使用直流电动机。

三、电动机电压的选择

交流电动机额定电压一般选用 380V 或 380V 和 220V 两用，只有大容量的交流电动机才采用 3000V 或 6000V。

四、电动机转速的选择

电动机的额定转速是根据生产机械的要求而选定的。但是，当功率一定时，电动机的转速越低，其尺寸越大，价格越贵，而且效率越低。因此，如无安装尺寸等特殊要求时，就不如购买一台高速电动机，再另配减速器更便宜些。通常电动机都采用 4 极的（同步转速 $n_0 = 1500r/min$）。

五、电动机结构形式的选择

为保证电动机在不同环境中安全可靠地运行，电动机结构形式的选择可参照下列原则。

① 灰尘少、无腐蚀性气体的场合选用防护式。

② 灰尘多、潮湿或含有腐蚀性气体的场合选用封闭式。

③ 有爆炸性气体的场合选用防爆式。

六、传动方式选择

1. 直接传动

使用联轴器把电动机和设备的轴直接连接起来的传动，叫做直接传动。这种传动的优点是：传动效率高、设备简单、成本低、运行可靠、安全性好。因此，当电动机的转速和所带动的设备，如风机、水泵等的转速相同时，应尽可能采用这种传动装置。

2. 带传动

当电动机和所带动的设备转速不一致时，就需要采用变速的传动装置，最简单的方式就是带传动。这种传动的优点是：结构简单成本低廉、拆装方便，并可以缓和由负载引起的冲击和振动。

（1）平带传动　平带传动的最大优点是简单易做，工作可靠，如果安装得恰当，其传动效率可达95％。但这种带的传动比不宜大于5，一般采用3，所以在传动比不大的情况下，可以选用这种传动方式。

（2）V带传动　V带传动可以得到比较大的传动比，最高可达10，并且两带轮的中心距可以比较近。此外，以这种方式运转时振动小，效率高，故可用于许多场合。其缺点是，寿命较短，成本较高。

七、电动机的安装与校正

1. 电动机的安装

对于安装位置固定的电动机，在使用过程中，如果不是与其他机械配套安装在一起，均应采用混凝土或砖砌成的基础。混凝土基础要在电机安装前15天做好；砖砌基础要在安装前7天做好。基础面应平整，基础尺寸应符合设计要求，并留有装底脚螺钉的孔眼，其位置应正确，孔眼要比螺钉大一些，以便于灌浆。底脚螺钉的下端要做成钩形，以免拧紧螺钉时，螺钉跟着转动。浇灌底脚螺钉可用1∶1的水泥砂浆，灌浆前应先用水将孔眼灌湿冲净，然后再灌浆捣实。

至于经常流动使用的电动机，可因地制宜，采用合适的安装结构。但必须注意，不管在什么情况下，要保证有足够的强度，避免造成不必要的人身设备事故。

选择安装电动机的地点时一般应注意以下几点。

① 尽量安装在干燥、灰尘较少的地方。

② 尽量安装在通风较好的地方。

③ 尽量安装在较宽敞的地方，以便于进行日常操作和维修。

2. 校正

（1）电动机的水平校正　电动机在基础上安放好后，首先应检查它的水平情况，可用普通水平仪来校正电动机的纵向和横向的水平情况。如果不平，可用0.5~5mm厚的钢片垫在机座下进行找平。不能用木片和竹片垫在机座下，以免在拧紧螺母或在以后电动机运行中木、竹片变形或碎裂。

校正好电动机水平后，再校正传动装置。

（2）带传动的校正　用带传动时，必须使电动机带轮的轴和被传动机器带轮的轴保持平行，同时还要将两带轮宽度的中心线调整到同一直线上来。

（3）联轴器的传动的校正

① 以机器或泵为基准调整两联轴器，使之轴向平行，若不平行时，应加垫或减垫。

② 找正两联轴器平面，如两联轴器上面间隙大时，减前面垫铁；如下面间隙大时，减后边垫铁。两联轴器容许平面间隙应合乎表 1-8 的规定。

表 1-8　两联轴器容许平面间隙　　　　　　　　　　　　　　mm

联轴器直径	两联轴器容许平面间隙
90～140	2.5
140～260	2.5～4
200～500	4～6

第二章

电动机的拆装与绕组

第一节　电动机绕组

一、电动机绕组及线圈

1. 线圈

线圈是由带绝缘皮的铜线（简称漆包线）按规定的匝数绕制而成的。线圈的两边叫有效边，是嵌入定子铁芯槽内作为电磁能量转换的部分，两头伸出铁芯在槽外有弧形的部分叫端部。端部是不能直接转换的部分。仅起连接两个有效边的桥梁作用，端部越长，能量浪费越大。引线是引入电流的连接线。

每个线圈所绕的圈数称为线圈匝数。线圈有单个的也有多个连在一起，多个连在一起的有同心式和叠式两种。双层绕组线圈基本上是叠式的。

在图 2-1 中线圈直的部分是有效边，圆弧形的为端部。

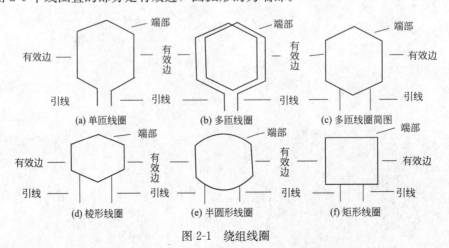

图 2-1　绕组线圈

2. 绕组

绕组是若干个线圈按一定规律放在铁芯槽内。每槽只嵌放一个线圈边的称为单层绕组。每槽嵌放两个线圈（上层和下层）的称为双层绕组。单层绕组有链式、交叉式、同心式等。双层绕组一般为叠式。三相电动机共有三相绕组即 A 相、B 相和 C 相。每相绕组的排列都相同只是空间位置上依次相差 120°（这里指 2 极电动机绕组）。

3. 节距

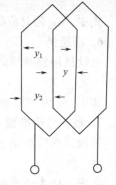

单元绕组的跨距指同一单元绕组的两个有效边相隔的槽数，一般称为绕组的节距，用字母 y 表示。如图 2-2 所示，节距是最重要的，它决定了线圈的大小。当节距 y 等于极距时称为整距线圈；当节距 y 小于极距时称为短距线圈；当节距 y 大于极距时称为长距线圈。电动机的定子绕组多采用短距线圈，特别是双层绕组电动机。虽然短距线圈与长距线圈的电气性能相同，但是短距线圈比长距线圈要节省端部铜线从而降低成本，改善感应电动势波形及磁动式空间分布波形。例

图 2-2　线圈节距示意图

如 $y=5$ 槽时习惯上用 1-6 槽的方式表示，即线圈的有效边相隔 5 槽，分别嵌于第 1 槽和第 6 槽。

4. 极距

极距是指相临磁极之间的距离，用字母"τ"表示。在绕组分配和排列中极距用槽数表示，即

$$\tau = Z/2P（槽／极）$$

式中，Z 为定子铁芯总槽数；P 为磁极对数；τ 为极距。

例如：6 极 24 槽电机绕组，$P=3$，$Z=24$，那么 $\tau=Z/2P=24/2×3=4$(1-5 槽)，表示线圈极距为 4，嵌套于第 1 槽和第 5 槽。

极距 τ 也可以用长度表示，就是每个磁极沿定子铁芯内圆所占的弦长。

$$\tau = \pi D/2P$$

式中，D 为定子铁芯内圆直径，mm；P 为磁极对数；π 为圆周率，3.142。

5. 机械角度与电角度

电动机的铁芯内腔是一个圆。绕组的线圈必须按一定规律分布排列在铁芯的内腔，才能产生有规律的磁场。从而电动机才能正常运行。为表明线圈排列的顺序规律必须引用"电角度"来表示绕组线圈之间相对的位置。

在交流电中对应于一个周期的电角度是 360°，在研究绕组布线的技术上，不论电动机的极数多少，把三相交流电所产生的旋转磁场经过一个周期所转过的角度叫作 360°电角度，根据这一规定，在不同极数的电动机里旋转磁场的机械角度与电角度在数值上的关系就不相同了。

在 2 极电动机中：经过一个周期，磁场旋转一周，机械角度是 360°而电角度也为 360°。

4 极电动机在磁场一个周期中旋转 1/2 周，机械角度是 180°，电角度是 360°。6 极电动机的磁场在一个周期中旋转 1/3 周，机械角度是 120°，电角度也是 360°（见表 2-1）。

表 2-1　电动机电角度与机械角度的关系

极数	2	4	6	8	10	12
极对数	1	2	3	4	5	6
电角度	360°	720°	1080°	1440°	1800°	2160°

根据上述原理可知：不同极数的电动机的电角度与机械角度之间的关系可以用下列公式表示：

$$\alpha_{电} = PQ_{机}$$

式中，$\alpha_{电}$ 为对应机械角的角度，（°）；$Q_{机}$ 为机械角度，（°）；P 为磁极对数。

6. 槽距角

电动机相邻两槽间的距离，用槽距角表示，可以用以下公式计算：

$$\alpha = P \times 360° / Q$$

式中，α 为槽距角，（°）；P 为磁极对数；Q 为铁芯槽数。

7. 每极每相槽数

每极每相槽数用 q 表示。公式如下：

$$q = Q / 2Pm$$

式中，P 为磁极对数；Q 为铁芯槽数；m 为相数。

q 可以是整数也可以是分数。若 q 为整数称为整数槽绕组；若 q 为分数称为分数槽绕组；若 $q=1$ 则每个极下每相绕组只占一个槽，称为集中绕组；若 $q>1$ 时，称为分布绕组。

8. 极相组

极相组可以由一个或多个线圈组成（多个线圈一次连绕而成），极相组之间的连接线称为跨接线。在三相绕组中每相都有一头一尾，三个头依次为 U_1、V_1、W_1，三尾依次为 U_2、V_2、W_2。

二、绕组的连接方式

1. 三相绕组首尾端的判断的方法

（1）用万用表电阻挡测量确定每相绕组的两个线端。电阻值近似为零时，两表笔所接为一组绕组的两个端，依次分清三个绕组的各两端，如图2-3所示。

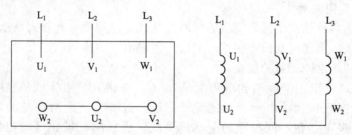

(a) 星形连接

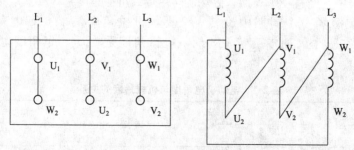

(b) 三角形连接

图2-3　三相绕组的接线

（2）万用表第一种检查方法。

① 万用表置 mA 挡，按图 2-4 所示接线。假设一端接线为头（U_1、V_1、W_1），另一端接线为尾（U_2、V_2、W_2）。

② 用手转动转子，如万用表指针不动，表明假设正确。如万用表指针摆动，表明假设错误，应对调其中一相绕组头、尾端后重试，直至万用表不摆动时，即可将连在一起的 3 个线头确定为头或尾。

（3）万用表的第二种检查方法。

① 万用表置 mA 挡，按图 2-5 所示接线。

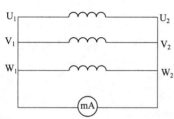
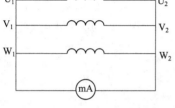

图 2-4　用万用表检查第一种检查法　　　图 2-5　用万用表检查第二种检查法

② 闭合开关 S，瞬间万用表向右摆动则电池正极所接线头与万用表负表笔所接线头同为头或尾。如指针向左反摆则电池正极所接线头与万用表正表笔所接线头同为头或尾。

③ 将电池（或万用表）改接到第三相绕组的两个线头上重复以上试验，确定第三相绕组的头、尾，以此确定三相绕组各自的头和尾。

（4）用灯泡检查法。

① 灯泡检查的第一种检查方法。

a. 准备一台 220/36V 降压变压器并按图 2-6 所示接线（小容量电动机可直接接 220V 交流电源）。

b. 闭合开关 S，如灯泡亮，表明两相绕组为头、尾串联，用在灯泡上的电压是两相绕组感应电动势的矢量和。如灯泡不亮，表明两组绕组为尾、尾或头、头串联，作用在灯泡上的电压是两相绕组感应电动势矢量差。

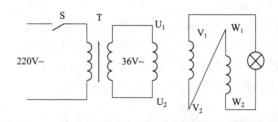

图 2-6　灯泡检查的第一种检查方法

c. 将检查确定的线头作好标记，将其中一相与接 36V 电源一相对调重试，以此确定三相绕组所有头、尾端。

② 灯泡检查第二种检查方法。

a. 按图 2-7 所示接线。

b. 闭合开关 S，如 36V 灯泡亮，表示接 220V 电源两相绕组为头、尾串联。如灯泡不亮表示两相绕组为头、头或尾、尾串联。

c. 将检查确定的线头作好标记，将其中一相与接灯泡一相对调重试，以此确定三相绕组所有头、尾端。在中小型电动机中，极相组内的线圈通常是连续绕制而成的，如图 2-8 所示。

极相组内的连接属于同一相且同一支路内，各个极相组通常有两种连接方法。

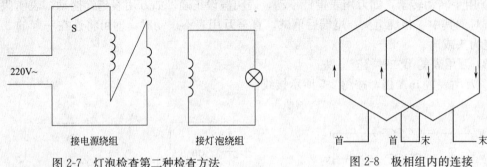

图 2-7 灯泡检查第二种检查方法   图 2-8 极相组内的连接

（1）正串连接　即极相组的尾端接首端，首端接尾端。如图 2-9 所示。

（2）反串连接　即极相组的尾端接尾端，首端接首端。如图 2-10 所示。

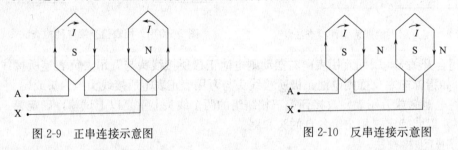

图 2-9 正串连接示意图   图 2-10 反串连接示意图

2. 线圈匝数和导线直径

线圈匝数和导线直径是原先设计决定的，在重绕时应根据原始的数据进行绕制，电动机的功率越大电流也越大，要求的线径也越粗，而匝数反而越少。导线直径是指裸铜线的直径。漆包线应去漆后用千分尺去量才能量出准确的直径。去漆可采用火烧，不但速度快而且准确，如果用刀刮不小心会刮伤铜线，这样量出来的数据就有误差，会造成不必要的麻烦，有时还会出现返工。

3. 并绕根数

功率较大的电动机因电流较大要用的线径较粗。直径在 1.6mm 以上的漆包线硬而难绕，设计时就采用几根较细的漆包线并绕来代替。在拆绕组的时候务必要弄清并绕的根数，以便照样。在平时修理电动机时如果没有相同的线径的漆包线也可以采用几根较细的漆包线并绕来代替，但要注意代替线的截面积要等于被代替线的截面积。

4. 并联支路

功率较大的电动机所需要的电流较大，绕组的设计往往把每一相的线圈平均分成多串，各串里的极相组依次串联后再按规定的方式并联起来。这一种连接方式称为并联支路。

5. 相绕组引出线的位置

三相绕组在空间分布上是对称的，相与相之间相隔的电角度为 120°，那么相绕组的引出线 U_1、V_1、W_1 之间以及 U_2、V_2、W_2 之间相隔的电角度也应该为 120°。

6. 气隙

异步电动机气隙的大小及对称性，集中反映了电动机的机械加工质量和装配质量，对电动机的性能和运转可靠性有重大影响。气隙对称性可以调整的中大型电动机，每台都要检查气隙大小及其对称性。采用端盖即无定位又无气隙探测孔的小型电动机，试验时也要在前后端盖钻孔探测气隙对称性。

（1）测量方法　中小型异步电动机的气隙，通常在转子静止时沿定子圆周大约各相隔120°处测量三点，大型座式轴承电动机的气隙，须在上、下、左、右测量四点，以便在装配时调整定子的位置。电动机的气隙须在铁芯两端分别测量，封闭式电动机允许只测量一端。

塞尺（厚薄规）是测量气隙的工具，其宽度一般为 10～15mm，长度视需要而定，一般在 250mm 以上，测量时宜将不同厚度的塞尺逐个插入电动机定、转子铁芯的齿部之间，以恰好松紧为宜，塞尺的厚度就作为气隙大小。塞尺须顺着电动机转轴方向插入铁芯，左右偏斜会使测量值偏小。塞尺插入铁芯的深度不得少于 30mm，尽可能达到两个铁芯段的长度。由于铁芯的齿胀现象，插得太浅会使测量值偏大。采用开口槽铁芯的电动机，塞尺不得插在线圈的槽楔上。

由于塞尺不呈弧形，气隙测量值都比实际值小。在小型电动机中，由于塞尺与定子铁芯内圆的强度差得较多，加之铁芯表面的漆膜也有一定厚度，气隙测量误差较大，且随测量者对塞尺松紧的感觉不同而有差别。所以，对于小型电动机，一般只用塞尺来检查气隙对称性，气隙大小按定子铁芯内径与转子铁芯外径之差来确定。

（2）对气隙大小及对称性的要求　11 号机座以上的电机，气隙实测平均值（铁芯表面喷漆者再加 0.05mm）与设计值之差，不得超过设计值的 ±（5%～10%）。气隙过小，会影响电动机的安全运转，气隙过大，会影响电动机的性能和温升。

大型座式轴承电动机的气隙不均匀度按下式计算：

$$气隙不均匀度 = \frac{气隙（最大值或最小值）- 气隙（平均值）}{气隙（平均值）} \times 100\%$$

大型电动机的气隙对称性可以调整，所以对基本要求较高，铁芯任何一端的气隙不均匀度不超过 5%～10%，同一方向铁芯两端气隙之差不超过气隙平均值的 5%。

第二节　电动机的拆卸与安装

一、常用工具及材料

1. 常用材料

（1）漆包线　漆包线是一种具有绝缘层的导电金属线，可供绕制电动机、变压器或电工产品的线圈和绕组。多采用圆铜或扁铜线。如图 2-11 所示。常用型号有：QQ 线（油性漆包线，漆层厚，用于油浸电动机潜水泵中）、QZ 线（聚酰胺漆包线，用于多种干式电动机）、QF 线（耐氟漆包线，用于制冷压缩机，价格较高）等几种类型，并有多种规格型号。

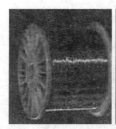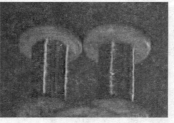

图 2-11　漆包线

（2）接线电缆　接线电缆用于电动机绕组与接线柱之间的接线。如图 2-12、图 2-13 所示。

图 2-12　接线电缆

图 2-13　接线电缆端子制作

（3）各种绝缘材料　电动机常用的绝缘材料主要包括：绝缘纸、绝缘套管、黄蜡绸（漆布）、绝缘漆、各种包扎用胶带。如图 2-14 所示为绝缘包扎胶带，图 2-15 所示为绝缘纸，图 2-16 所示为绝缘套管，图 2-17 所示为绝缘漆。

常用的绝缘纸有云母、石棉、聚酯薄膜和双层复合膜清盒纸。常用的绝缘漆有沥青漆、油性漆、纯酸绝缘漆、聚酰胺漆等。

图 2-14　绝缘包扎胶带

图 2-15　绝缘纸

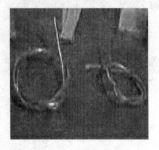

图 2-16　绝缘套管

图 2-17　绝缘漆

（4）轴承　轴承是转子与定子的连接部件，用优质钢材制成，有各种型号及外形。常见轴承的外形如图 2-18 所示，在实际应用中，要求轴承转动灵活、无卡塞现象、框量小、内外直径要合适。

（5）润滑油　常用的润滑油有钙钠基质、钠基质、复合二硫化等几种，如图 2-19 所示。

2. 常用的工具

（1）试电笔　试电笔是一种测试导线和电气设备是否具有较高对地电压的工具，是安全用电必备的工具。如图 2-20 所示。

（2）钢丝钳　钢丝钳是一种钳夹和剪刀工具，由钳头和钳柄两部分组成。钳口用来弯绞或钳夹导线线头，齿口用来紧固或起松螺母，刀口用来剪切导线或剖切软导线绝缘层，铡口用来铡切电线线芯和钢丝、铝丝等较硬金属材料。如图 2-21 所示。

（3）螺丝刀　螺丝刀又称为改锥。紧固和拆卸螺钉用。主要有平口和十字口两种。如图 2-22 所示。

图 2-18　常见轴承的外形

图 2-19 常见的润滑油

图 2-20 试电笔

图 2-21 钢丝钳

图 2-22 螺丝刀

(4) 各种扳手 主要用活络扳手、开口扳手、内六角扳手、外六角扳手、梅花扳手等。如图 2-23 所示。扳手主要用于紧固和拆卸电动机的螺钉和螺母。

(5) 电工刀 电工刀是电工用来剖削的常用工具,图 2-24 所示为其外形及电工刀的使用,在切削导线时,刀口必须朝人身外侧。

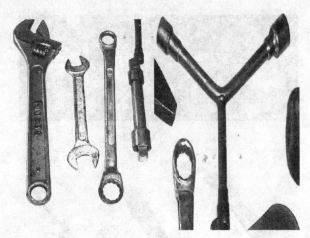

图 2-23 常见的扳手

图 2-24 电工刀及使用

（6）扒子 扒子分两爪或三爪两种。外形如图 2-25 所示，其使用如图 2-26 所示。

图 2-25 扒子的外形　　　　　　　　图 2-26 扒子的使用

（7）錾子 由优质钢材制成。在拆除线圈时，可利用錾子切断电磁线圈，拆除绕组。錾子的外形如图 2-27 所示。

（8）压线板和划线板 如图 2-28 所示，划线板由竹片或塑料制成，也可用不锈钢和铁板磨制而成。主要用于在嵌线时将导线划入铁芯线槽和整理槽内的导线。

图 2-27 錾子　　　　　　　　图 2-28 压线板和划线板

压线板多由金属材料制成，可以压紧槽内的线圈，把高于线圈槽口的绝缘材料平整地覆盖在线圈上部，以便穿入槽楔。

（9）绕线机和绕线模 绕线机主要用于绕制各种电磁线圈，绕线机上配有读数盘和变速齿轮，分电动和手动两种。某些绕线机上配用数字读数装置。

绕线模有成套的标准绕线模，用塑料或木板制成，也可以自行制作。绕线机和绕线模如图 2-29 所示。

图 2-29　绕线机和绕线模

（10）螺旋千分尺　主要用于测量导线的线径，可以精确到 1⁄100（mm）。使用时先读出使用套管上的刻度数，再读活动套管上的 1/100 的毫米数，两者相加即测得的尺寸。

（11）转速表　主要应用于测量电动机主轴的转速，常用有机械式和数字型两种，如图 2-30 所示，图 2-31 所示为离心式转速表的使用方法。

机械式转速表　　　数显式转速表

图 2-30　转速表的外形　　　　　图 2-31　转速表的使用

（12）兆欧表　兆欧表又叫摇表。是一种测量高电阻的仪表，在电动机维修过程中，主要测量电动机的绝缘电阻和绝缘材料的漏电组织。兆欧表的外形及使用方法如图 2-32 所示。

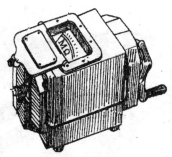

图 2-32　兆欧表的外形及应用

（13）钳形电流表　钳形电流表主要用于钳形电流的测量，由电流表头和电流互感线圈等组成。外形及使用方法如图 2-33 所示。

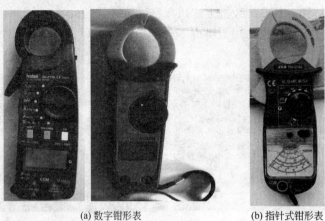

(a) 数字钳形表　　　　　　　　(b) 指针式钳形表

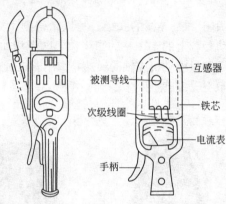

(c) 钳形表结构

图 2-33　钳形电流表外形及使用

（14）万用表　普通万用表主要用来检测电压、电流及电阻等物理量，通常在表盘上用 A、V、Ω 等符号来表示；有些万用表还能够测量音频电平。万用表的种类很多，按结构可分为两种：一种为机械式万用表，一种为数字万用表，如图 2-34 所示。在维修电动机中，主要测量线路电压及导线电阻和绕组的漏电电阻。

（15）电烙铁　电烙铁主要用于焊接各种导线接头。外形如图 2-35 所示。

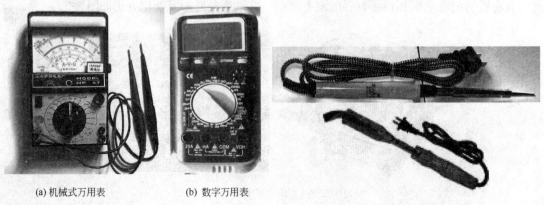

(a) 机械式万用表　　　　(b) 数字万用表

图 2-34　万用表　　　　　　　　　　　　图 2-35　电烙铁

（16）其他工具

① 其他电工常用工具　电工钳工常用工具还有台虎钳、手工钢锯、锤子、丝锥、板牙、

冲击钻、各式钢锉等，如图 2-36 所示。

② 其他常用测量工具　常用测量工具有卷尺、板尺、90°角尺等，如图 2-36 所示。

图 2-36　其他工具

二、电动机的拆装

1. 电动机的拆卸

电动机的结构比较简单，多种电动机的外形如图 2-37 所示。电动机的拆卸步骤如下。

图 2-37　电动机的外形

（1）拆卸带轮　拆卸带轮的方法有两种，一是用两爪或三爪扒子拆卸，二是用锤子和铁棒直接敲击带轮拆卸。如图 2-38 所示。

图 2-38　拆卸带轮

（2）拆卸风叶罩　用螺丝刀或扳手卸掉风叶罩的螺钉，取下风叶罩。如图 2-39 所示。

(a) 取下螺钉　　　　　　　　　　　　　　　(b) 取下风叶罩

图 2-39　拆卸风叶罩

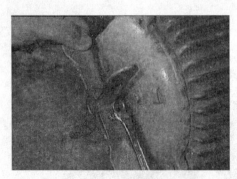

图 2-40　拆卸风扇

（3）拆卸风扇　用扳手取下风扇螺钉，拆下风扇，如图 2-40 所示。

（4）拆卸后端盖　取下后端盖的固定螺钉（当前后端盖都有轴承端盖固定螺钉时，应将轴承端盖固定螺钉同时取下），用锤子敲击电动机轴，取下后端盖。如图 2-41 所示。

（5）取出转子　当拆掉后端盖后，可以将转子慢慢抽出来（体积较大时，可以用吊制法取出转子），为了防止抽取转子时损坏绕组，应当在转子与绕组之间加垫绝缘纸。如图 2-42 所示。

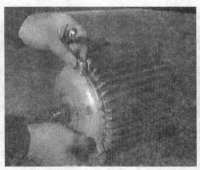

图 2-41　拆卸后端盖

图 2-42　取出转子

2. 电动机的安装

电动机所有零部件如图 2-43 所示，电动机安装的步骤如下。

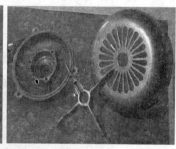

图 2-43　电动机零部件图

（1）安装轴承　将轴承装入转子轴上，给轴承和端盖涂抹润滑油，如图 2-44 所示。

（2）安装端盖　将转子立起，装入端盖，用锤子在不同部位敲击端盖，直至轴承进入槽内为止。如图 2-45 所示。

图 2-44　安装轴承及涂抹润滑油　　　　　　　　图 2-45　安装端盖

（3）安装轴承端盖螺钉　将轴承端盖螺钉安装并紧固。如图 2-46 所示。

（4）装入转子　装好轴承端盖后，将转子插入定子中，并装好端盖螺钉。如图 2-47 所示。在装入转子过程中，应注意转子不碰触绕组，以免造成绕组损坏。

（5）装入前端盖

① 首先用三根硬导线将端部折成 90°弯，插入轴承端盖三个孔中，如图 2-48（a）所示。

② 将三根导线插入端盖轴承孔，如图 2-48（b）所示。

③ 将端盖套入转子轴，如图 2-48（c）所示。

图 2-46　装好轴承端盖

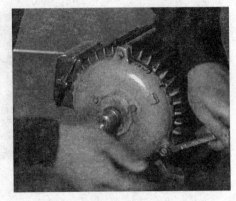
图 2-47　装入转子紧固端盖螺钉

④ 向外拽三根硬导线，并取出其中一根导线，装入轴承端盖螺钉，如图 2-48(d) 所示。

⑤ 用锤子敲击前端盖，装入端盖螺钉，如图 2-48(e) 所示。

⑥ 取出另外两根硬导线，装入轴承端盖螺钉，并装入端盖固定螺钉，将螺钉全部紧固。如图 2-48(f) 所示。

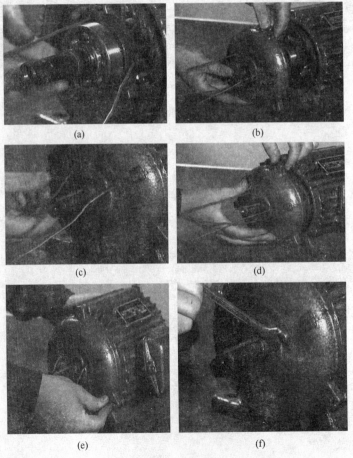

(a)　　　　　　　　　(b)

(c)　　　　　　　　　(d)

(e)　　　　　　　　　(f)

图 2-48　前端盖的安装过程

(6) 安装扇叶及扇罩　首先安装好扇叶，紧固螺钉，并将扇罩装入机身。如图 2-49 所示。

(7) 用兆欧表检测电动机绝缘电阻　将电动机组装完成后，用万用表检测绕组间的绝缘及绕组与外壳的绝缘，判断是否有短路或漏电现象。如图 2-50 所示。

（8）安装电动机接线　将电动机绕组接线接入接线柱，并用扳手紧固螺钉。如图 2-51 所示。

图 2-49　安装扇叶和扇罩　　图 2-50　用兆欧表检测电动机绝缘电阻　　图 2-51　绕组接线接入接线柱

（9）通电试转　接好电源线，接通空气断路器（或普通刀开关），给电动机接通电源，电动机应该正常运转（此时可以应用转速表测量电动机的转速，电动机应当在额定转速内旋转）。如图 2-52 所示。

图 2-52　接通电源试转

第三节　绕组重绕与计算方法及改制

一、绕组重绕步骤

电动机最常见的故障是绕组短路或烧损，需要重新绕制绕组，绕组重绕的步骤如下。

1. 记录各项数据

拆卸电动机并详细记录电动机的原始数据。如图 2-53 所示。记录原始数据内容如下。

图 2-53　测量各项数据并记录

（1）启用记录　见表 2-2。

表 2-2　启用记录

送机者姓名		单位		日期	__年__月__日
损坏程度		所差件		应修部位	
初定价		取机日期		其他事项	
维修人员					

（2）铭牌数据　见表 2-3。

表 2-3　铭牌数据

型号_____	极数_____极	转速_____r/min
功率_____W	电压_____V	电流_____A
电容器容量_____μF	电动机启动运转方式_____式	其他_____

（3）定子铁芯及绕组数据　记录定子铁芯及绕组数据，见表 2-4 和表 2-5。

表 2-4　铁芯数据

定子外径_____mm	定子内径_____mm	定子有效长度_____mm
转子外径_____mm	定子轭高_____mm	定子铁芯外径_____mm
导线φ_____mm	空气隙_____mm	转子槽数

表 2-5　定子绕组数据

导线规格_____	每槽导线数_____	线圈匝数_____
并绕根数_____	并联支路数_____	绕组形式_____
每极每相槽数_____	节距_____	
绕组形式_____式	线把组成_____	

（4）转子绕组（绕线式）　见表 2-6。

表 2-6　转子绕组数据

导线规格_____	每槽导线数_____	线圈匝数_____
并绕根数_____	并联支路数_____	绕组形式_____
每极每相槽数_____		

（5）绝缘材料　见表 2-7。

表 2-7　绝缘材料

槽绝缘_____	绕组绝缘_____	外覆绝缘_____

（6）绕组展开图与接线草图　绘制绕组展开图与接线草图。

（7）故障原因及改进措施　总结故障原因并制订改进措施。

（8）维修总结　给出维修总结。

2. 拆除旧绕组

拆除旧绕组有三种方法，一种为热拆法，一种为冷拆法，再一种为溶剂溶解法。

先用錾子錾切线圈一端绕组（多选择有接线的一端），錾切时应注意錾子的角度，不能过陡或过平，以免损坏定子铁芯或造成线端不平整，给拆线带来困难。如图 2-54 所示。

（1）热拆法　錾切线圈后可以采用电烤箱（灯泡、电炉子等）进行加热，如图 2-55 所示，当温度升到 100℃ 时，用撬棍撬出绕组，如图 2-56 所示。

（2）冷拆法　用不同规格的冲子和锤子进行拆除，錾切好线圈后，首先用锤头对准錾切面锤击冲子，待所有槽中线圈松动后，在另一面用撬棍将线圈拆除即可。在冲线圈时不要用力过大，以免损坏槽口或铁芯翘起。参见图 2-56 所示。

（3）溶剂溶解法　用 9％ 氢氧化钠溶液或 50％ 丙酮溶液、20％ 的酒精、5％ 左右的石蜡、45％ 甲苯溶液配成溶剂，浸泡或涂刷 2～2.5h，使绝缘物软化后拆除（如图 2-57 所示）。由于溶剂有毒、易挥发，使用时应注意人身安全。

图 2-54　錾切线圈

图 2-55　烤箱加热

图 2-56　用撬棍撬出绕组

(a) 溶剂的配制

(b) 涂刷溶剂　　　　　　(c) 拆除线圈

图 2-57　溶解法拆除绕组

注：拆除线圈时最好保留一个完整线圈，做为绕制新线圈的样品。

3. 清理铁芯

线圈拆完后，应对定子铁芯进行清理。清理工具主要使用铁刷、砂纸、毛刷等，如图 2-58 所示。清理时应当注意铁芯是否有损坏、弯曲缺口，如有应予以修理。

(a) 用砂纸清理

(b) 用清槽刷清理

(c) 用毛刷扫干净

(d) 清理好的定子

图 2-58　铁芯清理

4. 绕制线圈

（1）准备漆包线　从拆下的旧绕组中取一小断铜线，在火上烧一下，将漆皮擦除，用千分尺测量出漆包线的直径。选购同样的新漆包线（如无合适的漆包线，可适当的选择稍大或稍小的导线代用）。

（2）确定线圈的尺寸　将拆除完整的旧线圈进行整形，确定线圈的尺寸。如图 2-59 所示。

（3）选择线模　按照拆除完整的旧线圈的形状，选择合适的线模，如没有合适的线模，可以自行制作。如图 2-60 所示。

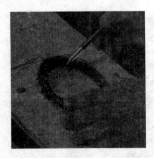
图 2-59　线圈尺寸的确定

图 2-60　线模的选择

（4）线圈的绕制　确定好线圈的匝数和模具后，即可以绕制线圈。绕制线圈时，先放置绑扎线，然后用绕线机绕制线圈，如图 2-61 所示。注意：如线圈有接头时，应插入绝缘管刮掉漆皮将线头拧在一起，并进行焊接，以确保导线良好。

(a)绑扎线绕制　　　　　　(b)绕制线圈　　　　　　(c)漆包线支架

图 2-61　线圈的绕制

（5）退模　线圈绕制好后，绑好绑扎线，松开绕线模，将线圈从绕线模中取出。如图 2-62 所示。

5. 绝缘材料的准备

（1）按铁芯的长度裁切绝缘纸　绝缘纸的长度应大于铁芯长度 5～10mm，宽度应大于铁芯高度的 2～4 倍。如图 2-63 所示。

图 2-62　退模及成品线圈　　　　　　　　　图 2-63　裁切绝缘纸

（2）放入绝缘纸　将裁好的绝缘纸放入铁芯，注意绝缘纸的两端不能太长，否则在嵌线时会损坏绝缘。如图 2-64 所示。

6. 嵌线

线圈放入绝缘纸后，即可嵌线。

（1）准备嵌线工具　嵌线工具主要有压线板、划线板、剪刀、橡皮锤、打板等。

（2）捏线　将准备嵌入的线圈的一边用手捏扁，并对线圈进行整形。如图 2-65 所示。

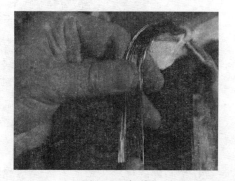

图 2-64　将绝缘纸放入定子铁芯　　　　　　图 2-65　捏线

（3）嵌线和划线　将捏扁的线圈放入镶好绝缘纸的铁芯内，并用手直接拉入线圈。如有少数未入槽的导线，可用划线板划入槽内。如图 2-66 所示。

(a) 拉入线圈　　　　　　　　　　　　　　　(b) 划线

图 2-66　嵌线和划线

（4）裁切绝缘纸放入槽楔

① 线圈全部放入槽内后，用剪刀剪去多余的绝缘纸，用划线板将绝缘纸压入槽内，如图 2-67 所示。

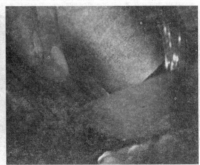

(a) 剪去槽口绝缘纸　　　　　(b) 用划线板将绝缘纸压入槽内

图 2-67　裁剪绝缘纸

② 放入槽楔，用划线板压入绝缘纸后，可以用压角进行压制，然后将槽楔放入槽内。如图 2-68 所示。

图 2-68　放入槽楔

③ 按照嵌线规律，将所有嵌线全部嵌入定子铁芯（有关嵌线规律见后面电动机各章节中相关内容），如图 2-69 所示。

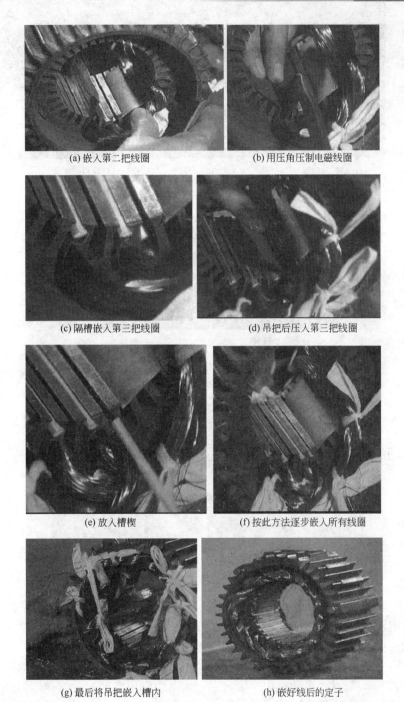

(a) 嵌入第二把线圈　　　　　　(b) 用压角压制电磁线圈

(c) 隔槽嵌入第三把线圈　　　　　(d) 吊把后压入第三把线圈

(e) 放入槽楔　　　　　　　(f) 按此方法逐步嵌入所有线圈

(g) 最后将吊把嵌入槽内　　　　　(h) 嵌好线后的定子

图 2-69　嵌线步骤

7. 垫相间绝缘

嵌好线后，将绝缘纸嵌入导流边中，做好相间绝缘。如图 2-70 所示。

8. 接线

按照接线规律，将各线头套入绝缘管，将各相线圈连接好，并接好连接电缆，接头处需要用烙铁焊接（大功率电动机需要使用火焰钎焊或电阻焊焊接），如图 2-71 所示。

9. 绑扎及整形

用绝缘带将线圈端部绑扎好，并用橡皮锤及打板对端部进行整形。如图 2-72 所示。

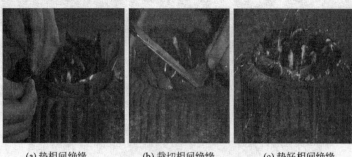

(a) 垫相间绝缘   (b) 裁切相间绝缘   (c) 垫好相间绝缘

图 2-70　垫相间绝缘

(a) 穿入绝缘管   (b) 焊接接头

图 2-71　接线

(a) 绑扎线圈   (b) 整形

图 2-72　绑扎及整形

10. 浸漆和烘干

电动机绕组浸漆的目的是提高绕组的绝缘强度、耐热性、耐潮性及导热能力，同时也增加绕组的机械强度和耐腐蚀能力。

(1) 预加热　浸漆前要将电动机定子进行预烘，目的是排除水分潮气。预烘温度一般为110℃左右，时间 6～8h（小电动机用小值，中、大电动机用大值）。预烘时，每隔 1h 测量绝缘电阻一次，其绝缘电阻必须在 3h 内不变化，才可以结束预烘。如果电动机绕组一时不易烘干，可暂停一段时间，并加强通风，待绕组冷却后，再进行烘焙，直至其绝缘电阻达到稳定状态。如图 2-73 所示。

(2) 浸漆　绕组温度冷到 50～60℃才能浸漆。E 级绝缘常用 1032 三聚氰胺醇酸漆浸漆，分两次浸漆。根据浸漆的方式不同，分为浇漆和浸漆两种。

浇漆是指将电动机垂直放在漆盘上，先浇绕组的一端，再浇另一端。漆要浇得均匀，全部都要浇到，最好重复浇几次。如图 2-74 所示。

浸漆指的是将电机定子浸入漆筒中 15min 以上，直至无气泡为止，再取出定子。

(3) 擦除定子残留漆　待定子冷却后，用棉丝蘸松节油擦除定子及其他处残留的绝缘漆。

(a) 灯泡加热

(b) 烤箱加热

图 2-73 预加热

目的是使安装方便，转子转动灵活。也可以待烤干后，用金属扁铲铲掉定子铁芯残留的绝缘漆。如图 2-75 所示。

图 2-74 浇漆

图 2-75 擦除定子残留漆

（4）烘干 如图 2-76 所示，烘干的目的是使漆中的溶剂和水分挥发掉，使绕组表面形成较低坚固的漆膜。烘干最好分为两个阶段，第一阶段是低温烘焙，温度控制在 70~80℃，烘 2~4h。这样使溶剂挥发不太强烈，以免表面干燥太快而结成漆膜，使内部气体无法排出；第二阶段是高温阶段，温度控制在 130℃左右，时间为 8~16h。

图 2-76 烘干

在烘干过程中，每隔 1h 用兆欧表测一次绕组对地的绝缘电阻。开始绝缘电阻下降，后来逐步上升，最后 3h 必须趋于稳定，电阻值一般在 5MΩ 以上，烘干才算结束。

常用的烘干方法有以下几种。

① 灯泡烘干法 此操作法工艺、设备简单方便，耗电少，适用于小型电动机，烘干时注意用温度计监视定子内温度，不得超过规定的温度，灯泡也不要过于靠近绕组，以免烤焦。为了升温快，应将灯泡放入电机定子内部，并加盖保温材料（可以使用纸箱）。

② 烘房烘干法 在通电的过程中，必须用温度计监测烘房的温度，不得超过允许值。烘房顶部留有出气孔，烘房的大小根据电动机容量大小和每次烘干电动机台数决定。

③ 电流烘干法 将定子绕组接在低压电源上，靠绕组自身发热进行干燥。烘干过程中，须经常监视绕组温度。若温度过高应暂时停止通电，以调节温度，还要不断测量电动机的绝缘电阻，符合要求后就停止通电。

11. 电动绕组及电动机特性试验

（1）电动机绝缘检查 电动机烘焙完毕，电动机浸漆烘干后，应用兆欧表及万用表对电动机绕组进行绝缘检查，如图 2-77 所示，电动机烘焙完毕，必须用兆欧表测量绕组对机壳及各相绕组相互间的绝缘电阻。绝缘电阻每千伏工作电压不得小于 $1M\Omega$，一般低压（3680V）、容量在 100kW 以下的电动机不得小于 $0.5M\Omega$，滑环式电动机的转子绕组的绝缘电阻亦不得小于 $0.5M\Omega$。

（2）三相电流平衡试验 将三相绕组并联通入单相交流电（电压 24～36V），如图 2-78 所示。如果三相的电流平衡，表示没有故障，如果不平衡，说明绕组匝数或导线规格可能有错误，或者有匝间短路、接头接触不良等现象。

图 2-77 电动机绝缘检查

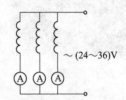

~ (24～36)V

图 2-78 三相电流平衡试验

（3）直流电阻测量 将要测量的绕组串联一只直流电流表接到 6～12V 的直流电源上，再将一只直流电压表并联到绕组上，测出通过绕组的电流和绕组上的电压降，再算出电阻。或者用电桥测量各绕组的直流电阻，测量三次取其平均值，即 $R = \dfrac{R_1 + R_2 + R_3}{3}$。测得的三相之间的直流电阻误差不大于 $\pm 2\%$，且直流电阻与出厂测量值误差不大于 $\pm 2\%$，即为合格。但若测量时，温度不同于出厂测量温度，则可按下式换算（对铜导线）：

$$R_2 = R_1 \frac{235 + t_2}{235 + t_1}$$

式中，R_2 为在温度 t_2 时的电阻，Ω；R_1 为在温度 t_1 时的电阻，Ω。

（4）耐压试验 耐压试验是做绕组对机壳及不同绕组间的绝缘强度试验。对额定电压 380V，额定功率为 1kW 以上的电动机，试验电压有效值为 1760V；对额定功率小于 1kW 的电动机，试验电压为 1260V。

绕组在上述条件下，承受 1min 而不发生击穿者为合格。

（5）空载试验 电动机经上述试验无误后，对电动机进行组装并进行半小时以上的空载通电试验，如图 2-79 所示。空载运转时，三相电流不平衡应在 $\pm 10\%$ 以内。如果空载电流超出容许范围很多，表示定子与转子之间的气隙可能超出容许值，或是定子匝数太少，或是应一路串联但错接成两路并联了，如果空载电流太低，表示定子绕组匝数太多，或应是△形连接但误接成 Y 形，两路并联错接成一路串联等。此外，还应检查轴承的温度是否过高，电动机和轴承是否有异常的声音等。滑环式异步电动机空转时，还应检查启动时电刷有无冒火花、过热等现象。

图 2-79　对组装好的电动机通电试验

二、电动机绕组重绕计算

在电动机的检修工作中，经常会遇到电动机铭牌丢失，或绕组数据无处考查的情况。有时还需要改变使用电压，变更电动机转速，改变导线规格来修复电动机的绕组。这时都必须经过一些计算，才能确定所需要的数据。

1. 改变导线规格的计算

（1）当修复一台电动机时，如果没有原来规格的导线，可以选用其他规格的导线，但其截面要等于或接近于原来的导线截面，使修复后电动机的电流密度不超过表 2-8 所列的数值。

表 2-8　中小型电动机铜线电流密度容许值　　　　　　　　　　　　　　　A/mm²

极数	2	4	6	8
封闭式	4.0～4.5	4.5～5.5		4.0～5.0
开启式	5.0～6.0	5.5～6.5		5.0～6.0

注：1. 表中数据适用于系列产品，对早年及非系列产品应酌情降低 10%～15%。
　　2. 一般小容量的电动机取其较大值，较大容量的电动机取其较小值。

（2）改变线圈导线的并绕数。如果没有相同截面的导线，可以将线圈中较大截面的导线换为两根或数根较小截面的导线并绕，匝数不变。但此时需要考虑导线在槽内是否能装得下，也就是要验算电动机的槽满率。

所谓槽满率 F_m，就是槽内带绝缘导体的总截面与槽的有效截面的比值。

$$F_m = \frac{NS}{S'_c} = \frac{N(nd^2)}{S'_c} \times \frac{\pi}{4} \approx \frac{Nnd^2}{S'_c}$$

式中，N 为槽内导体数；d 为带绝缘导线的外径，mm；n 为每个线圈并绕导线的根数，由不同外径的导线并绕时，式中的 nd^2 应换以不同的线径平方之和，即 $nd^2 = d_1^2 + d_2^2 + d_3^2 + \cdots$；$S'_c$ 为定子铁芯槽的面积减去槽绝缘和槽楔后的净面积，mm²。

一般 F_m 值控制在 0.60～0.75 的范围内。

（3）改变绕组的并联支路数。原来为一个支路接线的绕组，如果没有相同规格的导线，可换用适当规格的导线，并改变其支路数。

在改变支路数的线圈中，每根导线的截面积 S 与支路数 a 成反比

$$S_{II} = \frac{S_I}{a_{II}}$$

每个线圈的匝数 W 与并联支路数 a 成正比

$$W_{II} = a_{II} W_I$$

在公式中，字母下脚注有 I 者为原有数据；注有 II 者，为改变支路数后的各种数据。

2. 电动机重绕线圈的计算

若笼型异步电动机的铭牌和绕组数据已遗失，根据电动机铁芯，可按下述方法重算定子绕组（适用于 50Hz、100kW 以下低压绕组）。

（1）先确定重绕后电动机的电源电压和每分钟转速（或极数）。

（2）测量定子铁芯内径 D_1（cm），铁芯长度 L（不包括通风槽）（cm），定子槽数 Z_1，定子槽截面积 S_c（mm²），定子齿的宽度 b_2（cm）和定子轭的高度 h_a（cm）。选 p 为极对数。

（3）极距

$$\tau = \frac{\pi D_1}{2p}(\text{cm})$$

（4）每极磁通

$$\Phi = 0.637\tau L B_g \times 0.92(\text{Mx})$$

式中，B_g 为气隙磁通密度，Gs；L 为铁芯长度，cm。

（5）验算轭磁通密度

$$B_a = \frac{\Phi}{2h_a L \times 0.92}(\text{Gs})$$

计算所得的 B_a 值应按表 2-9 核对，如相差很大，就说明极数 $2p$ 选择得不正确，应重新选择极数；如相差不大，可重新选择 B_g，以适合表 2-9 中 B_a 的数值。

（6）验算齿磁通密度

$$B_z = \frac{1.57\Phi}{\frac{Z_1}{2p}b_z L \times 0.92}(\text{Gs})$$

所得 B_z 值应符合表 2-9 的数值，如有相差可以重选 B_g 值（重复以上计算得出 B_z 值应符合表 2-9 的数值）。

表 2-9 小型异步电动机定子绕组电磁计算的参考数据

数 值 名 称	符 号	单 位	定子铁芯外径/mm		
			150～250	200～350	350～750
气隙磁通密度	B_g	Gs	6000～7000	6500～7500	7000～8000
轭磁通密度	B_a	Gs	11000～15000	12000～15000	13000～15000
齿磁通密度	B_z	Gs	13000～16000	14000～17000	15000～18000
A级绝缘防护式电动机定子绕组的电流密度	j_1	A/mm²	5～6	5～5.6	5～5.6
A级绝缘封闭式电动机定子绕组的电流密度	j_1	A/mm²	4.8～5.5	4.2～5.2	3.7～4.2
线负载	AS	A/cm	150～250	200～350	350～400

（7）确定线圈节距的绕组系数 K

单层线圈采用全节距

$$y = \frac{Z_1}{2p}$$

双层线圈采用短节距，短距系数 β 按下式计算

$$\beta = \frac{y_2}{y}$$

式中，y_2 为短距线圈的节距。

一般取短距系数 β 约在 0.8，根据短距系数及分布系数 γ（由每极每相的线圈元件数来决定），按表 2-10 决定绕组系数 K。

（8）绕组每相匝数

$$单层绕组\ W_1 = \frac{U_{xg} \times 10^6}{2.22\Phi}（匝/相）$$

$$双层绕组\ W_2 = \frac{U_{xg} \times 10^6}{2.22K\Phi}（匝/相）$$

（9）每槽有效导线数

$$n_c = \frac{6W_1}{Z_1}（根/槽）$$

表 2-10　双层短距绕组的绕组系数 K

每极每相的线圈元件数	分布系数(γ)	短距系数(β)								
		0.95	0.90	0.85	0.80	0.75	0.70	0.65	0.60	0.55
1	1.0	0.997	0.988	0.972	0.951	0.924	0.891	0.853	0.809	0.760
2	0.966	0.963	0.954	0.939	0.910	0.893	0.861	0.824	0.784	0.735
3	0.960	0.957	0.948	0.933	0.913	0.887	0.855	0.819	0.777	0.730
4	0.985	0.955	0.947	0.931	0.911	0.885	0.854	0.817	0.775	0.728
5~7	0.957	0.954	0.946	0.930	0.910	0.884	0.853	0.816	0.774	0.727

（10）导线截面积

$$S_1 = \frac{S_c K_r}{n_c}（mm^2）$$

式中，S_c 为槽的截面积，mm^2；K_r 为槽内充填系数。当采用双纱包圆铜线时，$K_r = 0.35 \sim 0.42$；采用单纱漆包线时，$K_r = 0.43 \sim 0.45$；采用漆包线时，$K_r = 0.46 \sim 0.48$。

当导线截面较大时，可采用多根导线并联绕制线圈，或按表 2-11 采用 2 路以上的并联支路数，这时每根导线截面积 S_x 按下式计算

$$S_x = \frac{S_1}{2an}$$

式中，n 为每个线圈的并绕导线数；2 为系数，表示双层绕组。

表 2-11　三相绕组并联支路数 a

极数	2	4	6	8	10	12
并联支路数	1、2	1、2、4	1、2、3、6	1、2、3、8	1、2、5、10	1、2、3、4、6、12

（11）确定每根导线的直径

$$d = \sqrt{\frac{S_x}{\pi/4}}（mm）$$

（12）每相绕组容许通过的电流

$$I_{nxg} = S_1 j_1 = 2an S_x j_1（A）$$

式中，j_1 为电流密度，由表 2-9 查出。

（13）验算线负荷

$$AS = \frac{I_N n_c Z_1}{\pi D_1}（A/cm）$$

计算所得值应符合表2-9，否则应重选 j_1。

（14）确定电动机额定功率

$$P_N = 3U_{xg}I_{nxg}(\cos\varphi)\eta \times 10^{-3}$$
$$= \sqrt{3}U_N I_N(\cos\varphi)\eta \times 10^{-3}(kW)$$

例1 一台防护式笼型异步电动机，其铭牌和绕组数据已遗失，定子铁芯的数据测量如下：

定子铁芯外径 $D = 38.5\text{cm}$

定子铁芯内径 $D_1 = 25.4\text{cm}$

定子铁芯长度 $L = 18\text{cm}$

定子槽数 $Z_1 = 48$

定子槽截面积 $S_c = 252\text{mm}^2$

定子齿的宽度 $b_z = 0.70\text{cm}$

定子轭的高度 $h_a = 3.7\text{cm}$

求定子绕组数据和电动机功率。

解： ① 确定电源电压为3相、50Hz、380V，电动机转速为1440r/min（即磁极数为4极）。

② 定子铁芯数据已测得。

③ 极距

$$r = \frac{\pi D_1}{2p} = \frac{3.14 \times 25.4}{4} = 20(\text{cm})$$

④ 根据定子铁芯外径 $D = 38.5\text{cm}$，取 $B_g = 7500\text{Gs}$，故每极磁通：

$$\Phi = 0.637rLB_g \times 0.92 = 0.637 \times 20 \times 18 \times 7500 \times 0.92 = 1.58 \times 10^6(\text{Mx})$$

⑤ 验算轭磁通密度

$$B_a = \frac{\Phi}{2h_aL \times 0.92} = \frac{1.58 \times 10^6}{2 \times 3.7 \times 18 \times 0.92} \approx 13000(\text{Gs})$$

计算所得 B_a 值基本符合表2-9中的范围。

⑥ 验算齿磁通密度

$$B_z = \frac{1.57\Phi}{\frac{Z_1}{2p}b_zL \times 0.92} = \frac{1.57 \times 1.58 \times 10^6}{\frac{48}{4} \times 0.7 \times 18 \times 0.92} = 17800(\text{Gs})$$

B_z 值符合表2-9中的范围。

⑦ 选用双层叠绕线圈，短节距，取短距系数 $\beta = 0.8$。

$$Y_1 = \beta\frac{Z_1}{2p} = 0.8 \times \frac{48}{4} \approx 10$$

每根每相元件数为3，得绕组系数 $K = 0.933$。

⑧ 采用△接法，$U_{xg} = 380\text{V}$。

绕组每相匝数

$$W_2 = \frac{U_{xg} \times 10^6}{2.22\Phi K} = \frac{380 \times 10^6}{2.22 \times 1.58 \times 10^6 \times 0.933} = 116(\text{匝／相})$$

⑨ 每槽有效导线数

$$n_c = \frac{6W_2}{Z_1} = \frac{6 \times 116}{48} = 14.5(\text{根／槽})$$

n_c 应为整数，且双层绕组应取偶数，故取 $n_c = 14$ 根/槽。

⑩ 导线采用高强度漆包线，其截面：

$$S_1 = \frac{S_cK_r}{n_c} = \frac{252 \times 0.46}{14} = 8.28(\text{mm}^2)$$

因单根导线截面较大，分为三根并绕，每根导线的截面为 $8.28 \div 3 = 2.76$（mm^2）

⑪ 查漆包线截面表，截面为 $2.76mm^2$ 的漆包线，标称直径取 $1.88mm$。

⑫ 由表 2-9 取 $j_1 = 5.0A/mm^2$，故相电流

$$I_{nxg} = S_1 j_1 = 8.28 \times 5 = 41.4(A)$$

⑬ 验算线负荷

$$AS = \frac{I_N n_c Z_1}{\pi D_1} = \frac{41.4 \times 14 \times 48}{3.14 \times 25.4} = 349(A/\text{匝})$$

计算所得 AS 值符合表 2-9 内的范围。

⑭ 根据极数和相电流，取 $\cos\varphi$ 为 0.88，η 为 0.895，故电动机的功率为：

$$P_n = \sqrt{3} U_n I_n (\cos\varphi) \eta \times 10^{-3} = 1.73 \times 380 \times 41.4 \times 0.88 \times 0.895 \times 10^{-3} = 21.4(kW)$$

三、电动机改制计算

在生产中，有时需改变电动机绕组的连接方式，或重新配制绕组来改变电动机的极数，以获得所需要的电动机转速。

1. 改极计算

改极计算应注意以下事项。

① 由于电动机改变了极数，必须注意，定子槽数 Z_1 与转子槽数 Z_2 的配合不应有下列关系：

$$Z_1 - Z_2 = \pm 2p$$
$$Z_1 - Z_2 = 1 \pm 2p$$
$$Z_1 - Z_2 = \pm(2 \pm 4p)$$

否则电动机可能发生强烈的噪声，甚至不能运转。

② 改变电动机极数时，必须考虑到电动机容量将与转速近似成正比地变化。

③ 改变电动机转速时，不宜使其前后相差过大，尤其是提高转速时应特别注意。

④ 提高转速时，应事先考虑轴承是否会过热或寿命过低，转子的机械强度是否可靠等，必要时进行验算。

⑤ 绕线式电动机改变极数时，必须将定子绕组和转子绕组同时更换。所以一般只对笼型电动机定子线圈加以改制。

2. 改变极数的两种情况

一种是不改变绕组线圈的数据，只改变其极相组及极间连线，其电动机容量保持不变。此时，应验算磁路各部分的磁通密度，只要没有达到饱和值或超过不多即可。

另一种情况是重新计算绕组数据。改制前，应确切记好电动机的铭牌、绕组和铁芯的各项数据，并按上述方法计算改制前绕组的 W_1、Φ、B_z、B_a、n_c 和 AS 等各项数据，以便和改制后相应的数据对比。

（1）改制后提高电动机转速的方法和步骤

① 改制后极距 $\tau' = \dfrac{\pi D_1}{2p'}$（cm）

② 改制后每极磁通 $\Phi' = 1.84 h_a L B'$（Mx）

式中，B_a 为改制后轭磁通密度，可选为 18000Gs。由于改制后电动机极数减少，因此 B_a 增高，为了不使轭部温升过高，B_a 不宜超过 18000Gs。

（2）改制后绕组每相串联匝数：

$$单层绕组 \quad W_1 = \frac{U_{xg} \times 10^6}{2.22\Phi'}（匝/相）$$

$$双层绕组\ W'_1 = \frac{U_{xg} \times 10^6}{2.22K'\Phi'}(匝／相)$$

其余各项数据的计算与旧定子铁芯重绕线圈的计算相同。

（3）改制后降低电机转速的计算方法

① 极距 $\tau' = \dfrac{\pi D_1}{2p'}(cm)$

② 每极磁通 $\Phi' = 0.586\tau'LB'_g(Mx)$

由于极数增加，极距 r 减小，定子轭磁通密度显著减小，因此可将的 B_g 数值较改制前的 B_g 数值提高 5%～14%，B_z 值也相应提高 5%～10%。

其余各项数据计算与电动机空壳重绕线圈的计算相同。

必须指出：异步电动机改变极数重绕线圈后，不能保证铁芯各部分磁通保持原来的数值，因而 η、$\cos\varphi$、I_0、启动电流等技术性能指标也有较大的变动。

3. 改压计算

（1）要将原来运行于某一电压的电动机绕组改为另一种电压时，必须使线圈的电流密度和每匝所承受的电压尽可能保持原来的数值，这样可使电动机各部温升和机械特性保持不变。

改变电压时，首先考虑能否用改变接线的方法使该电动机适用于另一电压。

计算公式如下：

$$K\% = \frac{U'_{xg}}{U_{xg}} \times 100\%$$

式中，$K\%$ 为改接前后的电压比；U'_{xg} 为改接后的绕组相电压，V；U_{xg} 为改接前的绕组相电压，V。

根据计算所得的电压比 $K\%$ 再查阅表2-12，查得的"绕组改接后接线法"应符合表2-12 的规定，同时由于改变接线时没有更换槽绝缘，必须注意原有绝缘能否承受改接后所用的电压。

表 2-12　三相绕组改变接线的电压比（$K\%$）

绕组原来接线法 ＼ 绕组改后接线法	一路Y形	二路并联Y形	三路并联Y形	四路并联Y形	五路并联Y形	六路并联Y形	八路并联Y形	十路并联Y形	一路△形	二路并联△形	三路并联△形	四路并联△形	五路并联△形	六路并联△形	八路并联△形	十路并联△形
一路Y形	100	50	33	25	20	17	12.5	10	58	69	19	15	12	10	7	6
二路并联Y形	200	100	67	50	40	33	25	20	116	58	39	29	23	19	15	11
三路并联Y形	300	150	100	75	60	50	38	30	173	87	58	43	35	29	22	17
四路并联Y形	400	200	133	100	80	67	50	40	232	116	77	58	46	39	29	23
五路并联Y形	500	250	167	125	100	83	63	50	289	144	96	72	58	48	36	29
六路并联Y形	600	300	200	150	120	100	75	60	346	173	115	87	69	58	43	35
八路并联Y形	800	400	267	200	160	133	100	80	460	232	152	120	95	79	58	46
十路并联Y形	1000	500	333	250	200	167	125	100	580	290	190	150	120	100	72	58
一路△形	173	86	58	43	35	29	22	17	100	50	33	25	20	17	12.5	10
二路并联△形	346	173	115	87	69	58	43	35	200	100	67	50	40	33	25	20
三路并联△形	519	259	173	130	104	87	65	52	300	150	100	75	60	50	38	30
四路并联△形	692	346	231	173	138	115	86	69	400	200	133	100	80	60	50	40
五路并联△形	865	433	288	216	173	144	118	86	500	250	167	125	100	80	63	50
六路并联△形	1038	519	346	260	208	173	130	104	600	300	200	150	120	100	75	60
八路并联△形	1384	688	404	344	280	232	173	138	800	400	267	200	160	133	100	80
十路并联△形	1731	860	580	430	350	290	216	173	1000	500	333	250	200	167	125	100

（2）如果无法改变接线，只得重绕线圈。重绕后，绕组的匝数 W_1 和导线的截面积 S_1 可由下式求得。

$$W_1 = \frac{U'_{xg}}{U_{xg}} W_1$$

$$S'_1 = \frac{U_{xg}}{U'_{xg}} S_1$$

式中，W_1 为定子绕组重绕前的每相串联匝数；S_1 为定子绕组重绕前的导线截面积，mm^2。

如果导线截面积较大时，可采用并绕或增加并联支路数。

如果电动机由低压改为高压（500V 以上）时，因受槽形及绝缘的限制，电动机容量必须大大地减少，所以一般不宜改高压。当电动机由高压改为低压使用时，绕组绝缘可以减薄，可采用较大截面的导线，例如电动机的出力可稍增大。

例 2 有一台 3000V、8 极、一路 Y 形接线的异步电动机要改变接线，使用于 380V 的电源上，应如何改变接线？

解：首先计算改接前后的电压比 $K\%$

$$K\% = \frac{380}{3000} \times 100\% = 12.7\%$$

再查"绕组原来接线法"栏第一行第七列"八路并联 Y 形"下的数字为 12.5，两者最相近，而这种接线又符合表 2-12 中的规定，所以该电机可以接受八路并联 Y 形接线，运行于 380V 的电源电压。

四、导线的代换

1. 铝导线换成铜导线

电动机中的绕组采用铝导线，在修复时如果没有同型号的铝导线，要经过计算把铝导线换成铜导线。

为了保持原定子绕组的每相阻抗值不变与通过定子绕组的电流值不变，根据公式 $d_铜 = 0.8d_铝$ 可计算出所要代换铜导线的直径。式中，$d_铜$ 代表铜导线直径，$d_铝$ 代表铝导线直径。

如有一台电动机的绕组直径是 1.4mm 铝导线，修理时因没有这种型号的铝导线，问需要多大直径的铜导线？

根据公式 $d_铜 = 0.8d_铝$，$d_铜 = 0.8 \times 1.4 = 1.12$（mm）

改后应需直径是 1.12mm 铜导线。根据这个例子可以看出，铝导线换成铜导线直径变小，槽满率（槽满率就是槽内带绝缘体的总面积与铁芯槽内净面积的比值）下降。在下线时可以多垫一层绝缘纸，但并绕根数、匝数必须与改前相同。一般电动机不管用什么材料的导体和绝缘材料，出厂时槽满率都设计在 60%~80% 之间。

2. 铜导线换成铝导线

如果将铜导线换用铝导线绕制电动机，绕组中要经过计算。公式是：

$$d_铝 = \frac{d_铜}{0.8}$$

如一台 5.5kW 电动机，铜导线直径是 1.25mm，准备改铝导线，问需多大直径的铝导线？

根据公式 $d_铝 = \frac{1.25}{0.8} = 1.56$，通过计算要选用直径是 1.56mm 的铝导线。

通过上式可以看出以铝导线代换铜导线时，导线加粗了，槽满率会提高，给下线带来困难。最好先绕出一把线试一下，如果改后铝线能下入槽中则改，槽满率过高不能下入槽中就不改。改后铝导线在接线时没有焊接材料，不能焊接时，可直接绞在一起，但一定要把铝接头拧紧，防止接触不良打火而烧坏线头。

3. 两种导线的代换

同种导线代换是根据代换前后导线截面积相等的条件而代换的，表2-13中列出了QQ与QI型直径 0.06~2.44mm 漆包线的规格，有了导线直径就可以直接查出该导线的截面积。

实际情况中有时想把原电动机绕组中两根导线变换成一根，有时想把原绕组一根导线变换成两根，这就需要计算。

表 2-13　QQ、QI 漆包线直径、截面积

导线直径 /mm	带漆导线直径 /mm	导线截面积 /mm²	导线直径 /mm	带漆导线直径 /mm	导线截面积 /mm²
0.06	0.09	0.00283	0.69	0.77	0.374
0.07	0.10	0.00385	0.72	0.80	0.407
0.08	0.11	0.00503	0.74	0.83	0.430
0.09	0.12	0.00636	0.77	0.86	0.466
0.10	0.13	0.00785	0.80	0.89	0.503
0.11	0.14	0.00950	0.90	0.99	0.606
0.13	0.16	0.0133	0.93	1.02	0.670
0.14	0.17	0.0154	0.96	1.05	0.724
0.16	0.19	0.0201	1.00	1.11	0.785
0.17	0.20	0.0277	1.04	1.15	0.840
0.18	0.21	0.0275	1.08	1.10	0.916
0.19	0.22	0.0284	1.12	1.23	0.985
0.20	0.23	0.0314	1.16	1.27	1.057
0.21	0.24	0.0346	1.20	1.31	1.131
0.23	0.25	0.0415	1.25	1.36	1.227
0.27	0.30	0.0573	1.30	1.41	1.327
0.29	0.32	0.0661	1.35	1.46	1.431
0.31	0.34	0.0775	1.40	1.51	1.539
0.35	0.41	0.0962	1.45	1.56	1.651
0.38	0.44	0.1134	1.50	1.61	1.767
0.41	0.47	0.1320	1.56	1.67	1.911
0.44	0.50	0.1521	1.62	1.73	2.06
0.47	0.53	0.1735	1.68	1.79	2.22
0.49	0.55	0.1886	1.74	1.85	2.38
0.51	0.58	0.204	1.81	1.93	2.57
0.53	0.60	0.221	1.88	2.00	2.78
0.55	0.62	0.238	1.95	2.07	2.99
0.57	0.64	0.256	2.02	2.14	3.20
0.59	0.66	0.273	2.10	2.23	3.46
0.62	0.69	0.302	2.26	2.39	4.01
0.64	0.72	0.322	2.44	2.57	4.68
0.67	0.75	0.353			

例如 J02-51-4 型 7.5kW 电动机，该电动机绕组用 $\phi1.00$mm 漆包线两根并绕，每把线是 38 匝，在修理时无 $\phi1.00$mm 导线，电动机又急等使用，这就要经过计算，两根导线用一根代替，要保证代换前两根 $\phi1.00$mm 漆包线的截面积与代换后一根漆包线截面积相同。经查表可知 $\phi1.00$mm 导线截面积是 0.785mm²，两根截面积为 $0.785\times2=1.57$(mm²)，查表截面积 1.57mm² 只近似于 1.539mm²，截面积在 1.539mm² 所对应导线直径为 1.4mm，所以双根 $\phi1.00$mm 漆包线并绕可用一根 $\phi1.40$mm 漆包线代换，原双根并绕是 38 匝（对），改后用 $\phi1.40$mm 漆包线仍绕出 38 匝即可。

4. 线把导线直径和匝数

（1）导线的直径　是指导线绝缘皮去掉的直径，用毫米做单位，测量导线之前要先把导线的绝缘皮用火烧掉，一般把导线端部用火烧红一两遍，用软布擦几次，就把绝缘层擦没了，切不可用刀子刮或用砂布之类擦导线绝缘层，那样测出的导线直径就不准了。测量导线要用千分尺，这是修理电动机必备的测量工具，使用方法见产品说明书，也可以向车工师傅请教。

表 2-13 中列出了 QQ 和 QI 型漆包线的规格，实际三相异步电动机用导线是 $\phi0.57\sim1.68$mm，在一个线把中多用一种直径的导线绕制，但也有的电动机每一个线把是用两种或两种以上规格的导线绕制而成。比如 JQ-83-4，J0-62-6 型电动机，每把线的直径就是用 $\phi1.35\sim1.45$mm 双根线并绕的，所以拆电动机绕组要反复测准每把线中每种导线的直径。

（2）线把的匝数　线把的匝数是指单根导线绕制的总圈数。比如 J02-51-4 型 7.5kW 电动机技术数据表上标明，导线直径 100mm，并绕根数是 1，匝数是 52，就是说这种电动机每一个线把是用直径 1mm 导线单根绕 52 圈而绕制的。

5. 线把的多根并绕

多根并绕是用两根以上导线并绕成线把，在绕组设计中，不能靠加大导线直径来提高通过线把中的电流，因导线的"集肤"效应，使导线外部电流密度增大，温度增高，加速导线绝缘老化，导线变粗，也给嵌线带来困难，这就靠导线的多根并绕来解决。在三相异步电动机中每把线并绕根数为 2～12，检查多根并绕时，每把线的头尾是几根线，证明这个电动机绕组中每把线就是几根并绕的，图 2-80(a) 线把的头尾是两根，这个线把就是双根并绕，图 2-80(b) 线把的头尾是 3 根，这个线把是 3 根并绕。J03-280S-2 型 100kW 电动机每把线的头尾起 12 根线头，这种绕组的线把就是 12 根并绕。

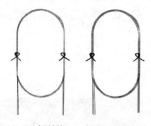

(a) 双根并绕　(b) 三根并绕

图 2-80　线把的多根并绕

在绕组展开图中，不管线把是几根并绕，都用图 2-80(a) 或图 2-80(b) 来表示，在绕组展开图上表现不出多根并绕，只是在技术数据表上标明。多根并绕的线把。代表截面积加大的一根导线绕制出的线把。弄明白线把的多根并绕，这样才能与下面讲的多路并联区别开。

多根并绕线把的匝数等于这个线把总匝数被并绕根数所除，商就是这个线把的匝数。比如 J02-51-4 型 7.5kW 电动机是双根并绕，数得每把线是 76 匝，76 匝被 2 所除，商数是 38 匝，这把线的匝数就是 38 匝。数据表上写着 2 根并绕，匝数是 38 匝就是这个意思。在绕制新线把时，还要用同型号导线双根并在一起，绕出 38 匝，最简单的办法是，线把是几根并绕就几根并在一起看做是一根导线，绕出固定的匝数。

第三章

三相异步电动机维修

第一节　三相异步电动机的结构及工作原理

一、三相异步电动机的结构

三相异步电动机由两个基本组成部分：静止部分即定子，旋转部分即转子。在定子和转子之间有一很小的间隙，称为气隙。图 3-1 所示为三相异步电动机的外形和内部结构。

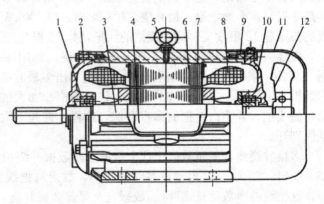

图 3-1　封闭式三相笼型异步电动机外形及内部结构
1—轴承；2—前端盖；3—转轴；4—接线盒；5—吊环；6—定子铁芯；
7—转子；8—定子绕组；9—机座；10—后端盖；11—风罩；12—风扇

1. 定子

三相异步电动机的定子由机座、定子铁芯和定子绕组等组成。

（1）机座　机座（图 3-2）的主要作用是固定和支撑定子铁芯，所以要求有足够的机械强度和刚度，还要满足通风散热的需要。

图 3-2　机座

（2）定子铁芯　定子铁芯（图 3-3）的作用是作为电动机中磁路的一部分和放置定子绕组。为了减少磁场在铁芯中引起的涡流损耗和磁滞损耗，铁芯一般采用导磁性良好的硅钢片叠装压紧而成，硅钢片两面涂有绝缘漆，硅钢片厚度一般在 0.35～0.5mm 之间。

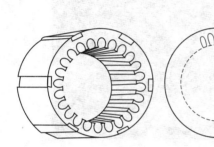

图 3-3　定子铁芯及冲片示意图

（3）定子绕组　定子绕组是定子的电路部分，其主要作用是接三相电源，产生旋转磁场。三相异步电动机定子绕组有三个独立的绕组组成，三个绕组的首端分别用 U_1、V_1、W_1 表示，其对应的末端分别用 U_2、V_2、W_2 表示，6 个端点都从机座上的接线盒中引出。

2. 转子

三相异步电动机的转子主要由转子铁芯、转子绕组和转轴组成。

（1）转子铁芯　转子铁芯（图 3-4）也是作为主磁路的一部分，通常由 0.5mm 厚的硅钢片叠装而成。转子铁芯外圆周上有许多均匀分布的槽，槽内安放转子绕组。转子铁芯为圆柱形，固定在转轴或转子支架上。

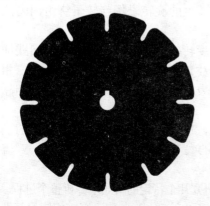

图 3-4　转子铁芯

（2）转子绕组　转子绕组的作用是产生感应电流以形成电磁转矩，它分为笼型和绕线式两种结构。

① 笼型转子　在转子的外圆上有若干均匀分布的平行斜槽，每个转子槽内插入一根导条，在伸出铁芯的两端，分别用两个短路环将导条的两端连接起来，若去掉铁芯，整个绕组的外形就像一个笼，故称笼型转子，如图3-5所示。笼型转子的导条的材料可用铜或铝。

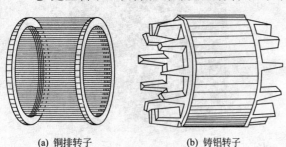

(a) 铜排转子　　　　(b) 铸铝转子

图 3-5　笼型转子绕组

② 绕线式转子　它和定子绕组一样，也是一个对称三相绕组，这个三相对称绕组接成星形，然后把三个出线端分别接到转子轴上的三个集电环上，再通过电刷把电流引出来，使转子绕组与外电路接通。绕线式转子的特点是可以通过集电环和电刷在转子绕组回路中接入变阻器，用以改善电动机的启动性能，或者调节电动机的转速，如图3-6所示。

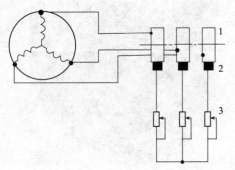

图 3-6　绕线式转子与外加变阻器的连接

1—集电环；2—电刷；3—变阻器

3. 气隙

三相异步电动机的气隙很小，中小型电动机一般为 0.2～21mm。气隙的大小与异步电动机的性能有很大的关系，为了降低空载电流、提高功率因数和增强定子与转子之间的相互感应作用，三相异步电动机的气隙应尽量小，然而，气隙也不能过小，不然会造成装配困难和运行不安全。

二、三相交流异步电动机的工作原理

三相交流异步电动机是利用定子绕组中三相交流电所产生的旋转磁场与转子绕组内的感应电流相互作用而工作的。

所谓旋转磁场就是一种极性和大小不变且以一定转速旋转的磁场。由理论分析和实践证明，在对称的三相绕组中通入对称的三相交流电流时会产生旋转磁场。如图3-7所示为三相异步电动机最简单的定子绕组，每相绕组只用一匝线圈来表示。三个线圈在空间位置上相隔 $120°$，作星形连接。

把定子绕组的三个首端 U_1、V_1、W_1 同三相电源接通，这样，定子绕组中便有对称的三相电流 i_1、i_2、i_3 流过，其波形如图3-8所示。规定电流的参考方向由首端 U_1、V_1、W_1 流进，从末端 U_2、V_2、W_2 流出。

为了分析对称三相交流电流产生的合成磁场，可以通过研究几个特定的瞬间来分析整个过程。当 $\omega t = 0°$ 时，$i_1 = 0$，第一相绕组（即 U_1、U_2 绕组）此时无电流；i_2 为负值，第二相绕组（即

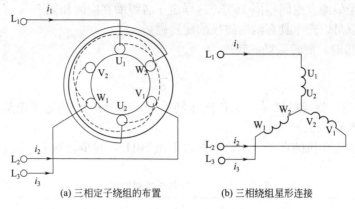

(a) 三相定子绕组的布置　　　(b) 三相绕组星形连接

图 3-7　三相定子绕组

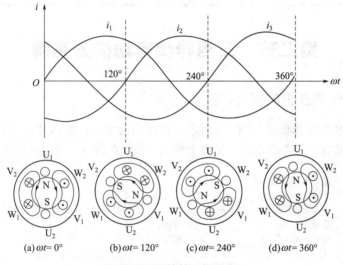

(a) $\omega t = 0°$　　(b) $\omega t = 120°$　　(c) $\omega t = 240°$　　(d) $\omega t = 360°$

图 3-8　两极旋转磁场的产生

V_1、V_2绕组）中的实际的电流方向与规定的参考方向相反，也就是说电流从末端 V_2 流入，从首端 V_1 流出；i_3 为正值，第三相绕组（即 W_1、W_2绕组）中的实际电流方向与规定的参考方向一致，也就是说电流是从首端 W_1 流入，从末端 W_2 流出，如图 3-8(a) 所示。运用右手螺旋定则，可确定这一瞬间的合成磁。从磁力线图来看，这一合成磁场和一对磁极产生的磁场一样，相当于一个 N 极在上、S 极在下的两极磁场，合成磁场的方向此刻是自上而下。

当 $\omega t = 120°$时，i_1 为正值，电流从 U_1 流进，从 U_2 流出；$i_2 = 0$，i_3 为负值，电流从 W_2 流进，从 W_1 流出。用同样的方法可画出此时的合成磁，如图 3-8(b) 所示。可以看出，合成磁场的方向按顺时针方向旋转了 $120°$。

当 $\omega t = 240°$时，i_1 为负值；i_2 为正值；$i_3 = 0$。此时的合成磁场又顺时针方向旋转了 $120°$，如图 3-8(c) 所示。

当 $\omega t = 360°$时，$i_1 = 0$；i_2 为负值；i_3 为正值。其合成磁场又顺时针方向旋转了 $120°$，如图 3-8(d) 所示。此时电流流向与 $\omega t = 0°$时一样，合成磁场与 $\omega t = 0°$相比，共转了 $360°$。

由此可见，随着定子绕组中三相电流的不断变化，它所产生的合成磁场也不断地向一个方向旋转，当正弦交流电变化一周时，合成磁场在空间也正好旋转一周。

上述电动机的定子每相只有一个线圈，所得到的是两极旋转磁场，相当于一对 N、S 磁极在旋转。如果想得到四极旋转磁场，可以把线圈的数目增加 1 倍，也就是每相有两个线圈串联组成，这两个线圈在空间相隔180°，这样定子各线圈在空间相隔60°。当这6个线圈通入三相交流电时，就可以产生具有两对磁极的旋转磁场。

具有 p 对磁极时，旋转磁场的转速为

$$n_1 = \frac{60f_1}{p}$$

式中，n_1 为旋转磁场的转速（又称同步转速），r/min；f_1 为定子电流频率，即电源频率，Hz；p 为旋转磁场的磁极对数。

国产三相异步电动机的定子电流频率都为工频 50Hz，同步转速 n_1 与磁极对数 p 的关系见表 3-1。

表 3-1　同步转速与磁极对数的关系

磁极对数 p	1	2	3	4	5
同步转 n_1/(r/min)	3000	1500	1000	750	600

第二节　三相异步电动机的铭牌

一、三相异步电动机的铭牌标注

三相异步电动机的铭牌标注如图 3-9 所示。在接线盒上方，散热片之间有一块长方形的铭牌。电动机的一些数据一般都在电动机铭牌上标出。我们在修理时可以从铭牌上参考一些数据。

```
型号：Y-200L6-6
功率：10kW          电压：380V    电流：19.7A
频率：50Hz          接法：△      工作制：M
重量：72kg          绝缘等级：E
噪声限值：72dB       出厂编号：1568324
```

图 3-9　电动机的铭牌

二、铭牌上主要内容及意义

1. 型号

型号：Y-200L6-6。Y 表示异步电动机，200 表示机座的中心高度，L 表示中机座（L 表示中机座、S 表示短机座），6 表示 6 极 2 号铁芯。电动机产品名称代号见表 3-2。

表 3-2　电动机产品名称代号

产品名称	新代号	汉字意义	老代号
异步电动机	Y	异	J、JO、JS、JK
绕线式异步电动机	YR	异绕	JR、JRO
防爆型异步电动机	YB	异爆	JK
高启动转矩异步电动机	YQ	异启	JQ、JGQ
高转差率滑差异步电动机	YH	异滑	JH、JHO
多速异步电动机	YD	异多	JD、JDO

在电动机机座标准中，电动机中心高和电动机外径有一定对应关系，而电动机中心高或电动机外径是根据电动机定子铁芯的外径来确定。当电动机的类型、品种及额定数据选定后，电动机定子铁芯外径也就大致定下来，于是电动机外形、安装、冷却、防护等结构均可选择确定

了。为了方便选用，在表 3-3 中列出了异步电动机按中心高确定机座号与额定数据的对照。

中、小型三相异步电动机的机座号与定子铁芯外径及中心高度的关系见表 3-3 和表 3-4。

表 3-3 小型异步三相电动机 mm

机 座 号	1	2	3	4	5	6	7	8	9
定子铁芯外径	120	145	167	210	245	280	327	368	423
中心高度	90	100	112	132	160	180	225	250	280

表 3-4 中型异步三相电动机 mm

机 座 号	11	12	13	14	15
定子铁芯外径	560	650	740	850	990
中心高度	375	450	500	560	620

2. 额定功率

额定功率是指在满载运行时三相电动机轴上所输出的额定机械功率，用 P 表示，以千瓦（kW）或瓦（W）为单位。是电动机工作的标准，当负载小于或等于 10kW 时电动机才能正常工作。大于 10kW 时电动机比较容易损坏。

3. 额定电压

额定电压是指接到电动机绕组上的线电压，用 U_N 表示。三相电动机要求所接的电源电压值的变动一般不应超过额定电压的 ±5%。电压高于额定电压时，电动机在满载的情况下会引起转速下降，电流增加使绕组过热电动机容易烧毁；电压低于额定电压时，电动机最大转速也会显著降低，电动机难以启动，即使启动后电动机也可能带不动负载，容易烧坏。额定电压 380V 是说明该电动机为三相交流电 380V 供电。

4. 额定电流

额定电流是指三相电动机在额定电源电压下，输出额定功率时，流入定子绕组的线电流，用 I_N 表示，以安（A）为单位。若超过额定电流过载运行，三相电动机就会过热乃至烧毁。

三相异步电动机的额定功率与其他额定数据之间有如下关系式

$$P_N = \sqrt{3} U_N I_N \cos\varphi_N \eta_N$$

式中，$\cos\varphi_N$ 为额定功率因数；η_N 为额定效率。

另外，三相电动机功率与电流的估算可用"1kW 电流为 2A"的估算方法。例如功率为 10kW，电流为 20A（实际上略小于 20A）。

由于定子绕组的连接方式不同，额定电压不同，电动机的额定电流也不同。例如一台额定功率为 10kW 时，其绕组作三角形连接时，额定电压为 220V，额定电流为 70A；其绕组作星形连接时额定电压为 380V，额定电流为 72A。也就是说铭牌上标明：接法——三角形/星形；额定电压——220/380V；额定电流——70/72A。

5. 额定频率

额定频率是指电动机所接的交流电源每秒钟内周期变化的次数，用 f 表示。我国规定标准电源频率为 50Hz。频率降低时转速降低定子电流增大。

6. 额定转速

额定转速表示三相电动机在额定工作情况下运行时每分钟的转速，用 n_N 表示，一般是略小于对应的同步转速 n_1。如 $n_1 = 1500$r/min，则 $n_N = 1440$r/min。异步电动机的额定转速略低于同步电动机。

7. 接法

接法是指电动机在额定电压下定子绕组的连接方法。三相电动机定子绕组的连接方法有星形（Y）和三角形（△）两种。定子绕组的连接只能按规定方法连接，不能任意改变接法，否则会损坏三相电动机。一般在 3kW 以下的电动机为星形（Y）接法；在 4kW 以上的电动机为三角形（△）接法。

8. 防护等级

防护等级表示三相电动机外壳的防护等级，其中 IP 是防护等级标志符号，其后面的两位数字分别表示电机防固体和防水能力。数字越大，防护能力越强，如 IP44 中第一位数字"4"表示电机能防止直径或厚度大于 1mm 的固体进入电机内壳。第二位数字"4"表示能承受任何方向的溅水。防护等级见表 3-5。

表 3-5 防护等级

IP 后面第二位数	防 护 等 级	
	简 述	含 义
0	无防护电动机	无专门防护
1	防滴电动机	垂直滴水应无有害影响
2	15°防滴电动机	当电动机从正常位置向任何方向倾斜 15°以内任何角度时，垂直滴水没有有害影响
3	防淋水电动机	与垂直线成 60°角范围以内的淋水应无有害影响
4	防溅水电动机	承受任何方向的溅水应无有害影响
5	防喷水电动机	承受任何方向的喷水应无有害影响
6	防海浪电动机	承受猛烈的海浪冲击或强烈喷水时，电动机的进水量应不达到有害的程度
7	防水电动机	当电动机没入规定压力的水中规定时间后，电动机的进水量应不达到有害的程度
8	潜水电动机	电动机在制造厂规定条件下能长期潜水。电动机一般为潜水型，但对某些类型电动机也可允许水进入，但应达不到有害的程度
IP 后面第一位数	防 护 等 级	
	简述	含 义
0	无防护电动机	无专门防护的电动机
1	防护大于 12mm 固体的电动机	能防止大面积的人体（如手）偶然或意外地触及或接近壳内带电或转动部件（但不能防止故意接触）能防止直径大于 50mm 的固体异物进入壳内
2	防护大于 20mm 固体的电动机	能防止手指或长度不超过 80mm 的类似物体触及或接近壳内带电或转动部件能防止直径大于 12mm 的固体异物进入壳内
3	防护大于 2.5mm 固体的电动机	能防止直径大于 2.5mm 的工件或导线触及或接近壳内带电或转动部件能防止直径大于 2.5mm 的固体异物进入壳内
4	防护大于 1mm 固体的电动机	能防止直径或厚度大于 1mm 的导线或片条触及或接近壳内带电或转动部件能防止直径大于 1mm 的固体异物进入壳内
5	防尘电动机	能防止触及或接近壳内带电或转动部件，进尘量不足以影响电动机的正常运行

9. 绝缘等级

绝缘等级是根据电动机的绕组所用的绝缘材料，按照它的允许耐热程度规定的等级。绝缘材料按其耐热程度可分为 A、E、B、F、H 等级。其中 A 级允许的耐热温度最低 60℃，极限温度是 105℃。H 等级允许的耐热温度最高为 125℃，极限温度是 150℃，见表 3-6。电动机的工作温度主要受到绝缘材料的限制。若工作温度超出绝缘材料所允许的温度，绝缘材料就会迅速老化使其使用寿命将会大大缩短。修理电动机时所选用的绝缘材料应符合铭牌规定的绝缘等级。根据统计我国各地的绝对最高温度一般在 35～40℃之间，因此在标准中规定 +40℃作为冷却介质的最高标准。温度的测量主要包括以下三种。

① 冷却介质温度测量。所谓冷却介质是指能够直接或间接地把定子和转子绕组、铁芯以及轴承的热量带走的物质，如空气、水和油类等。靠周围空气来冷却的电机，冷却空气的温度（一般指环境温度）可用放置在冷却空气进放电机途径中的几只膨胀式温度计（不少于 2 只）测量。温度计球部所处的位置，离电机 1～2m，并不受外来辐射热及气流的影响。温度计宜选用分度为 0.2℃或 0.5℃、量程为 0～50℃。

② 绕组温度的测量。电阻法是测定绕组温升公认的标准方法。1000kW 以下的交流电动机几乎都只用电阻法来测量。电阻法是利用电动机的绕组在发热时电阻的变化，来测量绕组的温度，具体方法是利用绕组的直流电阻，在温度升高后电阻值相应增大的关系来确定绕组的温度，其测得是绕组温度的平均值。冷态时的电阻（电动机运行前测得的电阻）和热态时的电阻（运行后测得的电阻）必须在电机同一出线端测得。绕组冷态时的温度在一般情况下，可以认为与电机周围环境温度相等。这样就可以计算出绕组在热态的温度了。

③ 铁芯温度的测量。定子铁芯的温度可用几只温度计沿电机轴向贴附在铁芯轭部测量，以测得最高温度。对于封闭式电机，温度计允许插在机座吊环孔内。铁芯温度也可用放在齿低部的铜-康铜热电偶或电阻温度计测量。

表 3-6　三相异步电动机的最高允许温升　　　　　　　　　　　　　　　℃

缘绝等级 测试方法 电机部位	A 级		E 级		B 级		F 级		H 级	
	温度计法	电阻法	温度计法	电阻法	温度计法	电阻法	温度计法	电阻法	温度计法	电阻法
定子绕组	55	60	65	75	70	80	85	100	102	125
转子绕组（绕组式）	55	60	65	75	70	80	85	100	102	125
定子铁芯	60		75		80		100		125	
滑环	60		70		80		90		100	
滑动轴承	40		40		40		40		40	
滚动轴承	55		55		55		35		55	

对于正常运行的电动机，理论上在额定负荷下其温升应与环境温度的高低无关，但实际上还是受环境温度等因素影响的。

① 当气温下降时，正常电动机的温升会稍许减少。这是因为绕组电阻 R 下降，铜耗减少。温度每降 1℃，R 约降 0.4%。

② 对自冷电动机，环境温度每增 10℃，则温升增加 1.5～3℃。这是因为绕组铜损随气温上升而增加。所以气温变化对大型电动机和封闭电动机影响较大。

③ 空气湿度每高 10%，因导热改善，温升可降 0.07～0.38℃，平均为 0.19℃。

④ 海拔以 1000 m 为标准，每升 100 m，温升增加温升极限值的 1%。

电机其他部位的温度限度：

① 滚动轴承温度应不超过 95℃，滑动轴承的温度应不超过 80℃。因温度太高会使油质发生变化和破坏油膜。

② 机壳温度实践中往往以不烫手为准。

③ 笼型转子表面杂散损耗很大，温度较高，一般以不危及邻近绝缘为限。可预先刷上不可逆变色漆来估计。

10. 工作定额

工作定额指电动机的工作方式，即在规定的工作条件下持续时间或工作周期。电动机运行情况根据发热条件分为三种基本方式：连续运行（S_1）、短时运行（S_2）、断续运行（S_3）。

连续运行（S_1）——按铭牌上规定的功率长期运行，但不允许多次断续重复使用，如水泵、通风机和机床设备上的电动机使用方式都是连续运行。

短时运行（S_2）——每次只允许规定的时间内按额定功率运行（标准的负载持续时间为10min、30min、60min和90min），而且再次启动之前应有符合规定的停机冷却时间，待电动机完全冷却后才能正常工作。

断续运行（S_3）——电动机以间歇方式运行，标准负载持续率分为4种：15％、25％、40％、60％。每周期为10min（例如25％为两分钟半工作，七分钟半停车）。如吊车和起重机等设备上用的电动机就是断续运行方式。

11. 噪声限值

噪声指标是Y系列电动机的一项新增加的考核项目。电动机噪声限值分为：N级（普通级）、R级（一级）、S级（优等级）和E级（低噪声级）4个级别。R级噪声限值比N级低5dB（分贝），S级噪声限值比N级低10dB，E级噪声限值比N级低15dB，表3-7中列出了N级的噪声限值。

表3-7　Y系列三相异步电动机N级噪声限值

转速/(r/min)	960及以下	>960~1320	>1320~1900	>1900~2360	>2360~3150	3150~3750
功率/kW	声音功率级别/dB（A）					
1.1及以下	76	78	80	82	84	88
1.1~2.2	79	80	83	86	88	91
2.2~5.5	82	84	87	90	92	95
5.5~11	85	88	91	94	96	99
11~22	88	91	95	98	100	102
22~37	91	94	97	100	103	104
37~55	93	97	99	102	105	106
55~110	96	100	103	105	107	108

12. 标准编号

标准编号表示电动机所执行的技术标准。其中"GB"为国家标准，"JB"为原机械部标准，后面的数字是标准文件的编号。各种型号的电动机均按有关标准进行生产。

13. 出厂编号及日期

这是指电动机出厂时的编号及生产日期。据此我们可以直接向厂家索要该电动机的有关资料，以供使用和维修时作参考。

第三节　三相电动机的维修项目与常见故障排除

一、电动机检修项目

1. 小修与大修

除了加强电动机的日常维护外，每年还必须进行几次小修和一次大修。

（1）电动机小修的项目

① 清除电动机外壳上的灰尘污物以利于散热。

② 检查接线盒压线螺钉有松动或烧伤。

③ 拆下轴承盖检查润滑油，缺了补充，脏了更新。

④ 清扫启动设备，检查触点和接线头，特别是铜铝接头处是否有烧伤、电蚀，三相触点是否动作一致、接触良好。

（2）电动机大修的项目

① 将电动机拆开后，先用皮老虎将灰尘吹走，再用干布擦净油污，擦完后再吹一遍。

② 刮去轴承旧油，将轴承浸入柴油洗刷干净再用干净布擦干。同时洗净轴承盖。检查过的轴承如可以继续使用，则应加新润滑油。对 1500r/min 以上的电动机，一般加钙钠基脂高速黄油，对 1000r/min 以下的低速电动机，通常加钙基脂黄油。

③ 检查电动机绕组绝缘是否老化，老化后颜色变成棕色，发现老化要及时处理。

④ 用兆欧表检查电动机相间及各相对铁芯的绝缘，对低压电动机，用 500V 兆欧表检查，绝缘电阻小于 0.5MΩ 时，要烘干后再用。

2. 电动机的完好标准

（1）运行正常

① 电流在容许范围以内，出力能达到铭牌要求。

② 定子、转子温升和轴承温度在容许范围以内。

③ 滑环、整流子运行时的火花在正常范围内。

④ 电动机的振动及轴向窜动不大于规定值。

（2）构造无损且质量符合要求　电动机内无明显积灰和油污；线圈、铁芯、槽楔无老化、松动、变色等现象。

（3）主体完整清洁且附件齐全好用

① 外壳上应有符合规定的铭牌。

② 启动、保护和测量装置齐全，选型适当，灵活好用。

③ 电缆头不漏油，敷设合乎要求。

④ 外观整洁，轴承漏油，附件和接地装置齐全。

（4）技术资料齐全准确

① 设备履历卡片。

② 检修和试验记录。

二、电动机的故障判断及处理

电动机在长期运转过程中，免不了要出现一些故障。当电动机出现故障后，不要盲目地将电动机拆开检查，要根据故障现象分析故障原因，做到小故障及时准确排除。下面介绍几种常见故障现象、产生原因及处理方法。

1. 电动机的单相运行

三相异步电动机的三相绕组正常运行时，每相绕组两端与电源线相连接，形成各自的回路，每相绕组两端电压、电流基本相等，每相绕组做的功占整个电动机额定功率 1/3。由于某种原因使其中一相绕组断路时，就造成电动机单相运行故障。

三相电动机的单相运行是电动机运行中危害性较大的一种故障。单相运行时间一长，绕组就会烧毁。当卸开电动机端盖时，可看到定子绕组端部 1/3 或 2/3 绕组烧焦，而其余的绕组完好不变色，证明故障多是因单相运行造成的。

△接法的电动机单机运行时烧坏一相绕组。如图 3-10（a）所示，a 处断开造成单相运行，从图上可以看出 a 处不断时，三相绕组的每相绕组承受 380V 电压，每相绕组有基本相等的电流通过，每相绕组做着 1/3 的功。a 处断开以后就变了，B 相承受电压 380V，A、C 两相承受电压 380V 而每相分别承受电压约 190V，原来有三路电流流过，

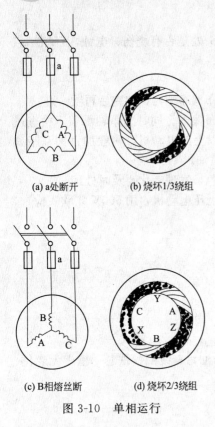

(a) a处断开　　(b) 烧坏1/3绕组

(c) B相熔丝断　　(d) 烧坏2/3绕组

图 3-10　单相运行

现在变成两路电流流过，一路是由串联的 A、C 相绕组流过，另一路由 B 相绕组流过。B 相绕组的阻抗较 A、C 串联两相绕组的阻抗小，流过 B 相绕组的电流比过流 A、C 两相绕组的电流大得多，原来三相绕组输出的功率，发生故障后只靠 B 相输出，因此 B 相绕组必然先烧坏，烧坏绕组端部，如图 3-10(b) 所示。Y 形接法的电动机单相运行，如图 3-10(c) 所示，从图上可以看出 a 处断开后，B 相绕组两端没有电压，也没有电流流过，A、C 两相承受 380V 电压，电流从 A、C 两绕流进流过，原来靠三相绕组输出的功率，故障后只靠 A、C 两相绕组输出，工作时间一长，A、C 两相绕组必然烧坏，Y 形接线的绕组单相运行时烧坏两相绕组，烧坏的端部如图 3-10(d) 所示。

如果单相运行发生在电动机开始运转之前，合闸后电动机发出强烈的振动和嗡嗡的噪声，带轮随电动机一起振动，有时空载时电动机能旋转，就是不能带动负载工作，这很容易被发现，而正在带动负载运转的电动机发生单相运行的故障则容易被忽视，因为在这种情况下，电动机能带动负载继续转动，如不及时发现排除故障，就会造成图 3-10(b)、图 3-10(d) 所示烧坏 1/3 或 2/3 绕组的现象。

造成单相运行的原因比较多，如电动机内部定子绕组有一处断线，接线板上的线头松动或脱落，导线断裂，变压器发生故障造成电源有一相没电，以及刀闸开关上有一相熔丝熔断等。

针对上面列举的原因，为了防止一相熔丝熔断而造成单相运行，可以从几方面着手解决。

① 经常检查各端接线，看接头是否发热，检查接线板上螺钉是否松动，电源线是否砸伤的地方，熔丝规格是否一样，熔丝是否有划伤、压伤或接触不良。在电动机运行时注意监视，发现电动机声响与正常运行时显著不同，电动机的振动也比较激烈，就要停电检查，当电动机停止转动后，再电启车，只有振动声不能转动，证明是单相运行的故障，要检查原因排除故障。

② 保险线的额定电流再取得高一些，可以取到大于电动机额定电流值的 2.5～3 倍，以减少一相熔丝烧断的机会。

③ 安装热继电器来保护电动机，防止单相运行的故障发生。

下面介绍两种防止发生单相运行故障的简单保护装置，如图 3-11 所示，用两个刀闸开关实行保险，启动开关的熔丝按电动机额定电流的 1.5～2.5 倍选择，运行开关的熔丝按电动机额定电流选择。电动机启动时，合启动开关；转速稳定后，合运行开关，接着拉开启动开关。这样，在发生单相运行后，电流增大，运行开关的熔丝就会被烧断，使电动机停止运行。应该注意：拉开启动开关后，开关刀片是带电的，所以应该选用 TSW 型刀闸开关（刀片在半圆形胶木罩内）防止触电。

图 3-12 表示塑料线和重锤保护装置。刀闸开关的熔丝和电阻丝（可用电炉子上的电阻丝）并联，当刀闸开关的熔丝烧断后，这一相的电流通过电阻丝，使电阻丝迅速烧红，烧断塑料线，然后在重锤的作用下把开关拉开，起到发生单相运行故障后，自动切断电源保护电动机的作用。

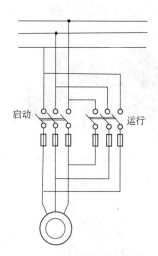

图 3-11 双刀闸双保险接线图

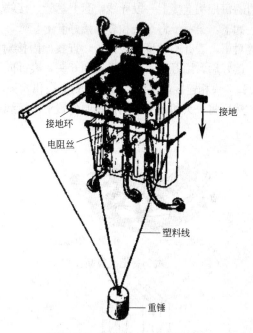

接地

接地

接地环

电阻丝

塑料线

重锤

图 3-12 塑料线和重锤保护

2. 绕组的断路故障

对电动机断路可用兆欧表、万用表（放在低电阻挡）或试验灯等来试验。对于△形接法的电动机，检查时，需每相分别测试，如图 3-13(a)所示。对于 Y 形接法的电动机，检查时必须先把三相绕组的接头拆开，再每相分别测试，如图 3-13(b)所示。

电动机出现断路，要拆开电动机检查，如果只有一把线的端部被烧断几根，如图 3-14 所示，是因该处受潮后绝缘强度降低或因碰破导线绝缘层造成短路故障引起的，再检查整个绕组，整个绕组绝缘良好，没发生过热现象，可把这几

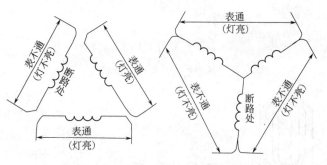

(a) △形接法电动机的校验   (b) Y形接法电动机的校验

图 3-13 用兆欧表或试验灯检查绕组断路

根断头接起来继续使用。如果因电动机过热造成整个绕组变色，但也有一处烧断，就不能连接起来再用，要更换新绕组。下面介绍线把端部一处烧断的多根线头接在一起的连接方法。首先将线把端部烧断的所有线头用划线板慢慢地撬起来，再将这把线的两个头抽出来，如图 3-15 所示，数数烧断处有 6 根线头，再加这把线的两个头，共有 8 个线头，这说明这把线经烧断后已经变成匝数不等的 4 组线圈（每两个头为一个线圈）。然后借助万用表分别找出每组线圈的两根头，在不改变原线把电流方向的条件下，将这 4 组线圈再串接起来，这要细心测量。测出一组线圈后，将这组线圈的两根头标上数字，每个线圈左边的头，用单数表示，右侧的头用双数表示，线把左边长头用 1 表示，线把右边的长头用 8 表示，测量与头 1 相通右边的头用 2 表示，任意将一个线圈左边的头命为 3，其右边的头命为 4，将一个线圈左边的命为 5，其右边的头定为 6，每根头用数字标好，剩下与 8 相通的最后一组线圈，左边头命为 7。4 组线圈共有 8 个头，1 和 2 是一组线圈，3 和 4 是一组线圈，5 和 6 是一组线圈，7 和 8 是一组线圈，实际中可将这 8 个线头分别穿上白布条标上数字，不能写错，在接线前要再测量一次，认为无误后才能接线，接线时按图 3-16 所示，线头不够长在

一边的每根头上接上一段导线，套上套管，接线方法按2和3、4和5、6和7顺序接线。详细接线方法如下：第一步将2头和3头接好套上套管，用万用表测1头和4头这两个线头，表指摆向0Ω为接对了，表针不动证明接错了，查找原因接对为止，如图3-17所示；第二步将4头和5头相连接，接好后，用万用表测量1头和6头，表针向0Ω方向摆动为接对，表针不动为接错；第三步是6头和7头相连接，接好后万用表测1头和8头，表针向0Ω方向摆动为这把线接对，如图3-18所示，然后将1头和8头分别接在原位置上。接线完毕，上绝缘漆捆好接头，烤干即可。

此处多根线烧断

图3-14　端部一把线烧断多根

撬开断头找出该把线两根线头

图3-15　将断头撬起来

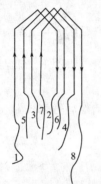

图3-16　将断头撬起来标上数字

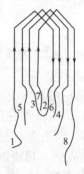

图3-17　2头和3头相连接

接线时注意，左边的线头必须跟右边的线头相连接，如果左边的线头与左边的线头或右边的线头与右边的线头相连接，会造成流进流出该线把的电流方向相反，不能使用，如果一组线圈的头尾连接在一起，接成一个短路线圈，通电试车将烧坏这短路线圈，造成整把线因过热烧坏，所以查找线头，为线头命名和接线时要细心操作，做到一次接好。

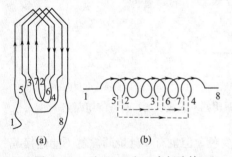

(a)　　　　　　　(b)

图3-18　4和5、6和7头相连接

3. 绕组的短路故障

短路故障是由于电动机定子绕组局部损坏而造成的，短路故障可分为定子绕组接地（对机壳）短路、定子绕组相间短路及匝间短路三种。

（1）接地短路　某相绕组发生对地短路后，该相绕组对机座的绝缘电阻数值为零。当电动机机座既没有接触在潮湿的地下，也没有接地线时，不影响电动机的正常运行，当有人触及电动机外壳或与电动机外壳连接的金属部件时，人就会触电，这种故障是危险的。当电动机机座上接有地线时，一旦发生某相定子绕组对地短路，人虽不能触电但与该相有关的熔丝烧断，电动机不能工作，所以说电动机绕组发现对地短路不排除故障不能使用。

电动机定子绕组的对地短路多发生在定子铁芯槽口处，由于电动机运转中发热、振动或者受潮等原因，绕组的绝缘劣化，当经受不住绕组与机座之间的电压时，绝缘材料被击穿，发生短路，另外也可能由于电动机的转子在转动时与定子铁芯相摩擦（称作扫膛），造成相关部位过热，使槽内绝缘炭化而造成短路。一台新组装的电动机在试车发现短路可能是定子绕组绝缘在安装中被破坏，如果拆开电动机，抽出转子，用仪表测绕组与外壳电阻，原来绕组接地，拆开电动机后又不接地了，说明短路是由端盖或转子内风扇与绕组短路造成的，进行局部整形可排除故障。如拆开电动机后短路依然存在，则应把接线板上的铜片拆掉，用万用表分别测每相绕组对地绝缘电阻，测出短路故障所在那相绕组，仔细查找出短路的部位。如果线把已严重损坏，绝缘炭化，线把中导线大面积烧坏就应更换绕组，如果只有小范围的绝缘线损坏，可用绝缘纸把损坏部位垫起来，使绕组与铁芯不再直接接触，最后再灌上一些绝缘漆烤干即可。

（2）相间短路　这种故障多发生在绕组的端部，相间短路发生后，两相绕组之间的绝缘电阻等于零，若在电动机运行中发生相间短路，可能靠近两相熔丝同时爆断，也可能把短路端部导线烧断。

相间短路的发生原因，除了对地短路中讲到过的原因外，另外的原因是定子绕组端部的相间绝缘纸没有垫好，拆开电动机观察相间绝缘（绕组两端部极组与极相组之间垫有绝缘纸或绝缘布，这就叫作相间绝缘）是否垫好，这层绝缘纸两边的线把的边分别属于不同两相绕组，它们之间的电压比较高，可达到380V，如果相间绝缘没有垫好或用的绝缘材料不好，有的用牛皮纸，电动机运行一段时间后，因绕组受潮或碰损等原因就容易击穿绝缘，造成相间短路。

经检查整个绕组没有变颜色，绝缘漆没有老化，只有一部位发生相间短路，烧断的线头又不多，可按第二节所述接起来，中间垫好相间绝缘纸，多浇些绝缘漆烤干后仍可使用。但如果绕组均已老化，又有多处相间短路，就得重新更换绕组。

（3）匝间短路　匝间短路是同把线内几根导线绝缘层破坏相连接在一起，形成短路故障。

匝间短路的故障多发生在下线时不注意，碰破两导线绝缘层，使相邻导线失去绝缘作用而短路，在绕组两端部造成匝间短路故障的原因多发生在安装电动机时碰坏导线绝缘层，使相邻导线短路，长时间工作在潮湿环境中的电动机因导线绝缘强度降低，电动机工作中过热等原因也会造成匝间短路。

出现匝间短路故障后，使电动机运转时没劲，发出振动和噪声，匝间短路的一相电流增加，电动机内部冒烟，烧一相熔丝，发现这种故障应断电停机拆开检修。

4. 机械部分故障

（1）定子铁芯与转子相摩擦　电动机定子与转子之间的间隙很小，为了保证各处气隙均匀，定子与转子不致相摩擦，在电动机的加工过程中，要保证机座止口（即机座两端的加工面）与定子铁芯的圆盖止口（端盖与机座接触的加工面），以及轴承内轴颈、转子外圆之间的同心度。在电动机运输或修理过程中如有止口损坏、轴承磨损、转轴弯曲、定子铁芯松动、端盖上的固定螺钉短缺、都可能发生转子与铁芯相摩擦（简称扫膛）的故障。

检查转子是否扫膛的方法：用螺丝刀刀头顶住电动机机座，把木柄贴在耳朵上，能清楚地听到是否扫膛，不扫膛的声音是"嗡嗡"的响声，没有异常杂声；如转子扫膛则发出"嚓嚓"的杂声，相擦部位发热严重，有时能闻到绝缘漆被烧焦的气味，这种故障与绕组短路的区别主要在于声音的不同，扫膛时没有短路发生的那种电磁噪声，只是机械的摩擦声。有时还有这种情况，当电动机没有能通电时，用手转动电动机转子，运转自如丝毫没有相擦的声音，当电动机通电转动时就发出扫膛故障，这种故障是由于轴承磨损严重。

扫膛故障会使电动机温度显著升高，使定子摩擦端部铁芯过热，首先烧坏摩擦处绕组，更严重的扫膛时，造成定子铁芯的局部变形。

发生扫膛时，检查电动机接触件各处止口是否损坏，端盖上的固定爪是否缺少，发现缺少应补焊上，检查固定端盖螺钉的力量是否均衡，螺钉拧得不均，应转圈拧紧。

（2）轴承的故障　电动机运转时，发出"咯噔咯噔"的声音，多是轴承损坏，轴承损坏发生扫膛故障这是比较好判断的。证明的确是轴承损坏，可拆下轴承更换，有时电动机不扫膛分析轴承没有坏，但转动时后轴承发热严重并能听到轴承内发出"嘘嘘"的声音，这种现象多是轴承内润滑油干涸、轴承内有杂物等原因造成的，这就要把电动机拆开清洗轴承内杂物，更换新润滑油。

有时轴承过热是因为电动机与生产机械连接不合适造成的，比如联轴器安装得不正、传动皮带太紧等，这就要细心调试生产机械与电动机的连接部位，生产机械要调成与电动机同心，传动皮带太紧要调松皮带。

还有的新电动机或刚刚修复的电动机，轴承没有毛病，也没与生产机械连接，试车时转动不轻快，轴承附近明显发热，产生这种故障的原因是电动机轴承盖安装得不合适，要检查固定轴承的三个螺钉松紧是否拧得合适，排除故障。

（3）轴的故障　电动机的轴弯曲，工作时会造成扫膛，运行时会出现振动激烈、带轮摆头等现象。

电动机轴弯曲故障多是由于安装或拆卸皮带轮、联轴器、轴承时猛烈敲击而造成的，确认是这种故障后，要把转子交到修理部门进行修复。

有的电动机的轴颈（即套轴承的部分）磨损后，轴承封套在轴上活动，如果两轴肩（即与轴承的内侧面紧靠轴上的台阶）之间距离又不合适，电动机转子就会沿轴的方向来回窜动，窜动量小于几毫米时，不会对电动机正常工作有多大影响，但如果窜动频繁、激烈，轴承内套与轴的间隙就磨大，造成扫膛的故障。解决这种故障的方法：在轴颈上用冲子尖均匀地打一些凹点，由于每一个凹点的四周有一些凸起，再安上轴承时，轴承就不活动了，不过有的电动机的轴颈经过几次冲凹点，还是安不牢轴承，这就得用焊条作添加材料在轴颈上添焊，用车床加工后安牢轴承，可以彻底排除此故障。

5. 过载

过载的原因很多，常见的故障如下。

（1）端电压太低　端电压指的是电机在启动或满负载运行时，在电动机引线端测得的电压值，而不是线路空载电压，电机负载一定时，若电压降低，电流必定增加，使电动机温度升高。严重的情况是电压过低（例如300V以下），电机因时间长过热会烧坏绕组。造成电压低的原因，有的是高压电源本身较低，可请供电部门调节变压器分接开关。有的接到电机的架空线距离远，导线截面小，负荷重（带电动机太多），致使线路压降太大，这种情况应适当增加线路导线的截面积。

（2）接法不符合要求　原规定Y形接法，修理错接成△形接法，原来的两相绕组承受电压380V，错接后一组绕组承受了380V电压空载电流就会大于额定电流，很快会烧坏电动机绕组。

原规定△形接法电机，错接成Y形接法。原来一相绕组承受电压380V，错接后一组绕组承受了电压380V、接后两相绕组承受电压380V。每相绕组只承受190V电压，功率下降，在此低于额定电压很多的情况仍带原负载工作，输入电流就要超过允许的额定电流值，电动机也将过热造成绕组烧坏。

（3）机械方面的原因　机械故障种类很多，故障复杂，常见的有轴承损坏、套筒轴承断油咬死、高扬程水泵用了低扬程。使压水量增加，负荷加重，均使电动机过载。同样，离心风泵在没有压风的情况下使用也能使电机过载。某些机械的轴率与速度成平方或立方的关系，如风扇转速增加一倍，功率必须增加三倍才行，因此，不适当地使用配套机械，也会造成电动机过载。

（4）选型不当，启动时间长　启动时阻力矩大，启动时间长，极易烧坏电动机。这些机构应选用启动电流小，启动转矩大的双笼式或深槽式电动机，电动机配套不能只考虑满载电流，还要考虑启动时的情况。启动时间长是造成过载故障的原因之一。热态下不准连续启动，如需经常启动，电动机发热解决不了，应改用适当型号的电动机，例如绕线转子异步电动机，起重冶金用异步电动机。

三、 三相异步电动机常见故障一览表

三相异步电动机常见故障见表3-8。

当电动机发生故障时，应仔细观察所发生的现象，并迅速做出判断，然后根据故障情况分析原因，并找出处理办法。

表 3-8　三相异步电动机常见故障及处理办法

故　障	产　生　原　因	处　理　办　法
电动机不能启动或带负载运行时转速低于额定值	① 熔丝烧断；开关有一相在分开状态，或电源电压过低 ② 定子绕组中或外部电路中有一相断线 ③ 绕线式异步电动机转子绕组及其外部电路（滑环、电刷、线路及变阻器等）有断路、接触不良或焊接点脱焊等现象 ④ 笼型电动机转子断条或脱焊，电动机能空载启动，但不能加负载启动运转 ⑤ 将△接线接成 Y 接线，电动机能空载启动，但不能满载启动 ⑥ 电动机的负载过大或传动机构被卡住 ⑦ 过流继电器整定值调得太小	① 检查电源电压和开关、熔丝的工作情况，排除故障 ② 检查定子绕组中有无断线，再检查电源电压 ③ 用兆欧表检查转子绕组及其外部电路中有无断路；检查各连接点是否接触紧密可靠，电刷的压力及与滑环的接触面是否良好 ④ 将电动机接到电压较低（为额定电压的 15%～30%）的三相交流电源上，同时测量定子的电流。如果转子绕组有断开或脱焊，随着转子位置不同，定子电流也会产生变化 ⑤ 按正确接法改正接线 ⑥ 选择较大容量的电动机或减少负载；如传动机构被卡住，应排除故障 ⑦ 适当提高整定值
电动机三相电流不平衡	① 三相电源电压不平衡 ② 定子绕组中有部分线圈短路 ③ 重换定子绕组后，部分线圈匝数有错误 ④ 重换定子绕组后，部分线圈之间有接线错误	① 用电压表测量电源电压 ② 用电流表测量三相电流或拆开电动机用手检查过热线圈 ③ 用双臂电桥测量各绕组的直流电阻，如阻值相差过大，说明线圈有接线错误，应按正确方法改接 ④ 按正确的接线法改正接线错误
电动机温升过高或冒烟	① 电动机过载 ② 电源电压过高或过低 ③ 定子铁芯部分硅钢片之间绝缘不良或有毛刺 ④ 转子运转时和定子相擦，致使定子局部过热 ⑤ 电动机的通风不好 ⑥ 环境温度过高 ⑦ 定子绕组有短路或接地故障 ⑧ 重换线圈的电动机，由于接线错误或绕制线圈时有匝数错误 ⑨ 单相运转 ⑩ 电动机受潮或浸漆后未烘干 ⑪ 接点接触不良或脱焊	① 降低负载或更换容量较大的电动机 ② 调整电源电压 ③ 拆开电动机检修定子铁芯 ④ 检查转子铁芯是否变形，轴是否弯曲，端盖的止口是否过松，轴承是否磨损 ⑤ 检查风扇是否脱落，旋转方向是否正确，通风孔道是否堵塞 ⑥ 换绝缘等级较高的 B 级、F 级电动机或采取降温措施 ⑦ 用电桥测量各相线圈或各元件的直流电阻，用兆欧表测量对机壳的绝缘电阻，局部或全部更换线圈 ⑧ 按正确图纸检查和改正 ⑨ 检查电源和绕组，排除故障 ⑩ 彻底烘干 ⑪ 仔细检查各焊点，将脱焊点重焊
电刷冒火，滑环过热或烧坏	① 电刷的牌号或尺寸不符 ② 电刷压力不足或过大 ③ 电刷与滑环接触面不够 ④ 滑环表面不平、不圆或不清洁 ⑤ 电刷在刷握内轧住	① 按电机制造厂的规定更换电刷 ② 调整电刷压力 ③ 仔细研磨电刷 ④ 修理滑环 ⑤ 磨小电刷
电机有不正常的振动和响声	① 电动机的地基不平，电动机安装得不符合要求 ② 滑动轴承的电动机轴颈与轴承的间隙过小或过大 ③ 滚动轴承在轴上装配不良或轴承损坏 ④ 电动机转子或轴上所附有的皮带轮、飞轮、齿轮等不平衡 ⑤ 转子铁芯变形或轴弯曲 ⑥ 电动机单相运转，有嗡嗡声 ⑦ 转子风叶碰壳 ⑧ 轴承严重缺油	① 检查地基及电动机安装情况，并加以纠正 ② 检查滑动轴承的情况 ③ 检查轴承的装配情况或更换轴承 ④ 做静平衡或动平衡试验 ⑤ 将转子在车床上用千分表找正 ⑥ 检查熔丝及开关接触点，排除故障 ⑦ 校正风叶，旋紧螺钉 ⑧ 清洗轴承加新油，注意润滑脂的量不宜超过轴承室容积的 70%
轴承过热	① 轴承损坏 ② 轴承与轴配合过松或过紧 ③ 轴承与端盖配合过松或过紧 ④ 滑动轴承油环磨损或转动缓慢 ⑤ 润滑油过多、过少或油太脏，混有铁屑沙尘 ⑥ 带过紧或联轴器装得不好 ⑦ 电动机两侧端盖或轴承盖未装平	① 更换轴承 ② 过松时在转轴上镶套，过紧时重新加工到标准尺寸 ③ 过松时在端盖上镶套，过紧时重新加工到标准尺寸 ④ 查明磨损处，修有或更换油环。油质太稀时，应换较稠的润滑油 ⑤ 加油或换油，润滑脂的容量不宜超过轴承室容积的 70% ⑥ 调整皮带张力，校正联轴器传动装置 ⑦ 将端盖或轴承盖止口装平，旋紧螺钉

第四章

电动机绕组维修

第一节　三相电动机绕组

绕组的结构形式是多种多样的，常用的有单层绕组和双层绕组。

单层绕组没有层间绝缘，不会发生槽内相间击穿故障，绕组嵌线方便。这种绕组一般应用在小容量电动机中。单层绕组有同心式和链式绕组两大类。

双层绕组的优点是绕组制造方便，可任意选用合适的短距绕组，改善启动性能及力学指标。容量较大的电动机大多采用双层绕组。

一、三相电动机绕组排布

1. 极面

一个磁极所占有的定子槽数叫极面（也叫极距）。定子总槽数 Q 或 Z 被极数除，就等于极面，也就是极面

$$\Gamma = \frac{\text{定子槽数 } Q}{\text{磁极数 } (1p)}$$

式中，p 为磁极对数，$2p$ 才是极数。

一台 4 极 36 槽电动机，每个极面占定子槽内积数就是 $36 \div 4 = 9$ 槽，就是说整个 36 槽的圆周上分出 4 个极面，每个极面占 9 个槽。4 个极面的顺序按逆时针排列。

2. 节距（y 或 Y）

一个线把两个边之间距离多少个槽叫线把的节距（也叫跨距）。第一把线的左边下在 1 槽，右边下在 6 槽。这把线的节距就是 1-6。多数绕组中线把的节距是一样的，也有的绕组是由两种节距线把组成的，同心式绕组是由节距 1-12、2-11 两种节距的线把组成的，单层交叉式绕组是由节距 1-9、1-8 两种节距的线把组成的。线把的节距等于极面时称全节距绕组，线把节距小于极面称为短节距绕组，线把节距大于极面称长节距绕组。

短节距绕组可以节省绕组两端部的铜线，还可以改善电动机的电气性能，在双层绕组中多采用短节距绕组。单层绕组一般多采用全节距绕组，长节距绕组均不被采用。

3. 每极每相槽数（q）

因为三相绕组的线把是均匀排布于极面内的，所以每极面下的槽数应该做3相平分，这样每一相绕组在每一个极下所平分的槽数叫每极每相槽数，每极每相槽数等于极面被相数除，每极每相数据 $(q)=\dfrac{极面(\Gamma)}{相数(3)}$，4极36槽每极每相槽数是 $9\div3=3$。

三相异步电动机每极每相槽数一般选 $1\sim6$ 槽，也可能是分数值，不过大多数电动机采用的是整数槽。

4. 电角度与机械角度

在一圆周内机械角度为 $360°$，而电角度则与电机的极对数 p 有关，对4极电动机（$p=2$）一圆周内的是角度则为 $720°$，6极电角度过 $1080°$，电角度等于机械角度的 p 倍，即

$$d_1=d_i p$$

式中，d_1 为电角度；d_i 为机械角度；p 为磁极对数。

4极36槽电动机一圆周内电角度为 $720°$，相邻两个导性磁极中心之间的电角度为 $\dfrac{720°}{4}=180°$，对于只有 z 个槽，p 对磁极的电动机，相邻两槽间的电角度为 $d=\dfrac{p\times360°}{z}$，所以4极36槽相邻两槽之间的电角度为 $\dfrac{720°}{36}=20°$。

5. 极相组

每相绕组中一个或几个同方向串联能产生一对磁极的线把组叫极相组。一个极相组有时由一把线组成。有的极相组是由多把线组成，每个极相组是由6把线组成。不管几把线组成一个极相组，必须保证这几把线是同一个方向串联。线把与线把的连接叫连接线。多数绕组展开图上，已标明组成每个极相组每把线两边的电流方向。

极相组多用一种节距的线把组成，但也有一相绕组中的极相组是由两种节距线把组成。每相绕组由分别是两个两把线组成的极相组和两个分别是一把线的极相组连接而成。每相绕组由2个分别由3把线组成的极相组和6个分别由2把线组成的极相组连接而成。组成每个极相组的线把数是由该电动机定子槽数、绕组形式、极数决定的，在拆定子绕组时要注意核查，彻底弄明白组成每个极相组的线把数。

6. 极相组的头尾命名法

在绕组展开图中，每个极相组的左边引出线定为头，每个极相组右边引出线定为尾。电流从每个极相组左边流进，从右边流出，命名这个极相组为正向极相组。电流从极相组右边流进，从左边流出，这个极相组为反向极相组。

7. 极相组与极相组的连接

极相组按规律连接起来，才能组成定子绕组。定子绕组分为显极式和隐极式两种类型。

（1）显极式绕组　跨距在两个相邻极面内同相的两个极相组采用"头接头"和"尾接尾"连接起来的绕组称显极式绕组，在显极式绕组中，每个极相组形成一个磁极，每相绕组的极相组数与磁极数相等。也就是说在显极式绕组中每相绕组有几个极相组该电动机就是几极的电动机，图4-1所示是4极显极式绕组一相的示意图。注：除直流电动机与单相罩极电动机外，实际上没有凸形的极掌，为说明问题，图4-1所示为用极掌形象表示绕组中磁极分布。

在显极式绕组中，为了要使磁极的极性N和S相互间隔，相邻两个极相组里的电流方向必须相反，流进相邻两个极相组边的电流必须一致，即相邻两个极相组的连接方法必须尾端接尾端，首端接首端（电工术语为"尾接尾"、"头接头"），也即反接串联方式。极相组与极相组的连接线称过线。

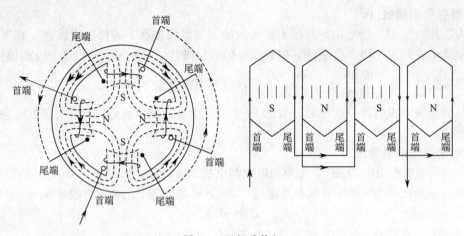

图 4-1　显极式绕组

本书中所有电动机绕组都是显极式绕组，为使名词简化，在提到绕组名词的前面没有加上"显极"两字，但要明白是显极式绕组。

（2）隐极式绕组（也称庶极式）　在不相邻的两个极面中同相的两个极相组采取"头接尾"和"尾接头"的方式连接的绕组称隐极式绕组。在隐极式绕组中每个极相组形成两个磁极，绕组的极相组数为磁极数的一半，因为半数磁极由另一个极相组产生磁极的磁力线共同合成。也就是说在隐极式的绕组的电动机中极数是每相绕组极组数的两倍。

图 4-2 所示是 4 极隐极式绕组的示意图。

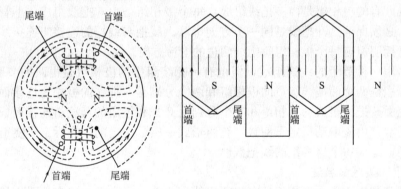

图 4-2　隐极式绕组

在隐极式绕组中，每个极相组所形成的磁极的极性都相同，而所有极相组的电流方向都相同，即相邻两极相组的连接方式采用尾接首或首接尾端（电工术语为"尾接头"，即顺接串联方式）。

隐极式绕组应用在老型号电动机中，现在已被淘汰。现代电动机中只是应用在双速感应电动机绕组中，双速电动机定子绕组只有一套，下线方法与单速电动机相同，不同处是通过变换极数（显极与隐极连接方式）达到变速的目的。

8. 极相组的命名

每相绕组的极相组在定子铁芯内不是单独存在，都是成对出现，这就需要把每个极相组起上名称，极相组属哪相绕组就以哪相字母为字头，在字头后面用阿拉伯数字代表该极相组顺序数。比如 A_1 代表 A 相绕组的第 1 个极相组、A_2 代表 A 相绕组的第 2 个极相组，A_3、A_4 分别代表 A 相绕组的第 3 和第 4 个极相组。B、C 两相也用这种方法顺序排列。当 A 相绕组中只有两个极相组，分别用 A_1、A_2 表示，当每相绕组由 10 个极相组组成，极相组的命名从左向右分别用 $A_1 \sim A_{10}$ 表示。

9. 组成每个极相组的线把命名法

由两把以上线把组成的极相组，以这个极相组为字头，横线后面用阿拉伯数字代表每把线的顺序号，比如 A_1 由两把线组成，左边一把线命名为 A_{1-1}，右边一把线命名为 A_{1-2}，A_2 只有一把线组成一个极相组，当然还叫 A_2，第三个极相组 A_3 由两把线组成，这两把线左边第一把线命名为 A_{3-1}，第二把线命名为 A_{3-2}，最后一把线命名为 A_4。又如 A_1 由 6 把线组成，每把线从左向右分别用 A_{1-1}、A_{1-2}、A_{1-3}、A_{1-4}、A_{1-5}、A_{1-6} 标出每把线的名称，每个极相组不管头尾在哪边，线把的排列命名都是从极相组左边向右边排列。

10. 定子槽的排列与展开图

定子槽分布在定子里面的圆周上，用图 4-3(a) 所示的圆筒形来表示，在圆筒的内表面上的直线表示定子槽，如果沿 1 槽与 24 槽之间剪开，如图 4-3(a) 所示，然后把这张图展开如图 4-3(b) 所示。这样的图叫展开图，展开图上标有定子槽号的图叫定子展开图，定子展开图上的槽号要逆时针排列。

把三相定子绕组画在定子展开图上的叫绕组展开图，把三相绕组分开画在图上叫绕组展开分解图，如图4-3所示。

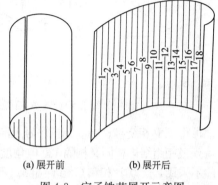

(a) 展开前　　　　(b) 展开后

图 4-3　定子铁芯展开示意图

二、 极相组的接法

1. 三相异步电动机定子绕组的布线和接线应具备的条件

① 每相绕组占据每个极面中的槽数相等。画出定子铁芯展开图，编上槽序号码，然后按电动机的极数将总槽数分为 $2p$ 个等份，每一等份所包含的槽数便是一个极面，即每个极面所占的槽数为 $\tau = \dfrac{z}{2p}$。在每一极面内再分 3 小等份，每一小等份便代表每极每相所占的槽数，$q = \dfrac{z}{3 \times 2p}$ 将各极面内的三个小等份按逆时针方向分别以 A、B、C 的顺序标上，则各相所占槽序便完全确定。

② 按显极式或隐极式放置三相绕组，放置时应使极相组的始边和末边放置在相邻两极面的线槽中，线把节距的选择应符合 $\dfrac{2}{3}\tau < y \leqslant \tau$，在接线时灵活采用显极式绕组或隐极式绕组，使同一极面内同相两个极相组边的电流方向相同，或属于相邻极面两极相组边的电流方向相反。只有这样，极相组边通过的电流方向的交替数目才能与磁极数目相同。

③ 计算每槽的电角度 $d = \dfrac{p \times 360°}{2}$，根据相与相应间隔120°电角度的原则，计算 B、C 相比 A 相相继滞后的槽数（$\dfrac{120°}{d}$），定好 A 端的槽序号后，把它加上滞后的槽数便可以得到 B 相始端的顺序号，在 B 相始端加上滞后的槽数便可得到 C 相始端的顺序号。根据三相交流电相位规定，A 相与 C 相瞬时电流方向相同。B 相与 A、C 相瞬时电流方向相反，如图 4-4 所示。所以 B 相绕组与 A、C 绕组在每个极面中的电流流进流出每个极相组边的方向相反，A、C 两相绕组在每个极面中的电流流进流出每个极相组边的方向相同。这样便得到结构形式 A、C 相同，B 与 A、C 相不同而又隔120°电角度的三相定子绕组。

2. 排布电动机定子绕组举例

(1) 三相 4 极 24 槽隐极式绕组　画出定子线槽的展开图，依次编上号码，因极数为 4

极，把24槽分4个极面，每极面6槽 $\tau=\dfrac{z}{2p}=\dfrac{24}{2\times2}=6$，将每极面所占的槽数再按三相平分，

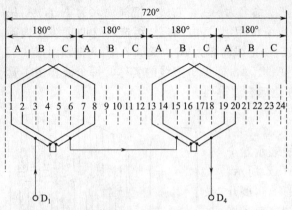

即得每极每相槽数为 $q=\dfrac{6}{3}=2$，如图4-4中每一小等份即是。然后从左边起将各个小等份依漆控以记号A、B、C则各相所占的槽号数即分配完毕。

排布三相绕组。先放置A相绕组。若选择线把节距 $y=t=6$，则可以在（1-7）、（2-8）、（13-9）、（14-20）槽中放置4把线组成两个极相组，前一个极相组和后一个极相组采用"尾接头"的形式连接（即顺接串联方式），极相组边电流方向交替数目为4，符合4极要求。在A相槽序号上滞后120°电角度

图4-4 三相4极24槽隐极式A相绕组排布图

就可得到B相绕组；在9相槽序号上滞后120°电角度就可得到C相绕组。按三相交流电特性，可得到极相组结构相同又相隔120°电角度的三相隐极式绕组，但因隐极式绕组节距长，耗导线多，一般不采用，所以B相和C相不画图。不做详细介绍。

（2）三相4极24槽显极式绕组 首先排布A相绕组，取 $y=t-1=6-1=5$（槽），按极相组的始边末边应放置在相邻的两极机下线槽中的要求，A相绕组的确4个极相组可放于（1-6）、（7-12）、（13-18）和（19-24）槽中，如图4-5所示。

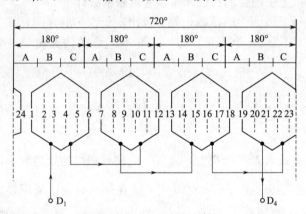

图4-5 三相4极24槽显极式A相绕组排布图

根据同一极面下同相两极相组边电流方向应该相同，相邻面下两极相组的边电流方向应该相反的接线规则，相邻组应采用"尾接尾"、"头接头"的形式接连，A相绕组的头 D_1 从1槽中引入，尾 D_4 从19槽中引出，A相绕组布线接线如图4-5所示。

按照与A相完全相同的方法排布B、C两相绕组，因磁极对数为1，故总电角度为 $2\times360°$，相邻两槽间的电角度为 $\alpha=\dfrac{2\times360°}{24}=30°$，B相比A相滞后120°电角度，即应相隔 $\dfrac{120°}{30°}=4$ 槽，也就是说B相比A相在每个极面滞后4槽；B相绕组的4个极相组分别放于（3-8）、（9-14）、（15-20）、（21-2）槽中，相邻极相组采用"头接头"和"尾接尾"的连接方式。因B相与A相瞬时电流方向相反，所以B相绕组电流方向与A相相反，B相绕组首端 D_2 从B相第一个极相组的右边进入，尾端 D_5 从B相最后一个极相组的2槽中引出。

C相绕组，它每个极相组的边在每个极面中比B相绕组滞后4槽。每个极相组分别放于

（5-10）、（1-16）、（17-22）、（23-4）槽中，因 A 相和 C 相瞬时电流方向相同，接线方式 C 相与 A 相相同，D₃ 从 5 槽中引入，D₆ 从 23 槽中引出。

三相 4 极 24 槽定子绕组，这种绕组型式叫单层链式绕组。其他 2 极 12 槽、6 极 36 槽、8 极 48 槽单层链式绕组也按这种方法布线。

（3）4 极 36 槽双层叠绕短节距绕组　上述单层绕组是每槽内仅放一把线的边，嵌线及维修方便，广泛应用在 13kW 以下的电动机中。单层绕组其电磁性能不及双层绕组，双层绕组每槽嵌有两把线的边，而双层绕组能选择最有利的短节距减小谐波，节省铜线，因此双层绕组广泛应用于 17kW2 极以上的电动机和 13kW 以上 4 极至 10 极的电动机中。

双层绕组和单层绕组的共同特点是：布线与单层绕组相同，属于同一极面内同相两极相组边的电流方向相同；而相邻极面极相组边的电流方向相反，并且相与相间要互隔 120° 电角度。双层绕组的特点是：第一，每槽放置两把线的边；第二，因双层绕组一般不采用长节距，而用短节距（约为全节距的 0.8 倍，即 $y = 0.80$），在短节距双层绕组的情况下，会有同一槽上下两把线属于不同相的情况发生，这与单层绕组每一槽内总是属性确定的相有区别。

三相 4 极 36 槽双层叠绕短节距绕组的布线与接线可按下述步骤进行。

① 依然画出线槽的展开图，分好四个极面，每槽画虚实两线，实线表示线把的上层边，虚线表示线把的层下边。

② 选择线把节距，决定下层线槽的记号 a、b、c、…。因为每个极面为 9 槽，线把节距 $y = t - 2 = 9 - 2 = 7$ 槽，节距应为 1-8，A 相绕组第一个线把的上层边在 1 槽，另一边底线位于第 8 槽，由此起点。以 a、b、c 为记号仿照上层，把下层线槽依次标注，如图 4-6 所示。

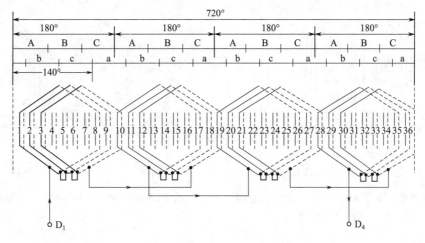

图 4-6　4 极 36 槽双层叠绕短节距 A 相绕组排布图

③ 嵌放 A 相绕组时应使所有线把的始边位于线槽的上层，所有线把的末边位于线槽的下层。A 相绕组的布线，只要把上层 A 记号下的导线与下层中 a 记号的导线一一连接起来，便可得到。也就是说，A 相开始的三个线把的始边放于第 1、2、3 槽的上层（用实线表示），末边放在槽序数为始边槽序数加 7 的槽中，即 8、9、10 槽的下层，用虚线表示，这 3 个线把构成一极相组；A 相第二个极相组始边嵌放于 10、11、12 槽的下层，余下的第四、第一极面内的两个极相组可依同样方法嵌放。

各极相组为了得到相邻极面下线把边的电流方向正反依次交替，同极面同相两相邻极相组边流进的电流方向相同，极相组与极相组应采取"尾接尾"和"头接头"的方法连接。D₁ 从 1 槽进入，D₄ 从 28 槽引出。

为了求得 B、C 两相绕组，相与相间要互隔 120° 电角度，因槽距 $d = 20°$ 即互隔 6 槽。4

极 36 槽、6 极 54 槽、8 极 72 槽等双层绕组也是按这种方法布线接线。其他不同节距极数、槽数电动机绕组都是按上述方法确定。

下面再举几种电动机的接线方法供参考，如图 4-7～图 4-12 所示。

a. 绕组接线。

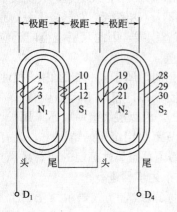

图 4-7　单层同心式绕组一相连接图
$Z=36$　$2p=4$　$a=1$

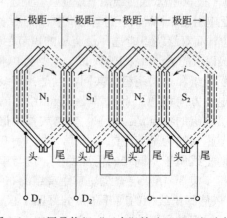

图 4-8　双层叠绕组"正串"接法（以一相为例）
$Z=36$　$2p=4$　$a=1$

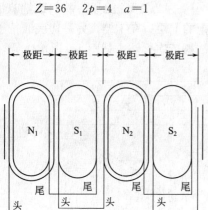

图 4-9　单层叉式链形绕组"反串"接线示意图
$Z=36$　$2p=4$　$a=1$

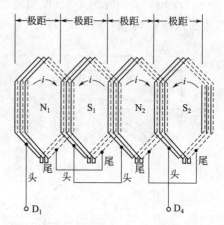

图 4-10　双层叠绕组"反串"接线示意图
$Z=36$　$2p=4$　$a=1$

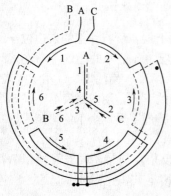

图 4-11　2 极三相 1 路 Y 形

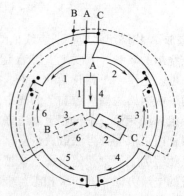

图 4-12　2 极三相 2 路 Y 形

b. 电动机接线实例如图 4-13～图 4-26 所示。

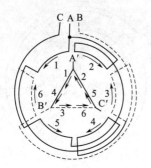

图 4-13 2 极三相 1 路△形

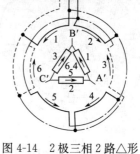

图 4-14 2 极三相 2 路△形

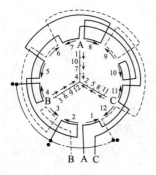

图 4-15 4 极三相 1 路 Y 形

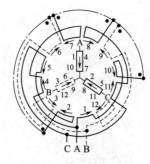

图 4-16 4 极三相 2 路 Y 形

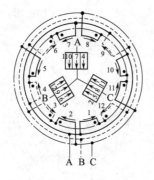

图 4-17 4 极三相 4 路 Y 形

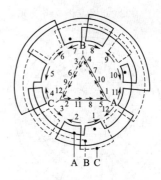

图 4-18 4 极三相 1 路△形

图 4-19 4 极三相 2 路△形

图 4-20 4 极三相 4 路△形

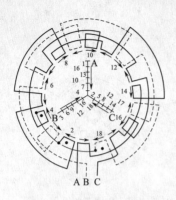

图 4-21 6极三相1路 Y 形

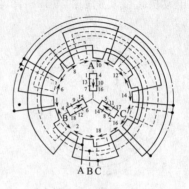

图 4-22 6极三相2路 Y 形

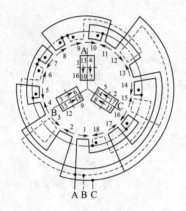

图 4-23 6极三相3路 Y 形

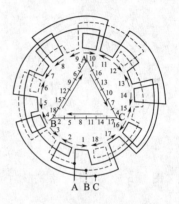

图 4-24 6极三相1路△形

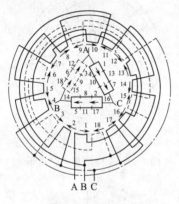

图 4-25 6极三相2路△形

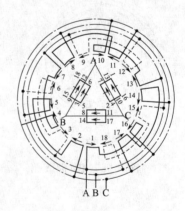

图 4-26 6极三相3路△形

第二节 绕组及线把的绕制方法与步骤

一、制作绕线模

线把形状和周长尺寸必须符合原电动机标准，制作绕线模要依照原电动机线把中最短的一根作为线把周长，按着该尺寸制作绕线模的模芯。如空壳无绕组或原线把大可自己用简单的方法估测，方法是用一根导线做成线把形状，按规定的节距放在定子槽内，线圈两端弯成椭圆形，往下按线圈两端，与定子壳轻微相挨为线把周长基本合适，如图 4-27 所示。线把太小，将给嵌线带来困难；线把过大，不仅浪费导线，还会造成安装时绕组端部与外壳短路。所以在制作绕线模前，一定要精确测量线把周长，制作出的绕线模才精确。

1. 固定式绕线模

固定式绕线模一般用木材制成，由模芯和隔板组成，绕线时是将导线绕在模芯上，隔板是起到挡着导线不脱离模芯作用，一次要绕制几联把的线，就要做几个模芯，隔板数要比模芯数多一个。固定绕线模分圆弧形和棱形两种，图 4-28(a) 所示是圆弧形绕线模的模芯和隔板，用该绕线模绕出的线把主要用在单层绕组的电动机中。图 4-28(b) 所示是棱形绕线模的模芯和隔板，用该绕线模绕出的线把主要用在双层绕组的电动机中。图 4-28(c) 所示是棱形绕线模组装图，跨线槽的作用是一把线绕好后线把与线把的连接线从跨线槽中过到另一个模芯上，继续绕另一把线。扎线槽的作用是，待将线把全部绕好后，从扎线槽中穿进绑带，将线把两边绑好。

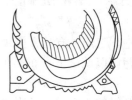

图 4-27 测量线把周长

固定绕线模最好能一次绕出一相绕组（整个绕组中无接头），双层绕组一次能绕出一个极电阻，模芯做好后要放在熔化的蜡中浸煮，这样绕线模既防潮不变形又好卸线把。

2. 万用绕线模制作与使用

由于电动机种类很多，在重换绕组时要为每个型号的电动机制造绕线模，不但费工费料，而且影响修理进度。因此可制作能调节尺寸的万用绕线模。图 4-29 所示即为万用绕线模中的一种。

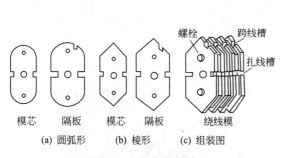

图 4-28 固定绕线模

(a) 圆弧形　(b) 棱形　(c) 组装图

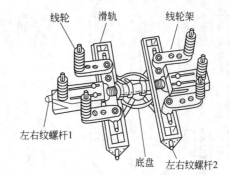

图 4-29 万用绕线模

4 个线架装在滑块上，转动左右纹螺杆 2 时，滑块在滑轨中移动可调整线把的宽度；转动左右纹螺杆 1 时，滑轨在底盘上移动可调整线把的直线部分长度；另外两个线轮直接装在滑轨上，调整线轮位置就可调整线把的端伸长度。绕线时，将底盘安装在绕线机上，进行绕线。绕好、扎好一组线把后，转动螺杆 1 缩短滑轨距，卸下线把。

SB-1 型万用绕线模使用方法：

① SB-1 型万用绕线模，由 36 块塑料端部模块，两块 1.52mm 厚的铁挡板和 6 根长固定螺杆 12 根细螺丝杆组成。产品适应绕制单相和三相电动机不同形式的线把，按每相绕组线把数增减每组模块数，一相绕组可一次成形，中间无接头，同心式、交叉式、链式和叠式绕组全部通用。

② 图 4-30 标出了各种形式线把的各部位名称代号，L 代表线把两边长度，一般比定子铁芯长 20～40mm。D_1 代表小线把两个边的宽度，D_2 代表中线把两个边的宽度，D_3 代表大线把两个边的宽度。C_1 代表小线把周长，C_2 代表中线把周长，C_3 代表大线把周长。

③ 拆线组时每一种线把要留一个整体的线把，记下 L、D、C 数据。

④ 绕制 D 小于 60mm 的线把时采用图 4-31(a) 所示的调试方法，由两组模块组成，每相绕组或每个极相组有几个线把，每组就用几个模块，用细螺杆固定成一个整体，穿在粗螺杆上，改变粗螺杆孔位和每个模块位置，可以调试出每把线的周长。

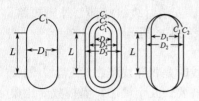

图 4-30　各种绕组部位代号示意图

在绕制 D 大于 60mm 的线把时，采用图 4-31(b) 所示的调试方法，由 4 组模块组成，每相绕组或每个极相组有几个线把每组就用几个模块。改变 K_1、K_2 和 K_3、K_4 的角度可以调试出 D 的尺寸，改变螺杆孔位和 $K_1\sim K_4$ 的位置，可以调试出 L 和 C 的数值。

在绕制 D 大于 90mm 的线把时采用图 4-31(c) 所示的调试方法，由 6 组模块组成，每相绕组或每个极相辅几个线把，每组就有几个模块，改变 K_1、K_3 和 K_4、K_6 的角度，可以调试出 D 的尺寸，改变螺杆孔距可以调试出 L 的数值，同时配合调整 $K_1\sim K_6$ 模块位置可以调试出线把周长 C 的数值。

⑤ 在调试链式、叠式绕组的线把时，将模块摞在一起直接调试。在调试同心式、交叉式绕组的线把时，可用 $\phi 1mm$ 左右的导线按小、中、大线把的周长焊成圈，套在模块的模芯上进行调试。SB-1 型万用绕线模是针对适应初学者、低成本、通用型设计的，不管调试什么形式的线把，只要 L、C、D 与原电动机线把尺寸相符即可。图 4-32～图 4-34 所示为 SB-2 型万用绕线示意图及调试方法。

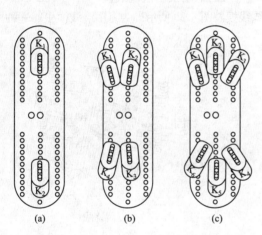

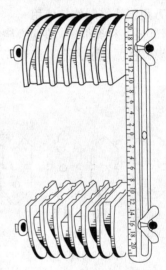

图 4-31　SB-1 型万用绕线模调试方法　　　　图 4-32　SB-2 型万用绕线模整体示意图

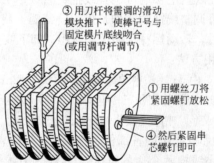

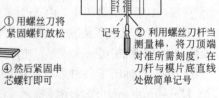

图 4-33　每组模芯示意图　　　　　　图 4-34　调试模芯的方法

将调试好的万用绕线模每组模块用 2 根细长螺杆固定在一起，并记录清楚位置，将每组模块穿在粗螺杆上，固定所对应孔的两块挡板之间，最后将装配好的 SB-1 型万用绕线模固定在绕线机或铁架上，按原电动机线把匝数、线把数分别绕制出单相电动机所需线把数。

二、绕制线把工艺和线头的连接

1. 绕线把工艺

将绕线模安装在绕线机的轴上，用螺钉拧紧。检查所要绕的线轴放线是否灵活，线把是几根并绕，就应有几根线同时放线，同时绕。把绕线机上的指针调到零的位置，按原电动机每个线把的匝数列出一个匝数表，按着数字表从右向左绕完一把线后，绕头从隔板上的跨线槽处过到左边的模芯上，开始绕第二把线，如图 4-35 所示。就这样把每相绕组的线把依次绕完后。将每把线的两边用绑带绑好拆下。比如绕制 J02-51-4 型 5.5kW 电动机绕组时，每相绕组有 6 把线，每把线是 42 匝，应先列出匝数，见表 4-1。

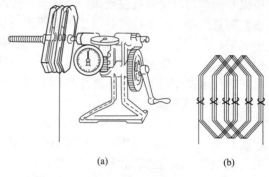

图 4-35 绕线

在绕线时，左手从右边第 1 个模芯开始放线，将线头留在跨线槽端，右手顺时针旋转绕线机，一边绕线一边看着绕线机上的指针，当指针指向 42 时，就把导线从端部跨线槽过到第 2 个模芯上，以此类推一直绕到指针指向 252 时结束，这种方法比绕一把线指针调零一次快而精确。

表 4-1 匝数

线把	1 把	2 把	3 把	4 把	5 把	6 把
总匝数	42	84	126	168	210	252

绕制双根或多根并绕的线把时，就是指双根或多根一起绕出的匝数。比如 J02-51-4 型 7.5kW 电动机标明导线并绕根数是 2，规格 $\phi1.0mm$，每把匝数 38 匝数，在绕线时就是两根 $\phi1.0mm$ 的导线一起放线，在绕线模上绕出 28 匝。

在绕双层绕组线把时，需要每绕一个极相组一断，在绕制单层绕组时要每次绕出一相绕组一断。

在绕制较大的线把时。用手摇绕线机费力，可用一只手直接盘转绕线膜，一只手放线，靠绕线机计数。

大功率电动机的线把较大，导线双、较粗而硬，需用较大的特制绕线模穿在铁杆上用手盘着绕线。这需要绕线者自己数着数。匝数要数得精确，否则影响电动机性能。

2. 线头的连接

在绕线把时出现断头要留在线把两部任意一端，将两头简单拧在一起，待整个绕组的线把绕完卸下，剪去过长部分，刮净线头部位绝缘漆层，套上套管；按图 4-36(b) 所示，一圈挨一圈拧紧。用烙铁焊好锡，这样增大线头接触面积，减小电阻，防止线打火，线头接好后套上套管。导线与引出线相连接按图 4-36(a) 所示连接。

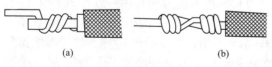

(a)   (b)

图 4-36 线头的连接

第三节 单层嵌线步骤及方法

一、三相单层交叉绕组嵌线

本节主要介绍 3 相 4 极电动机单层绕组的下线方法。在农村、厂矿采用该种下线方法的

4极电动机非常普遍，必须作为重点来学习，真正掌握了4极电动机单层绕组的下线方法，还有助于掌握2极、6极、8极单层绕组的下线方法。修理电动机主要是将电动机整个绕组的每把线一把不差地镶嵌在定子铁芯中的每个槽中，出现下错了线把或是节距下错、极相组与极相组的连接线接错等故障，用任何公式也不能求出来或用任何仪表也测不出来错在何处，所以开始学习时要掌握住规律。几极多少槽的电动机采用什么绕组形式及下线方法是固定的，不容随意改动，学下线时必须按书上所述一步不差掌握住。首先是准备好36槽定子（体积大小无关，只要是36槽就可以）和绕制线把用的细铁丝，也可以用涂上黑、红、绿三色的包装用细纸绳，然后按书上所述，学习领会并一步一步反复实践操作。在教具上学会下线、掏把、接线等技术操作后，再实际操作，达到能熟练更换电动机绕组为止。

1. 绕组展开图

图4-37画出了三相4极36槽节距2/1-9、1/1-8单层交叉式电动机绕组端部示意图及绕组展开图。为了加以区别，三相绕组分别用三色标明，黑色的绕组为A相绕组，红色的绕组为B相绕组，绿色的绕组为C相绕组，实际三相绕组是均匀分布在定子铁芯圆周上。将图4-37(a)在1槽与36槽之间剪开展平，就是图4-37(b)所示的绕组展图。电动机整个绕组就是按图4-37(b)这个图将每把线排布在定子铁芯中。

2. 绕组展开分解图

实际电动机绕组是按图4-37(b)所示将三相绕组的18把线下在定子铁芯的36个槽中。初学者看彩图4-37(b)所示的图太乱、不易懂，下线、接线时易出差错。为了使看图简便有利于下线，将图4-37(b)混在一起的三相绕组分开，将每相绕组单独画成一个图，叫绕组展开分解图，如图4-38所示。在绕组展开分解图上标清每个极相组的名称、电流方向，极相组与极相组连接、每相绕组的头尾，在线把上端标有下线顺序数字，在下线之前要学会看绕组展开分解图及领会其每项内容含义。

看绕组展开分解图时要对着图4-37(a)，先看A相绕组，从A相绕组的左边往右看，也就是从1槽向2、3槽的方向看，看到最右边也就是36槽、再与1槽连起来看，虽然图4-37(b)是平面的，在分析中应看作如图4-37(a)所示圆形绕组，三相绕组彼此相差120°电角度均匀分布。看图要抓住重点，才能看清楚，也就是看A相不理B相和C相，弄明白每相绕组由几个极相组组成，每个极相组由几把线组成，每把线节距极相组与极相组的过线是从哪槽连接哪槽、每把线边的电流方向、每相绕组的头尾从哪个槽中引出等。将图4-37(a)平放在桌子上，用右手的二拇指从四绕组的 D_1 开始。顺着电流方向绕转，在空中做顺时针的椭圆运动，也就是从1槽绕进，从9槽绕出，手指绕的方向必须与图上的电流方向一致。这时眼睛盯着 A_{1-1}，并分析01是在1槽。第一个极相组 A_1 是由两把线组成，节距分别为1-9，第1把线（也就是 A_{1-1} ）的左边在1槽，右边在9槽，每把线有两个头。D_1 在1槽，那么9槽必定有一个头。在本章第一节中介绍了极相组，组成极相组 A_1 的 A_{1-1}、A_{1-2} 左边和右边电流方向必须一致，图上也标明，分析左边一个头在2槽，右边一个头在10槽，将 A_{1-1}、A_{1-2} 连接成一个极相组；眼睛盯住 A_{1-2}，手指继续做顺时针的椭圆空间运动，槽数应从9槽转进入2槽，以2槽和10槽为轨道继续做顺时针椭圆运动。这就很自然查清 A_1 由 A_{1-1} 和 A_{1-2} 两把线连接而成，所占据的槽数分别为1、9槽和2、10槽，A_{1-1} 与 A_{1-2} 的连接线是9槽引出线与2槽引出线相连接。01由1槽引出，A_1 的尾在10槽，A_1 的电流方向是从左边流向右边，属于正向极相组。查完 A_1 接着查 A_2，A_2 是反向极相组，电流从极相组右边流进（逆时针方向）。上一节中讲过极相组与极相组连接的方向，现在运用到实践中，要形成4极旋转磁场，每相绕组必须采取显极式连接，即极相组与极相组采取头接头和尾接尾的连接方法，保证使同相绕组两个相邻极相组边的电流方向相同，只有电流方向从18槽进入，从11槽流出，才能保证在同级面内 A_1 与 A_2 相邻边的电流方向一致，如果11槽引出线与10槽引出线相连接，A_1 与 A_2 相邻边的电流方向就反了，是错误的。运用手指运动检

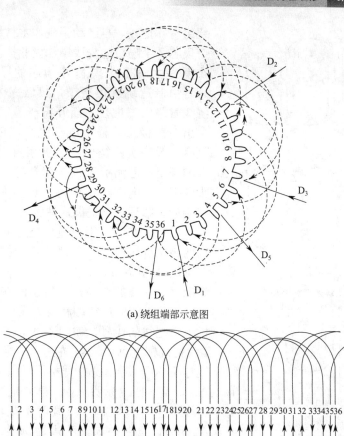

(a) 绕组端部示意图

(b) 绕组展开图

图 4-37 绕组端部示意图及展开图

查法可查出来。手指绕向从 10 槽过渡到 18 槽，以 18 槽和 11 槽为轨道做逆时针空间椭圆运动。A_2 只由一把线组成，其节距为 1-8，A_1 与 A_2 的过线是 10 槽与 18 槽的引出线相连接，A_2 的头是从 11 槽中引出。查 A_3 的方法与 A_1 一样，查 A_4 的方法与 A_2 的方法一样。从图上可以看出：A_4 相绕组极相组分别由双把线-单把线-双把线-单把线组成；极相组与极相组连接方残采取头接头、尾接尾的方式连接，所占据的槽分别为 1、9、2、10、11、18、19、27、20、28、29、36 槽，01 从 1 槽中引出，04 从 29 槽中引出。

从图 4-38 中可以看出，A 相绕组与 C 相绕组线把的排布是一样的，双把-单把-双把-单把。流过每把线边的电流方向相同，B 相与 A、C 相线把排布不同，B 相绕组按单把-双把-单把-双把排布，电流方向与 A、C 相相反，A、B、C 三相极相组与极相组连接方式都为头接头和尾接尾的方式，用检查极相绕组的方法，对着图 4-38（b）、图 4-38（c），看明白 B 相绕组和 C 相绕组，会给下线带来方便。

3. 线把的绕制和整理

按照之前所述，根据原电动机线把周长数据制好绕线模。4 极 36 槽单层交叉式绕组每相

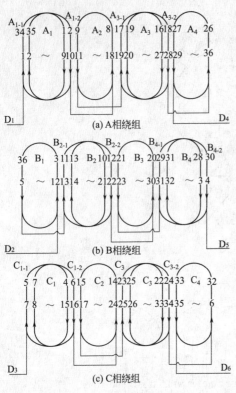

图4-38 三相4极单层交叉式绕组展开分解图

绕组有6把线，自己动手制作木材绕线模，需要做6个模芯7个隔板的绕线模，模芯按着大模芯-大模芯-小模芯-大模芯-大模芯-小模芯的尺寸制作。有的修理者怕制造绕线模费工，只做三个模芯的绕线模，绕线时绕出三把线，断开再绕另三把，一相绕组就多出一对接头，整个电动机绕组就多出三对接头，更有甚者一次只绕出一个极相组，接头更多，接头多的绕组不但浪费漆包线套管等，更重要的是因接头电阻大、电动机工作时发热严重，降低电动机使用寿命，修理中不提倡这种做法。

按照之前所述用绕线模绕好6把线后，将每把线两边用绑带绑好，从绕线模上挪下来，把这6把线定做A相绕组，如图4-38(a)所示将6把线按绕线顺序（先绕的在左边，后绕的在右边）摆在桌子上，将每把线的过线端和两个线头分别绑上白布条，标上每把线的代号，如图4-39所示。从左边开始第1大把线标上A_{1-1}，A_{1-1}左边的头标明D_1，第2大把线标明A_{1-2}，第3小把线标明A_2，第4大把线标明A_{3-1}，第5把线标明A_{3-2}。第6把线标明A_4，A_4左边线头标明D_4。为了下线时不乱，先将A_2、A_{3-1}、A_{3-2}和A_4摆在一起，两边用绑带绑好，外面只留A_{1-1}、A_{1-2}两把线，如图4-40所示。

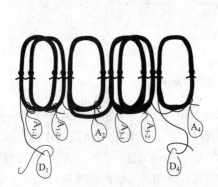

图4-39 将A相绕组每个线把及头标上代号

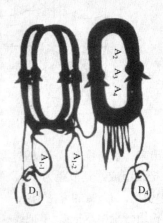

图4-40 将A_2、A_3、A_4两边绑在一起

用同样的方法绕出6把线，定做极相绕组，将每把线的两边分别用绑带绑好卸下来。按绕线的顺序将6把线调个方向，也就是先绕的一把线放在右边，后绕的线把放在左边，按图4-38(b)所示将6把线放在桌子上，如图4-41所示。将刀相绕组的两个头和每把线靠线头的端部系上白布条，分别标上每把线及两个线头的代号。

从左边开始，第1小把线标明B_1，B_1外甩线头标明B_2，第2把线标明B_{2-1}，第3把线标明B_{2-2}，第4把线标明B_3，第5把线标明4-1，第6把线标明B_{4-2}，B_{4-2}右边那根线头标明B_5。

为了使下线不乱，将B_{2-1}、B_{2-2}、B_3、B_{4-1}、B_{4-2}这5把线摆在一起，两边用绑带绑好，只留下B_1一把线留做开始下线用，如图4-42所示。

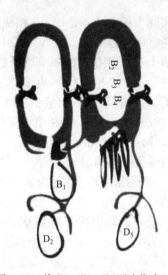

图 4-41　将 B 相绕组每个线把及头标上代号　　　　图 4-42　将 B_2、B_3、B_4 两边绑在一起

　　最后绕出 6 把线作为 C 相绕组，将每把线两端用绑带绑好卸下来，按先后绕线的顺序，参照图 4-38(c) 所示将 6 把线摆放在桌子上，将每把靠线端及两根线头上系上白布条。将先绕的第 1 把线在布条上标明 C_{1-1}，C_{1-1} 左边的线头标明 D_3，第 2 把线标明 C_{1-2}，第 3 把线标明 C_2，第 4 把线标明 C_{3-1}，第 5 把线标明 C_{3-2}，第 6 把线标明 C_4，在 C_4 外甩那根线头标明 D_6，如图 4-43 所示。

　　将 D_2、D_{3-1}、D_{3-2}、D_4 摞在一起，两边用绑带绑好。外甩 C_{1-1}、C_{1-2} 两把线留做开始下线时用，如图 4-44 所示。

图 4-43　将 C 相绕组每个线把及头标上代号　　　　图 4-44　将 C_2、C_3、C_4 两边绑在一起

4. 下线前的准备工作

　　选用与电动机一样规格的绝缘纸，按原尺寸一次裁出 36 条槽绝缘纸，放在一边待用，再裁十多条同样尺寸的绝缘纸作为引槽纸用，按原电动机相间绝缘纸的尺寸一次裁制 36 块相同绝缘纸叠放一旁。将做槽楔的材料和下线用的划线板、压脚、剪刀、电工刀、锤子、打板等工具放在定子旁，将电动机定子出线口一端对着下线者，做两块木垫块垫在定子铁壳两边。清除槽内杂物，擦干油污准备下线。

5. 下线步骤

　　只要按图 4-37(b) 所示的该种电动机绕组展开图把 A、B、C 三相绕组下在定子槽内，引出的 6 根线头按 Y 形或 △ 形接起来，接通三相电源，电动机即旋转。那么，怎样把 A、B、C 三相绕组的每把线按图所示下在定子槽中呢？

在实际下线中，不是把 A4 相绕组 4 个极相组的 6 把线下在所对应的定子槽内，再下 B、C 两相绕组，而是按 A、B、C 的顺序一个极相组挨一个极相组交替均匀下在 36 个槽内。顺序是：第 1 下 A 相绕组的第 1 个极相组 A_1，第 2 下 B 相绕组的第 1 个极相组 B_1，第 3 下 C 相绕组的第 1 个极相组 C_1；再按 A、B、C 顺序分别下第 2 个极相组，第 4 下 A 相绕组第 2 个极相组 A_2，第 5 下 B 相绕组第 2 个极相组 B_2，第 6 下 C 相绕组的第 2 个极相组 C_2。A、B、C 三相绕组的第 2 个极相组下完后，再分别下第 3 个极相组，第 7 下 A 相绕组的第 3 个极相组 A_3，第 8 下 B 相绕组的第 3 个极相组 B_3，第 9 下 C 相绕组的第 3 个极相组 C_3，第 10 下 A 相绕组最后的极相组 A_4，第 11 下 B 相绕组最后的极相组 B_4，第 12 下 C 相绕组的最后极相组 C_4。极相组的下线顺序为 A_1—B_1—C_1—A_2—B_2—C_2—A_3—B_3—C_3—A_4—B_4—C_4。极相组 B_1、A_2、C_2、B_3、A_3、C_4 是由一把线组成，极相组 A_1、C_1、B_2、A_3、C_3、B_4 是由两把线组成，只有下完由两把线组成的极相组才能按顺序下另一个极相组，详细的下线顺序为：A_{1-1}—A_{1-2}—B_1—C_{1-1}—C_{1-2}—A_2—B_{2-1}—B_{2-2}—C_2—A_{3-1}—A_{3-2}—B_3—C_{3-1}—C_{3-2}—A_4—B_{4-1}—B_{4-2}—C_4，在实际下线中每把线的两个边不是同时下进两个槽中，而是分两步下在所对应的槽中，一般先下每把线的右边，后下每把线的左边。在开始下线时为了使整个绕组编出一样的花纹，必须空过 A_1、B_1 两个极相组左边不下。待最后下入所对应的槽中，详细的下线步骤见图 4-37 上所标数字。

第 1 步将 A_{1-1} 右边下在 9 槽；第 2 步将 A_{1-2} 右边下在 10 槽；第 3 步将 B_1 右边下在第 12 槽中；第 4 步将 C_{1-1} 右边下在 15 槽中；第 5 步将 C_{1-1} 左边下在 7 槽中；第 6 步将 C_{1-2} 右边下在第 16 槽；第 7 步将 C_{1-2} 左边下在 8 槽中；第 8 步将 A_2 右边下在 18 槽；第 9 步将 A_2 左边下在 11 槽中；第 10 步将 B_{2-1} 右边下在 21 槽中；第 11 步将 B_{2-1} 左边下在 13 槽中；第 12 步将 B_{2-2} 右边下在 22 槽中；第 13 步将 B_{2-2} 左边下在 14 槽中；第 14 步将 C_2 右边下在 24 槽中；第 15 步将 C_2 左边下在 17 槽中；第 16 步将 A_{3-1} 右边下在 27 槽中；第 17 步将 A_{3-1} 左边下在 19 槽中；第 18 步将 A_{3-2} 右边下在 28 槽中；第 19 步将 A_{3-2} 左边下在 20 槽中；第 20 步将 B_3 右边下在 30 槽中；第 21 步将 B_3 左边下在 23 槽中；第 22 步将 C_{3-1} 右边在第 33 槽中；第 23 步将 C_{3-1} 左边下在第 25 槽中；第 24 步将 C_{3-2} 右边下在 34 槽中；第 25 步将 C_{3-2} 左边下在第 26 槽中；第 26 步将 A_4 右边下在 36 槽中；第 27 步将 A_4 左边下在 29 槽中；第 28 步将 B_{4-1} 右边下在 3 槽中；第 29 步将 B_{4-1} 左边下在第 31 槽中；第 30 步将 B_{4-2} 右边下在第 4 槽中；第 31 步将 B_{4-2} 左边下在 32 槽中；第 32 步将 C_4 右边下在第 6 槽中；第 33 步将 C_4 左边下在 35 槽中；第 34 步将 A_{1-1} 左边下在 1 槽中；第 35 步将 A_{1-2} 左边下在 2 槽中；第 36 步将 B_1 左边下在 5 槽中。

在实际下线操作中，除了下每个极相组的线把外，还要掏把（穿把）、垫相间绝缘纸、安插槽楔、整形等，这些操作方法在下面将详细介绍。

综上所述，总结出单层交叉式绕组下线口诀：

双顺单逆不可差，

单八双九交叉下。

双隔二来单隔一，

过线不交要掏把。

真正掌握住下线口诀后，下线时可不看绕组展开分解图。下线既快又不易出差错，每句口诀含义在下线步骤中详细介绍。

6. 第 1 槽的确定

下线前首先应确定好第 1 槽的位置，电动机定子铁芯是圆的，第 1 槽没有标记，定那个槽为第 1 槽都可以，不过第 1 槽定得不合适，下完线后所引出的 6 根线头离出线口太远，这不但浪费导线、套管，更重要的是影响引出线头的绝缘性能和绕组的整齐美观。第 1 槽定在哪里比较合适呢？根据图 4-37(a) 所示，下完整绕组的每把线后，有 6 根线头分别从 29 槽、

35 槽、1 槽、4 槽、7 槽和 12 槽中引出，在这 6 根线头中 29 槽和 12 槽的引出线为最远的两根引出线，如将出线口设计在离 29 槽太近，那么 12 槽引出线太长，如将出线口设计离 12 槽太近，29 槽引出线离出口线又太长，正确的方法是将出线口的中心线设计在两个远头引出线的中间槽上，从而推算出第 1 槽的位置。

两个最远的引出线 29 槽和 12 槽中间槽是 2 槽，出线口的中心线放在 2 槽最合适。从 2 槽顺时针数过 1 个槽就定为第 1 槽，用笔做好记号。按这样的方法设计出第 1 槽下完整个绕组后，6 根线头从出线口引出，引出线既短，整个绕组又美观整齐。

7. 下线方法

将图 4-38 摆在定子旁的工作台上，每下一个极相组都要对着图，每下一把线都要对着图上端所标下线顺序数字。按图所示定好第 1 槽后，从第 1 槽逆时针数到第 9 槽，将第 9 槽位置转到下面（离工作台面最近），这样下线方便，好操作。在以后的下线操作中，下哪槽的线，将哪槽的位置转到下面，一边下线一边转动定子。从 9 槽开始，转圈转动定子，整个绕组下完后，定子也正好转一周，在以后的下线中不再槽槽重复，总之怎样下线方便就怎样转动定子。

第 1 步：将槽绝缘纸光面在内（挨着导线），插进第 9 槽，将两条引槽纸光面向内插进 9 槽中，按照图 4-38(a)，将 A 相绕一摆放在定子铁芯前，右手拿起正向极相组的 A_{1-1}，查看 D_1 应在 A_{1-1} 的左边，A_{1-1} 与 A_1 的连接线应在 A_{1-1} 的右边，下线口诀的"双顺单逆不可差"中的"双顺"的意思是，准备下线的极相组是双把线，要下双把线就得顺时针方向，在图上标出的电流方向从 D_1 流进，从 D_4 流出，电流经 A_1 的方向就是顺时针方向，实际绕组中的电流主向是随时间作周期性变化的，但下线时以图上的电流方向为准，凡是由双把线级成的极相组共电流的方向均为顺时针方向，经查实，A_{1-1} 摆放在方向与图 4-38(a) 的 A_{1-1} 方向相符合后，解开 A_{1-1} 线把右边的绑带，按图 4-45 所示将 A_{1-1} 右边放在 9 槽的引槽纸上，左手拇指与食指往槽中捻线，右手握划线板从定子后端伸进铁芯内轻轻往槽中划导线，如图 4-46 所示。划线板要从槽的前端划到槽的后端，这是为了使导线很顺利地下到槽中，如果划线板划到槽的中间就抽出来，线把的一端划进槽中，另一端会翘起来，所以不管一端下进槽中几根线，也要用划线板从该端到另一端。如果导线在槽内拧花别着扣或叠弯，造成槽满率增大不好下线，发现这种现象要将部分导线拆出重下。划线时不能用力太大，否则将导线压弯造成槽满率增加。下线时左手捻开 5~8 根导线，右手从定子铁芯后端伸到前端，将这几根线与线把分

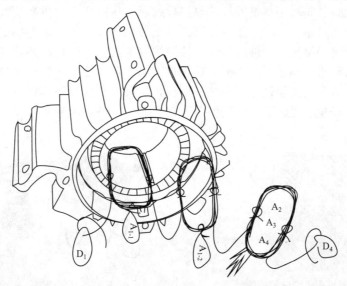

图 4-45　将 A_{1-1} 右边放在 9 槽的引槽纸上

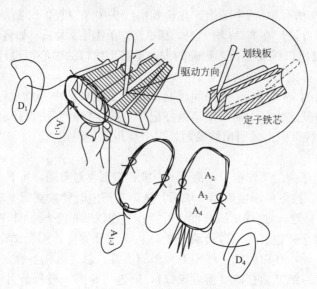

图 4-46 将导线划入 9 槽中

开，摆放在槽口处，划线板先在槽口处轻轻地划几次导线。当导线理顺开后，用划线板的"鸭嘴"往槽中挤线，左手捻着线往槽中送，导线很容易进到槽中。导线进入槽中后，划线板还要在槽中再划两次，免得槽中导线有交叉上撂儿的，在下线时还要时时注意。槽绝缘纸伸出定子铁芯两端要一般长，用划线板划导线的，不要使槽绝缘纸随划线板移动，造成一端导线与定子铁芯相摩擦破坏绝缘层。

导线全部下入 9 槽后，将槽绝缘纸调整到两端，伸出定子铁芯长短要合适，把引槽纸抽出来．用剪刀剪掉高出槽口的绝缘纸（注意：剪刀不要跟剪布一样一下一下地剪，应该将剪刀张开两点，一端推着剪刀到另一端，这样剪掉的绝缘纸一般高，为的是包线整齐），如图 4-47 所示。

用划线板把槽绝缘纸从一边划进槽后，再划进另一边，使绝缘纸包着导线，按图 4-48 所示将压脚伸进第 9 槽中，上下按动压脚手从一端压到另一端，压平压实槽绝缘纸，使蓬松的导线压实。注意槽绝缘纸要正好包住槽内所有的导线，如发现有的导线下在槽绝缘纸外面或没有被绝缘纸包上，要将槽绝缘纸拆开，包好导线后用压脚压实。再次检查槽绝缘纸两端伸出定子铁芯长度是否基本差不多，如一端槽绝缘纸伸出的长，另一端伸出的短，伸出长的一端整形时容易使槽绝缘纸破裂，伸出短的一端导线容易与铁芯造成短路，这两项检查项目在每下完一槽后都要检查，如果等插入槽楔后再检查出故障，还需拔掉槽楔排除故障，既费时间，又对导线和绝缘纸的绝缘性能有影响。所以，实际下线时要下完一槽，检查一槽，发现隐患，及时排除。经检查无误后，将槽楔插入 9 槽中。如图 4-49 所示，要检查槽楔是否高出

图 4-47 剪掉高出槽口的绝缘纸

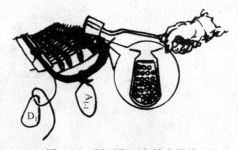

图 4-48 用压脚压实槽内导线

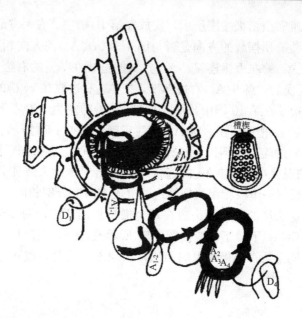

图 4-49 将槽楔安插入 9 槽，初步整形

定子铁芯，如果高出定子铁芯，则烤完漆后，安不上转子或槽楔与转子摩擦影响电动机正常运转。槽楔的上面要削成平面，不要将槽楔制成"△"形。槽楔必须以原电动机槽楔的形状尺寸为基准，按第一节介绍的方法制作。在以下步骤的下线中每下完一槽都检查槽楔是否符合标准，不再一一介绍。

A$_{1-1}$ 左边空着不下，留在第 34 步下，将 A$_{1-1}$ 左边与铁芯相连接处垫上绝缘纸，防止铁芯磨坏导线绝缘层，然后对 A$_{1-1}$ 两端的端部进行初步整形，因为 8 槽还要下线，必须给 8 槽留出位置来，线把的端部不要太尖，用两只手的大拇指和四指分别用力将线把两端部整出如图 4-50 所示的形状，还要轻轻地往下按线把两端，不要来回推线把，在以后的下线顺序中每下完一槽线都要进行初步整形，不再重复。

在准备下 A$_{1-2}$ 之前，对着图 4-38（a）检查实际下入 9 槽中小是否与图相符。检查中发现图 4-51 与图 4-38(a) 不符，虽然 A$_{1-1}$ 的一个边也在 9 槽，但是 D$_1$ 下在了 9 槽，A$_{1-1}$ 与 A$_{1-2}$ 的连接线留在了 A$_{1-1}$ 的左边，这就证明 A$_{1-1}$ 下反了，应拆出来按图 4-52 所示的方向重新下线。如果开始不检查，等到下完几把线后再发现线把下反了，需拆出重新下线或剪断线头接线把的头，那就费工了。下线时要做到下完一把线检查一把线，上一把线不正确绝不下下一把线，证实上把线确实无误后，才能准备下下一把线，每下一把线都要这样检查，以后不再重复。

图 4-50 A$_{1-1}$ 方向下反下

图 4-51 摆正确 A$_{1-2}$

第 2 步：把槽绝缘纸和引槽纸按图所示，安放在第 10 槽中。右手拿起正向线把 A_{1-2} 正确摆放在定子铁芯内，要检查所摆放的方向是否与图 4-38(a) A_{1-2} 的方向相同，A_{1-1} 与 A_{1-2} 的连接线是 9 槽的引出线与 A_{1-2} 的左边相连接，A_1 与 A_2 的过线在 A_{1-2} 的右边，为 A_{1-2} 摆放正确，如图 4-51 所示。检查无误后，解开 A_{1-2} 右边绑带，把 A_{1-2} 右边放在 10 槽的引槽纸上。参照图的下线方法，将 A_{1-2} 右边下在第 10 槽中，插入槽楔，A_{1-2} 的左边空着不下，留在第 35 步下。检查 A_1 与 A_2 的过线从第 10 槽中引出，为 A_{1-2} 下线正确，如图 4-52 所示。下完由两把线组与的极相组，线把与线把间的连接线不长不短夹在两线把之间，只有细查才能查出来，在检查中如发现图 4-53 所示的现象，A_{1-1} 与 A_{1-2} 的连接线明显出了一个大线兜儿，查 A_{1-2} 的电流方向与 A_{1-1} 的电流方向相反（一个极相组两把线边的电流方向应分别相同），证明 A_{1-2} 的方向下反了，另外，一个极相组头尾的两个线头应在每个极相组的两边，图 4-53 中 A_1 的头尾都到了极相组的左边，也证明 A_{1-2} 下错了，应按图 4-52 所示改过来，在以后下线过程中，每下完一个极相组都要检查头尾是否在该极相组的两边，出现差错应及时改正，在以后的下线步骤中不再重复。

图 4-52　A_{1-2} 右边下在 10 槽　　　　　图 4-53　A_{1-2} 下反了

第 3 步：对着图 4-38(b) 上端的下线顺序数字，应将 B_1 的右边下在第 32 槽。把槽绝缘纸和引槽纸下在第 12 槽中，将 B 相绕组摆放在定子铁芯旁，左手拿起反向极相组 B_1，详见图 4-54，B_1 的方向应与 A_1 相反，D_2 应在 B_1 的右边，B_1 与 B_2 的过线应在 B_1 的左边，图 4-38(b) 已标出电流从 D_2 流进，从 B_2 的右边流到左边。按规定 B_2 的电流方向为逆时针的方向。在下线顺口溜中的"双顺单逆不可差"中的"单逆"就是这个含义，只要下线时碰到由单把线组成的一个极相组，其电流方向都应为逆时针方向。

左手摆正确 B_1 后，不要翻动，右手伸进 B_1 中，抓住 A 相绕组外甩捆在一起的 A_2、A_3、A_4，如图 4-55 所示。右手伸进 B_1 中，把 A 相绕组的 A_2、A_3、A_4 从 B_1 中掏出来，如图 4-56 所示。把 A_2、A_3、A_4 放在定子旁边，注意 A_2、A_3、A_4 不能放远 B，不能破坏原来每把线的形状，不能把极相组与极相组的过线拉长。按图 4-57 所示将 B_1 放铁芯内，再检查 B_1 的实际方向与图 4-38(b) 的 B_1 方向是否相符，A 相绕组的 A_2、A_3、A_4 从 B_1 中掏出，D_2 在 B_1 的右边，B_2 与 B_1 的过线在 B_1 的左边，为 B_1 摆放、掏把正确。检查无误后。把 B_1 右边绑带解开。B_1 的右边下在 12 槽中。B_1 的左边空着不下，留在第 36 步再下入槽中，如图 4-58 所示，要进行初步整形。

在实际下线中．每下完一个极相组，要检查所下线把是否正确，掏把是否正确，出现差错，应当及时改正。检查中如发现图 4-59 所示的现象，A 相绕组的 A_2、A_3、A_4 没有从 B_1 中掏出，B_1 也下反了，检查出来以后应该将 12 槽的槽楔拔掉，用划线板拨开槽绝缘纸，把 12 槽内所有导线慢慢全拆出来整理好，重新用绑带绑好，再按正确的方法掏把、下线。

图 4-54　正确摆放 B_1

图 4-55　右手伸进 B_1 中抓住 A 相外甩线把

图 4-56　把 A_2、A_3、A_4 从 B_1 中掏出

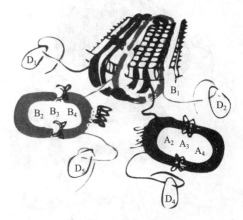

图 4-57　正确摆放 B_2

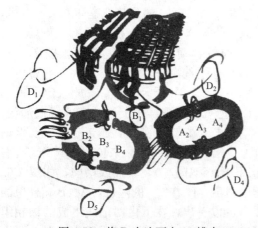

图 4-58　将 B_1 右边下在 12 槽中

图 4-59　B_1 下反，A_2、A_3、A_4 没有从 B_1 中掏出

掏把的定义是：从 B_1 开始每下一个极相组的将外甩的线把从该极相组中掏出（本相不

掏）。掏把适用于所有单层绕组的下线中，掏把的目的是使极相组与极相组的连线不与绕组的端部相交。图 4-59 中的 A_2、A_3、A_4 没有从 B_1 中掏出，在以后的下线中将造成如图 4-59 所示的 A_1 与 A_2 过线从绕组端部绕过的现象。每下一个极相组都要掏把，如果忘记掏把，检查出后应将该极相组拆出掏完线把后，再下入槽中。

在第 3 步下 B_1 右边时，从图中可以看出 B_1 的右边与已下到槽中的 A_{1-2} 右边空过 1 个槽，这个空槽是留给 A_2 左边的，每个极面内每相绕组各占三个槽，按 A、B、C 顺序排列，A_1 下完，虽占了 2 个槽，但还剩 1 个槽，下 B 相绕组的极相组 B_1 时必须将 A 相绕组应占的槽留出来，又根据下线时极相组排列顺序 A_1—B_1—C_1—A_2……按线把数说是双把—单把—双把—单把……的规律排列，所以说下由双把线组成的极相组时，右边空过 2 个槽，下由单把线组成的极相组时，右边空过 1 个槽，下线口诀上"双隔二来单隔一"就是这个意思。比如下单把线组成的极相组 B_1 时，右边空过 1 个槽，10 槽已有线把的边，空过 11 槽，应将 B_1 右边下在 12 槽中，下线口诀的含义与下线顺序是相符的。理解了"双隔二单隔一"的含义，下单把线时右边应空过 1 个槽；下完单把线就应下双把线，下双把线时右边空过两个槽，以此类推。一开始不熟悉时不能离开绕组展开分解图，必须一步一步对着图掏把、下线，待掌握了规律，下线熟练后，可以不看绕组展开分解图达到熟练下线、掏把。

第 4 步：如图 4-38（c）所示。左手拿起正向极相组 C_1（双顺单逆不可差，双把线为顺时针方向），证实极相组 C_1 与展开图上的方向应一致，C_{1-1} 在下面，C_{1-2} 在上面，D_3 在 C_{1-1} 的左边，C_1 与 C_2 的过线在 C_{1-2} 的右边，左手捏住 C_1，右手伸进 C_1 中，抓住 A_2、A_3、A_4 和 B_2、B_3、B_4，如图 4-60 所示。右手将 A_2、A_3、A_4 和 B_2、B_3、B_4 从 C_1 中掏出来，放在定子旁边（也可以分两次掏出 A_2、A_3、A_4 和 B_2、B_3、B_4），将 C_{1-2} 靠在 A_2、A_3、A_4 和 B_2、B_3、B_4 上，将 C_{1-1} 不改变方向放入定子铁芯内。在下 C_{1-1} 之前检查一遍，C_{1-1} 实际方向是否与图 4-38（c）的 C_{1-1} 方向相同，D_3 是否在 C_{1-1} 的左边，C_{1-1} 与 C_{1-2} 的连接线是否在 C_{1-1} 右边，A_2、A_3、A_4 和 B_2、B_3、B_4 是否从 C_{1-1} 和 C_{1-2} 中掏出，出现差错应更改，无差错后，按图 4-38（c）上端所标下线顺序数字，准备将 C_{1-1} 右边下

图 4-60　将 A、B 相外甩线把从 C_1 中掏出

在第 15 槽中。把槽绝缘纸和引槽纸安放在 15 槽中，按图 4-61 所示，把 C_{1-1} 放入定子铁芯内，A、B 相绕组外甩的线把不要离铁芯远了，远了线把就要变形。图上画的有的线把远些，过线长些，这是为了使读者看清楚，实际下线时所有线把都在定子旁边，越近越好。要保证线把样形状不变下到定槽中，发现有的线头抽长了要一圈一圈退回到原来位置。解开 C_{1-1} 右边的绑带，按图 4-38（c）的方向将 C_{1-1} 右边下在 15 槽中（双隔二），安插入槽楔，如图 4-62 所示。下完线后，检查 C_{1-1} 与 C_{1-2} 的连接线从 15 槽中引出，D_3 在 C_{1-1} 的左边，A、B 相外甩的线把从 C_{1-1} 中掏出，证明 C_{1-1} 下线正确。从图 4-62 中可以看出，在下由两把线组成的极相组 C_1 时，$C_{1-1}R$ 嵌在 13、14 两个槽中，这就是"双隔二"的含义，在以后的下线中，遇上要下由双把线组成的极相组时，右边都要空过两个槽。

第 5 步：从图 4-38（c）中可以看出，开始下线时只空过 A_1 和 B_1 左边不下。从 C_{1-1}

图 4-61 将 C_{1-1} 正确摆放在定子内

图 4-62 将 C_{1-1} 右边下在 15 槽中

左边不再空着线把的边开始，把槽绝缘纸和引槽纸安放在 7 槽中，解开 C_{1-1} 左边绑带，将 C_{1-1} 左边下在 7 槽中，如图 4-63 所示，检查 C_{1-1} 的节距是 1-9，D_3 下在 7 槽中，证明 C_{1-1} 下线正确，下线口诀上的"双九单八交叉下"中的"双九"，是指凡遇到由双把线组成的极相组，每把线的节距就是 1-9，从图 4-63 中可以看出，从第 7 槽开始，从左向右不再空槽。

第 6 步：把 C_{1-2} 按顺序进针的方向（与 C_{1-1} 方向一致）放入定子铁芯内。检查 C_{1-2} 与 C_2 的过线应在 C_{1-2} 的右边，A、B 相绕组外甩的线把从 C_{1-2} 中掏出为正确，出现差错改正，检查 C_{1-2} 无误后，准备下线，把槽绝缘纸和引槽纸安放在 16 槽中，将 C_{1-2} 右边绑带解开，将 C_{1-2} 右

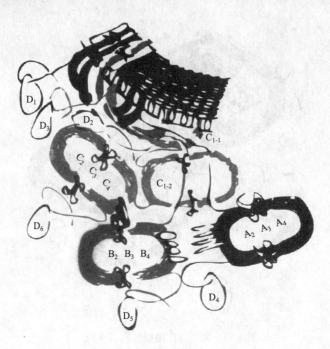

图 4-63　将 C_{1-1} 左边下在 7 槽中

边下在 16 槽，把槽楔安入 16 槽中，如图 4-64 所示，下完 C_{1-2} 右边后，检查 C_1 与 C_2 的过线从 16 槽引出为 C_{1-2} 右边，下线正确。

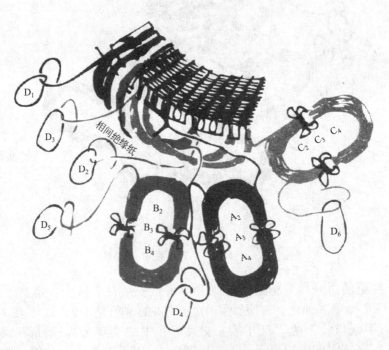

图 4-64　将 C_{1-2} 上完后，在 B_1 与 C_1 两端之间垫上相间绝缘纸

第 7 步：将 C_{1-2} 左边下在第 8 槽中。C_1 全部下完，C_1 下完后要照着图 4-38（c）检查，D_3 应下在 7 槽中，C_{1-1} 应下在 7、15 槽中，节距是 1-9，C_{1-2} 应下在 8、16 槽中，节距也是 1-9。C_1 与 C_2 的过线从 16 槽中引出，A、B 相外甩的线把从 C_1 中掏出，为 C_1 下线正确。在 C_1 与 B_1

两端之间垫上相同绝缘纸，如图 4-64 所示。在以后每下完一个极相组，就要在这个极相组与已下完的极相组两端之间垫上相间绝缘纸，进行初步整形，把相同绝缘纸夹在两个极相组之间。采用这种方法，相间绝缘纸垫得好；也可将整个电动机的绕组拿部下完后，用划线板从每个极相组之间撬开缝，把相间绝缘纸垫在两极相组之间。

第 8 步：照图 4-38（a），从绑在一起的 A_2、A_3、A_4 中解下 A_2（单把线）。把 A_3、A_4 重新绑好，左手拿起反向极相组 A_2（单把为逆时针方向），右手伸进 A_2 中，掏出 B_2、B_3、B_4 和 C_2、C_3、C_4，将 A_2 放在铁芯内，如图 4-65 所示。摆放好 A_2 后，要检查一次 A_2 是否摆放正确，查看 A_1 与 A_2 的过线是否 10 槽的引出线连接 A_2 的右边（尾接尾），A_2 和 A_3 的过线在 A_2 左边，C_2、C_3、C_4 和 B_2、B_3、B_4 从 A_2 中掏出为 A_2 摆放、掏把正确，发现差错改正。将 A_2 右边下在第 18 槽中（单隔一），如图 4-66 所示。18 槽下完以后检查 A_1 与 A_2 的过线是否 10 槽引出线与 18 槽引出线相连接，为 A_2 右边下线正确。

图 4-65　正确摆放 A_2，将 B_2、B_3、B_4 和 C_2、C_3、C_4 从 A_2 中掏出

第 9 步：将 A_2 的左边下在第 11 槽中，如图 4-66 所示。A_2 只有单把线，下线口诀上"双九单八交叉下"，含义是下由单把线组成的极相组，节距必须是 1-8，而且占据在两个极面中交叉着下，其电流方向"双顺单逆"（单把线电流方向为逆时针方向）。从图 4-66 可以看出规律：从 7 槽开始，左边排着下线一槽不空过，在每个极相组的右边，下由双把线组成的极相组空两个槽，下由单把线组成的极相组空一个槽，这就是"双隔二，单隔一"的含义。在下线口诀介绍方面比较详细，目的是真正掌握其方法，使下线掌握住规律。从图 4-66 中已下 4 个极相组的 6 把线可以看出些规律，下线顺序为：A_1—B_1—C_1—A_2—B_2—C_2……线把顺序为：双把—单把—双把—单把……由双把线组成的极相组为顺时针方向，节距是 1-9，与上个极相组的过线都在该极相组的左边，与下个极相组的过线都在该极相组的右边，在下线中，左边一个槽不空过，右边空过 2 个槽。下由单线组成的极相组时，其方向全都是逆时针方向，节距是 1-8，与上个极相组的过线都在该极相组右边，与下个极相组的过线都在该极相组左边，下线时，左边一个槽不空过，右边空过一个槽。其他两相外甩线把从待下极相组中掏出。整个绕组就是由双把

图 4-66　A_2 右、左边分别下在 18、11 槽中

线组成的极相组和单把线组成的极相组组成。极相组与极相组虽不能下在一个槽，不属于一相，但都是一样的规律，将以上的规律掌握住，下线方法就容易掌握。

图 4-67 所示是不掏把的后果。当下完 A_2 就发现 A_1 与 A_2 的过线从绕组端部绕过，这是因为在下 B_1 和 C_1 时，A_2、A_3、A_4 没有从 C_1 和 B_1 中掏出。当下完 B_2、C_2 后，还会发现这种现象。这样既破坏了电动机绕组整齐美观，又影响了绕组的绝缘性能，所以在下线时必须每下一个极相组一掏把，绝不能忘记。如果忘记了掏把，要把所下线把拆出，掏完线把后，再下入槽中。

如图 4-68 所示，A_2 掏把对了，所占的槽位及节距也都对，就是方向下反了。正确的方向单把应该为逆时针方向（单逆）。A_1 与 A_2 的过线是 10 槽与 18 槽引出线相连接，长短合适，

图 4-67　不掏把造成对过线从绕组端部绕过

只有细查才能查出，可方向下反的 A_1 变成了与线 A_1 相同的顺时针方向了，A_1 和 A_2 的过线变为 10 槽与 11 槽引出线相连接了，在 10 槽与 11 槽之间出了一个大线兜儿。在以后的下线中注意，极相组与极相组连接正确时，过线与线把端部一般长，发现过线不够长或出现大线兜儿时，要详细检查是否极相组的方向下反了。但有时操作技术上的毛病，将过线伸长了，也出现过线长短不合适的现象，要区别对待，错了及时改正。极相组下对了，但对线长，可往被伸的部位退回些，过线长短就合适了。

图 4-68　A_2 的方向下反了

经查证，图 4-68 中，A_2 下反了，正确的方法是将 A_2 拆出，将 B_2、B_3、B_4 和 C_2、C_3、C_4 从 A_2 退回，摆正确 A_2 方向重新掏把，按图 4-66 所示，分别将 A_2 右、左边下在第 18 槽和 11 槽中。如果不愿拆出 A_2，可将 A_1 与 A_2 的过线剪断，18 槽的引出线与 A_3 的过线剪断，将 10 槽引出线与 18 槽引出线相连接，将剪断的线头与 11 槽引出线相连接，经改正后 A 相绕组多出了两对线头，但这是不提倡的。最好还是将 A_2 拆出来，按正确方法重新掏把、下线。

第 10 步：如图 4-38（b）所示，把 B_2（双把线）从 B 相绕组上解下来，重新把 B_{3-4} 两边绑好。左手拿起正向极相组的 B_2（顺时针方向），检查线把 B_{2-1}、B_{2-2} 是否与图 4-38（b）相符，B_1 与 B_2 的过线从 B_1 左边（还没下到槽中）与 B_{2-1} 的左边相连接（头接头），B_2 与 B_3 的过线在 B_{2-2} 的右边，为 B_2 摆放正确。检查出 B_2 摆放错误，应及时改正。证实 B_2 摆放正确后，右手把 A 相绕组的 A_3、A_4 和 C 相绕组的 C_2、C_3、C_4 线把从 B_2 中掏出来，如图 4-69 所示。把 B_{2-2} 靠在 A、C 相外甩的线把上，将 B_{2-1} 右边下在 21 槽中，B_2 是由双把线组成的极相组，右边空过两个槽（双隔二），即为 21 槽，如图 4-70 所示。

图 4-69　将 A、C 相外甩线把从 B_{2-1}、B_{2-2} 中掏出

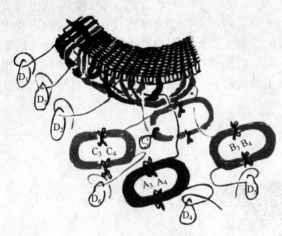

图 4-70　B_2 下好后，正确摆放 C_2，
将 B_2、B_3、B_4 从 C_2 中掏出

第 11 步：将 B_{2-1} 左边下在 13 槽中，如图 4-70 所示。

第 12 步：把 B_{2-2} 不改变方向放入定子铁芯中，检查 B_{2-1} 与 B_{2-2} 的连接线是 21 槽引出连接 B_{2-2} 左边。B_2 与 B_3 的过线在 B_{2-2} 右边为正确，将 B_{2-2} 右边下在第 22 槽中，B_2 与 B_3 的过线从 22 槽中引出，如图 4-70 所示。

第 13 步：将 B_{2-2} 左边下在 14 槽中，B_2 全部下完。要对着图 4-38(b) 详细检查 B_2，如果 B_1 与 B_2 的过线是在 B_1 左边（没下线）引出线与 13 槽引出线相连接，B_2 与 B_3 的过线从 22 槽中引出，A_3、A_4 和 C_2、C_3、C_4 从 B_2 中掏出，为 B_2 掏把、下线正确，在 B_2 与 A_2 两端之间垫上相间绝缘纸，B_2 下线结束，如图 4-70 所示。

第 14 步：按图 4-38(c) 把 C_2（单把线）从 C 相绕组中解下来，把 C_3、C_4 两边重新绑好，左手拿起反向极相组的 C_2（单逆），把 B_3、B_4 和 A_3、A_4 从 C_2 中掏出，放在一旁。在下线之前检查 C_2 的实际方向与图 4-38（c）的方向，C_1 与 C_2 的过线应是 16 槽引出线与 C_2 右边相连接（尾接尾），C_2 与 C_3 的过线在 C_2 的左边，为 C_2 摆放正确，发现差错应更改，检查无误后，将 C_2 右边空过一个槽（单隔一）下在 24 槽中。

第 15 步：将 C_2 左边下在第 17 槽中，极相组 C_2 下完，检查 C_1 与 C_2 的过线应是 16 槽与 24 槽引出线相连接，C_2 与 C_3 的过线从 17 槽中引出，A_3、A_4 和 B_3、B_4 从 C_2 掏出，为 C_2 掏把、下线正确，检查无误后在 C_2 与 B_2 两端之间垫上相间绝缘纸。

第 16 步：按图 4-38（a），解开 A 相绕组两边的绑带，右手拿起正向极相组的 A_3（电流为顺时针方向），左手把 C_3、C_4 和 B_3、B_4 从 A_3 中掏出放在一旁，将 A_{3-2} 靠在 A_3、A_4 和 C_3、C_4 上，将 A_{3-1} 右边空过两个槽（双隔二）下在第 27 槽中。

第 17 步：第 A_{3-1} 左边下在 19 槽中。

第 18 步：将 A_{3-2} 右边下在 28 槽中。

第 19 步：将 A_{3-2} 左边下在 20 槽中，A_3 下完后，要检查 A_3 下线槽位，方向及掏把是否正确，才能下另一个极相组。检查 A_2 与 A_3 的过线应是 11 与 19 槽引出线相连接（头接头），A_3 与 A_4 的过线从 25 槽中引出，B_3、B_4 和 C_3、C_4 从 A_3 中掏出，为 A_3 掏把、下线正确。检查无误后，在 A_3 与 C_2 两端之间垫上相间绝缘纸，A_3 下线结束。

第 20 步：解开 B 相绕组的绑带，左手拿起反向极相组的 B_3（电流方向为逆时针方向），右手把 A_4 和 C_3、C_4 从 B_3 中掏出来，放在一旁。将 B_3 右边空过一个槽（单隔一），下在第 30 槽中。

第 21 步：将 B_3 左边下在 23 槽中，极相组 B_3 单把线的两个边下完。检查 B_2 与 B_3 的过线应是 22 槽与 30 槽引出线相连接（尾接尾），B_3 与 B_4 的过线从 23 槽中引出，A 和 C_3 从 B_3 中间掏出，为 B_3 下线、掏把正确，检查无误后，在 B_3 与 A_3 两端之间垫上相间绝缘纸，B_3 下线结束。

第 22 步：解开 C 相绕组的绑带，左手拿起正向极相组的 C_3（电流方向为顺时针方向），右手从 C_3 中掏出 A_4、B_4 放在一旁、把 C_{3-2} 靠在 A_4、B_4 上，将 C_{3-1} 右边空过两个槽（双空二），下在 33 槽中。

第 23 步：将 C_{3-2} 左边下在 25 槽中。

第 24 步：将 C_{3-2} 右边下在 34 槽中。

第 25 步：将 C_{3-2} 左边下在 26 槽中。极相组 C_3 下线完毕，检查 C_2 与 C_3 的过线应是 17 槽引出线与 25 槽引出线相连接（头接头），C_3 与 C_4 的过线从 34 槽引出，A_4、B_4 从 C_3 中掏出，为 C_3 下线、掏把正确。检查无误后，在 C_3 与 B_3 两端之间垫上相间绝缘纸，C_3 下线结束。

第 26 步：左手拿起反向极相组的 A_4（电流方向逆时针方向），右手把 B_4、C_4 从中掏出，放在一旁，将 A_4 的右边空过一个槽（单隔一）下在 36 槽中。

第 27 步：将 A_4 左边下在 29 槽中，A_4 下完后，检查 A_3 与 A_4 过线应是 28 槽引出线与 36 槽引出线相连接（尾接尾），D_4 从 29 槽中引出，B_4、C_4 从 A_4 中掏出，为 A_4 下线、掏把正确。检查无误后，在 A_4 与 C_3 两端之间垫上相间绝缘纸，A_4 下线结束。

第 28 步：左手拿起正极相组 B_4（电流方向为顺时针方向），右手将 C_4 从 B_4 中掏出，放在一边，将 B_{4-2} 靠在 C_4 上，将 A_{1-1}、A_{1-2}、B_1 左边撬起来，露出待下线的 3 槽 4 槽。将 B_{4-1} 右边空过两个槽（双隔二），下在 3 槽中。

第 29 步：将 B_{4-1} 左边下在 31 槽中。

第 30 步：将 B_{4-2} 右边下在 4 槽中。

第 31 步：将 B_{4-2} 左边下在 32 槽中，B_4 下线完毕。检查 B_3 与 B_4 的过线应是 23 槽引出线与 3l 槽引出线相连接（头接头），D_5 从 4 槽中引出，C_4 从 B_4 中掏出，为 B_4 下线、掏把正确。检查无误后，在 A_4 与 B_4 两端之间垫上相间绝缘纸。

第 32 步：将 C_4 反向极相组（电流方向逆时针方向）放入铁芯中，将 C_4 右边空过一个槽下在 6 槽中。

第 33 步：将 C_4 左边下在 35 槽中，C_4 下完后，检查 C_3 与 C_4 过线应是 34 槽引出线与 6 槽引出线相连接（尾接尾），D_6 从 35 槽中引出，为 C_4 下线正确。检查无误后，在 C_4 与 B_4 两端之间垫上相间绝缘纸，C 相绕组下线结束。

第 34 步：将 A_{1-1} 左边下在 1 槽中。

第 35 步：将 A_{1-1} 右边下在 2 槽中。A_1 下线完毕，检查 D_1 从 1 槽中引出，A_1 与 A_2 过线应是 10 槽引出线与 18 槽引出线相连接（尾接尾），为 A_1 下线正确。检查无误后，在 A_1 与 C_4 两端之间垫上相间绝缘纸。A 相绕组下线结束。

第 36 步：将 B_2 左边下在 5 槽中，B_1 下线完毕。检查 B_1 与 B_2 过线应是 5 槽引出线与 13 槽引出线相连接（头接头），D_2 从 12 槽引出，为 B_1 下线正确。在 B_1 与 A_1 两端之间垫上相间绝缘纸。B 相组下线结束。

8. 接线

在接线之前要分别检查每相绕组是否与绕组展示分解图相符，检查方法是将定子垂直放在地上，查完 A 相查 B 相，最后再检查 C 相绕组，左手拿划线板，右手伸着二拇指，按图上每相绕组电流流进端查到电流流出端。

查 A_4 相绕组的方法：将图 4-38（a）摆放在定子旁，对着图查 A 相绕组，从 D_1（1 槽引出线）开始，手指绕方向是按电流的方向绕转，从 1 槽绕到 9 槽，查看 A_{1-1} 节距应是 1-9 为正确。从 9 槽绕到 2 槽，从 2 槽绕到 10 槽，用划线板找到 A_1 与 A_2 过线，右手指顺着 A_1 与 A_2 的过线绕转进 18 槽，从 18 槽绕进 11 槽，A_2 节距应为 1-8，用划线板找到 A_2 与 A_3 的过线，右手指顺着 11 槽的过线绕转进 19 槽，从 19 槽绕进到 27 槽，从 27 槽绕进到 20 槽，从 20 槽绕进到 28 槽，从 28 槽经过 A_3 与 A_4 的过线，绕进 36 槽，从 36 槽绕到 29 槽。D_4 从 29 槽中引出，检查者随极相组位置转电动机一周，检查 A 相绕组极相组与极相组连接、每把线节距、流过每把线电流方向与图 4-38（a）是否相符。证明 A 相绕组正确后，再测量 A 相绕组的绝缘电阻，用万用表 1k 挡或 10k 挡，一支表笔接 D_1，一支表笔接 D_4，表针向 0Ω 方向摆动，证明 A 相绕组接通；表针不动，证明 A 相绕组断路，排除故障达到接通为止。一支表笔与 D_1 或 D_4 相连接、一支表笔与外壳相接，表针不动或微动，证明绝缘良好，表针向 0Ω 方向摆动，证明 A 相绕组与外壳短路，大多由于槽口绝缘纸破裂引起，将表接着（表针在 0Ω 位置），慢慢撬动 A 相绕组一端绕组，检查完一端，再检查另一端。当发现撬到一处线把时，表针向阻值大的方向摆动，证明故障发生在该处。将破裂的绝缘纸垫上或换新的槽绝缘纸，彻底排除故障。经查 A 相绕组无误后，将 D_1（1 槽引出线）套上套管引出，接在接线板上标有 D_1 的接线螺钉上；D_4（29 槽引出线）套上套管引出接在接线板上标有 D_4 的接线螺钉上，如图 4-71 所示。

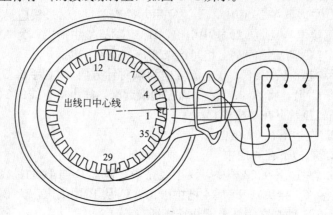

图 4-71　接线和定第 1 槽的方法

照着图 4-38(b) 查 C 相绕组和测量 C 相绕组绝缘电阻。检查无误后，将 D_2（12 槽引出线）穿上套管引出，接在接线板上标有 D_3 的接线螺钉上，D_6（4 槽引出线）套上套管引出，接在接线板上标有 D_6 的接线螺钉上，如图 4-71 所示。

按检查 A_4 相绕组的方法，按图 4-38(c) 检查 C 相绕组和测量 C 相绕组绝缘电阻，检查无误后，将 D_3（7 槽引出线）套上套管引出，接在接线板上标有 D_3 的接线螺钉上，将 D_6（35 引出线）套上套管引出接在接线板上标有 D_6 的接线螺钉上，如电动机原来是△形接法，就将三个铜片按 1、6，2、4，3、5 接起来，如果原电动机是 Y 形接法，就将 D_4、D_5、D_6 三个接线螺钉用铜片接起来。

二、单层链式绕组的嵌线方法

1. 绕组展开图

图 4-72 所示为三相 4 极 24 槽节距 1-6 单层链式绕组展开图。D_1 代表 A 相绕组的头，D_4 代表 A 相绕组的尾；D_2 代表 B 相绕组的头，D_5 代表 B 相绕组的尾；D_3、D_6 分别代表 C 相绕组的头和尾。从图可以看出，每相绕组由 4 个极相组组成，每个极相组由 1 把线组成，每把线的节距是 1-6，极相组与极相组采用头接头和尾接尾的连接方法连接。

2. 绕组展开分解图

实际电动机三相绕组的 12 个极相组（12 把线）是按着图 4-72 排布在定子铁芯中，初学者看绕组展开图会感到乱而不易懂，为了看图简单便于下线，将图 4-72 分解成图 4-73 所示的图，在绕组展开分解图上端标有下线顺序数字，下线时接绕组展开图进行下线。

3. 线把的绕制与整理

此电动机每相绕组共有 4 个极相组，每个极相组只有一把线，所以绕线时要绕完 4 把线（为 1 相绕组）后断开，标为 A 相绕组，如图 4-73(a) 所示，按每把线的绕线顺序分别标清 A_1、A_2、A_3、A_4，A 相绕组的首头标为 D_1，尾头标为 D_4。将 A 相绕组的 A_2、A_3、A_4，摞在一起两边绑好。外面只剩一把线 A_1，继续绕出 4 把线，定做 B 相绕组，按绕线顺序，如图 4-73(b) 所示分别标清每把线的名称为 B_1、B_2、B_3、B_4，B 相绕组的首头标为 D_2，尾头标为 D_5，将 B_2、B_3、B_4 摞在一起，两边绑好。最后绕出 4 把线，标为 C 相绕组，按绕线顺序分别标清每把线的名称，C 相首头标为 D_3，尾头标为 D_6，将 C_2、C_3、C_4 摞在一起两边绑上，外面只留 C_1 一把线。

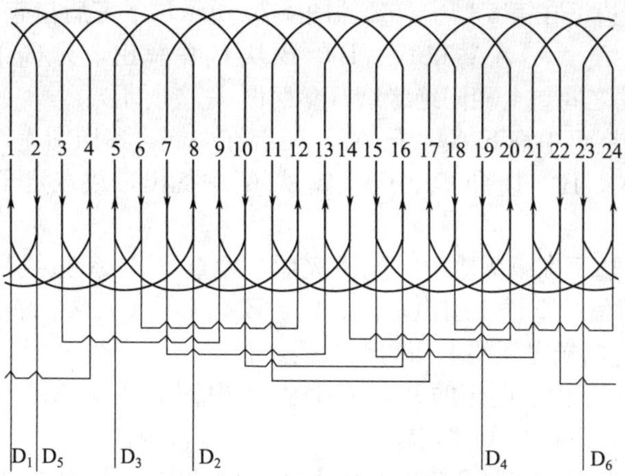

图 4-72　三相 4 极 24 槽单层链式绕组展开图

4. 下线前的准备工作

按原电动机槽绝缘纸和相间绝缘纸的尺寸裁制 24 条槽绝缘纸和 24 块相间绝缘纸放在定子槽，再按槽绝缘纸的尺寸裁制几条作为引槽纸，将制作槽楔材料及下线工具放在定子旁，准备下线。

5. 第一槽的确定

根据出线口的中心线在两个远头中间槽上的要求设计第 1 槽。由图 4-72 可知，6 根引出线头最远的是 19 槽和 8 槽，这两个最远头中间槽是 1 槽，那么出线口的中心线就放在 1 槽，参照图 4-71 所示，用粉笔标清第 1 槽。

6. 下线顺序

下线顺序是 A_1—B_1—C_1—A_2—B_2—C_2—A_3—B_3—C_3—A_4—B_4—C_4，详细下线步骤按图 4-73 所示线把上端所标数字进行。

7. 下线方法

将图 4-73 摆放在电动机旁的工作台上，参照以下内容进行。

第 1 步：将 A_1 正向极相组摆放在定子铁芯内，将右边下在第 6 槽中，A_1 左边不下，将 A_1 左边与铁芯之间垫上绝缘纸，检查 A_1 与 A_2 的过线从 6 槽引出，为 A_1 下线正确。

第 2 步：对着图 4-73 左手拿着起反向极相组的 B_1，右手将 A_2、A_3、A_4 从 B_1 中掏出，放在定子旁。将 B_1 右边空过 1 个槽下在第 8 槽中，

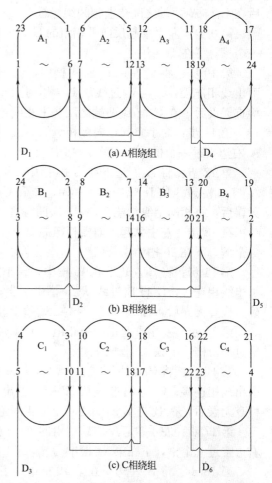

图 4-73　三相 4 极 24 槽单层链式绕组展开分解图

左边空着不下，B_1 下完后，检查 D_2 下在第 8 槽中，A_2、A_3、A_4 从 B_1 中掏出，为 B_1 下线正确。在下 B_1 的右边可以空过一个槽，这个槽是给极相组 A_2 留的，从图上可以看出每个极相组都是由一把线组成，所以下线时每下一个极相组右边都空过一个槽。

第 3 步：对着图 4-73。左手拿起正向极相组的 C_1，右手把 A_2、A_3、A_4 和 B_2、B_3、B_4 从 C_1 中掏出放在一旁，将 C_1 右边空过一个槽，下在第 10 槽中。

第 4 步：将 C_1 左边下在第 5 槽中，参照图 4-70 所示，下完后检查 D_3 下在 5 槽，C_1 与 C_2 过线从 10 槽中引出；A_2、A_3、A_4 和 B_2、B_3、B_4 从 C_1 中掏出，为 C_1 下线，掏把正确。检查无误后在 C_1 与 B_1 两端之间垫上相同绝缘纸（参照图 4-72 所示）。

第 5 步：从 A 相绕组中解下 A_2，把 A_3、A_4 绑在一起，参照图 4-70 所示，左手拿反向极相组的 A_2，右手把 B_2、B_3、B_4 和 C_2、C_3、C_4 从 A_2 中掏出，放在定子旁，将 A_2 右边空过 1 个槽，下在第 12 槽中。

第 6 步：将 A_2 左边下在第 7 槽中，A_2 下完后，检查 A_2 与 A_1 过线是 6 槽引出线连着 12 槽引出线，A_2 与 A_3，过线从 7 槽中引出，B_2、B_3、B_4 和 C_2、C_3、C_4 从 A_2 中掏出，为 A_2 下线、掏把正确，在 A_2 与 C_1 两端之间垫上相间绝缘纸。

第 7 步：左手拿起正向极向组的 B_2，右手从 B_2 中掏出 A_3、A_4 和 C_2、C_3、C_4 放在一旁，将 B_2 右边空过一个槽，下在第 14 槽中。

第 8 步：将 B_2 的左边下在第 9 槽中，B_2 下完后检查 B_1 与 B_2 过线从 B_1 左边连接 9 槽；B_2 与 B_3 的过线从 14 槽中引出；A_3、A_4 和 C_2、C_3、C_4 从 B_2 中掏出，为 B_2 下线正确。检查无误后在 B_2 与 A_2 两端之间垫上相间绝缘纸。

第 9 步：左手拿起反向极相组的 C_2，右手从 C_2 中掏出 B_3、B_4 和 A_3、A_4，将 C_2 右边空过一个槽，下在 16 槽中。

第 10 步：将 C_2 左边下在 11 槽中，C_2 下完后，检查 C_1 与 C_2 过线是 10 槽引出线与 16 槽引出线相连接；C_2 与 C_3 过线从 11 槽中引出；A_3、A_4 和 B_3、B_4 从 C_2 中掏出，为 C_2 下线正确。检查无误后，在 C_2 与 B_2 两端之间垫上相间绝缘纸。

第 11 步：左手拿起正向极相组的 A_3，右手从 A_3 中掏出 B_3、B_4 和 C_3、C_4 放在一旁，将 A_3 右边空过一个槽，下在第 18 槽中。

第 12 步：将 A_3 左边下在第 13 槽中，下完 A_3 后检查，A_2 与 A_3 的过线是 7 槽连着 13 槽；A_3 与 A_4 的过线从 18 槽中引出；B_3、B_4 和 C_3、C_4 从 A_3 中掏出，为 A_3 下线、掏把正确。检查无误后，将相间绝缘纸垫在 A_3 与 C_2 两端之间，A_3 下线结束。

第 13 步：左手拿起反向极相组的 B_3，右手将 A_4 和 C_3、C_4 从 B_3 中掏出，将 B_3 右边空过一个槽，下在 20 槽中。

第 14 步：将 B_3 左边下在 15 槽中，B_3 下完后，检查 B_2 与 B_3 的过线是 14 槽引出线与 20 槽引出线相连接，B_3 与 B_4 过线从 15 槽中引出；A_4 和 C_3、C_4 从 B_3 中掏出，为 B_3 下线、掏把正确。检查无误后，在 B_3 与 A_3 两端之间垫上相间绝缘纸。

第 15 步：左手拿起正向极相组的 C_3，右手将 A_4、B_4 从 C_5 中掏出放在一旁，将 C_3 右边空过一个槽，下在 22 槽中。

第 16 步：将 C_3 左边下在 17 槽中，C_3 下完后检查，C_2 与 C_3 的过线是 11 槽引出线与 17 槽引出线相连接；C_3 与 C_4 过线从 22 槽中引出；A_4 和 B_4 从 C_3 中掏出，为 C_3 下线，掏把正确。检查无误后，在 B_3 与 C_3 两端之间垫上相间绝缘纸，C_3 下线结束。

第 17 步：左手拿起反向极相组的 A_4，右手将 B_4 和 C_4 从 A_4 中掏出，放在定子旁，将 A_4 右边空过一个槽，下在第 24 槽中。

第 18 步：将 A_4 左边下在第 19 槽中。下完 A_4 后，检查 A_3 与 A_4 的过线是 18 槽引出线连接着 24 槽引出线。D_4 从 19 槽中引出；B_4 和 C_4 从 A_4 中掏出，为 A_4 下线、掏把正确。检查无误后，在 A_4 与 C_3 两端之间垫上相间绝缘纸。

第 19 步：把线把 A_1 和 B_1 的左边撬起来让出 B_4、C_4 右边待下的 2 槽和 4 槽。左手拿起正向极向组的 B_4，右手将 C_4 从 B_4 中掏出，B_4 右边空过一个槽，下在第 2 槽中。

第 20 步：将 B_4 左边下在第 21 槽中，B_4 下完后，检查 B_3 与 B_4 的过线是 15 槽引出线连接着 21 槽引出线；D_5 从 2 槽中引出；C_4 从 B_4 中掏出，为 B_4 下线掏、把正确。检查无误后在 A_4

与 B_4 两端之间垫上相间绝缘纸。

第 21 步：拿起反向极相组 C_4，将 C_4 右边空过一个槽，下在 4 槽中。

第 22 步：将 C_4 左边下在第 23 槽中，C_4 下完后检查 C_3 与 C_4 的过线是 22 槽引出线与 4 槽引出线相连接；D_6 从 23 槽中引出，为 C_4 下线正确。检查无误后，在 C_4 与 B_4 两端之间垫上相间绝缘纸。C 相绕组下线结束。

第 23 步：将 A_1 左边下在 1 槽中。A_1 下线结束。检查 D_1 从 1 槽中引出，为 A_1 下线正确，在 A_1 与 C_4 两端之间垫上相间绝缘纸。A 相绕组下线结束。

第 24 步：将 B_1 左边下在 3 槽中。B_1 下完后，检查 B_1 与 B_2 过线是 3 槽引出线与 9 槽引出线相连接，为 B_1 为下线正确。在 B_1 与 A_1 两端之间垫上相间绝缘纸。B 相绕组下线结束。

8. 接线

在接线之前要详细检查每相绕组是否按图 4-38 所示下在所对应槽中。先查 A 相绕组，具体方法是：将电动机定子铁芯垂直放在地上，左手拿着划线板，右手伸出二拇指。对着图 4-73（a）从 D_1 开始，手指顺着电流方向查 A_1，从 1 槽绕到 6 槽，从 6 槽查到 12 槽，从 12 槽绕到 7 槽，从 7 槽绕进 13 槽，从 13 槽绕到 18 槽，从 18 槽绕到 24 槽，从 24 槽绕到 19 槽，然后从 19 槽 D_4 绕出。左手用划线板查找到 A_1 与 A_2 的过线，A_2 与 A_3 的过线和 A_3 与 A_4 的过线。A 相绕组查对后，照同样方法，按图 4-73（b）查 B 相绕组和照图 4-73（c）查 C 相绕组，三相查对后，再用万用表分别测量三相绕与外壳的绝缘电阻和三相绕组之间的绝缘电阻，发现短路故障及时排除。绝缘良好，开始接线。将 D_1、D_4、D_2、D_5、D_3、D_6 的 6 根引线套上套管分别接到电动机接线板所对应的接线螺钉上，原来接线板上的连接铜片不要改动，如果没有接线板，可按下面规定的接线法连接。

△形接线法：

D_1D_6（1 槽 23 槽引出线）相连接电源。

D_2D_4（8 槽 19 槽引出线）相连接电源。

D_3D_5（5 槽 2 槽引出线）相连接电源。

Y 形接线法：

D_1（1 槽引出线）引出接电源。

D_2（8 槽引出线）引出接电源。

D_3（5 槽引出线）引出接电源。

将 D_4、D_5、D_6（23、19、2 槽引出线）连接在一起。

三、 三相 2 极电动机单层绕组的下线方法

1. 绕组展开图

图 4-74 画出了三相 2 极 18 槽节距 2/1-9、1/1-8 单层交叉式绕组展开图。

2. 绕组展开分解图

实际 2 极 18 槽单层交叉式三相绕组的 9 把线（6 个极相组），是按照图 4-75 排布在定子铁芯中，为了看图简便、利于下线，将绕组展开分解图，从图 4-75 中更清楚看出，A 相绕组由 A_1（两把线节距是 1-9）和 A_2（单把线节距 1-8）采用尾接尾组成，D_1 是 A 相绕组的头，D_4 是绕组的尾；B 相绕组由 B_1（单把线节距 1-8）和 B_2（双把线节距分别是 1-9）采用头接头组成，D_2 是 B 相绕组的头，D_5 是 B 相绕组的尾；C 相绕组由 C_1（两把线节距分别是 1-9）和 C_2（单把线节距 1-8）采用尾接尾组成，D_3 是 C 相绕组的头，D_6 是 C 相绕组的尾，在每相绕组线把的上端都标有下线顺序数字，下线时的步骤按这些数字顺序进行。

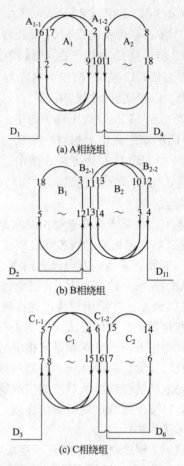

(a) A相绕组

(b) B相绕组

(c) C相绕组

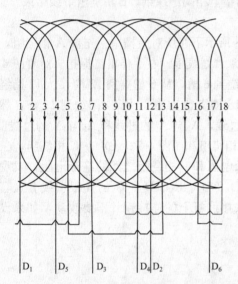

图 4-74 三相 2 极 18 槽单层交叉式绕组展开图 　图 4-75 　三相 2 极 18 槽单层交叉式绕组展开分解图

3. 线把的绕制和整理

该电动机每相绕组由两个大把线和一个小把线组成，绕线时按大把—大把—小把的顺序每绕三把线一断开，制作木制绕线模时应做有三个模芯四个隔板的绕线模，分三次绕完三相绕组的 9 把线。使用万用绕线模一次可绕出 6 把线，为两相绕组（但绕完三把线要断开，留有足够长的头），再绕三把线即够三相绕组，用绑带分别绑好每把线的两个边。

拿起三把线按图 4-75(a) 摆布好线把，第一大把线标为 A_{1-1}，左边的头定做 D_1，第二大把线标为 A_{1-2}，第三小把线标为 A_2，小把线上的线头标明 D_4，如前三把线所示。拿起另外一组线把定做 B 相绕组，按绕线的顺序，把这三把线翻个儿，按图 4-75(b) 所示变为小把在前，两个大把线在后，把小把线标明 B_1，B_1 的线头标明 D_2，第二大把线标明 B_{2-1}，第三大把线标明 B_{2-2}，第三把线上的线头标明 D_5，标线的方法的前三把线。最后的三把线定做 C 相绕组，按图 4-75(c)，第一大把线标明 C_1，外甩线头标明 D_3，第二大把线标明 C_{1-2}，第三把小把线标明 C_2，外甩线头标明 D_6，前三把线所示。

4. 下线前的准备工作

按原电动机槽绝缘纸的尺寸，一次裁出 18 条槽绝缘纸，再多裁几条作为引槽纸用；按原电动机相间绝缘纸的尺寸，依次裁出 12 块相间绝缘纸，放在工作台上；将制作槽楔的材料和下线工具放在定子旁，准备下线。

5. 下线顺序

A_{1-1}—B_{1-2}—B_1—C_{1-1}—C_{1-2}—A_2—B_{2-1}—B_{2-2}—C_2。

6. 下线方法

这种电动机槽数、极数、极相组数、线把数均是三相 4 极 36 槽单层交叉式电动机的一半，但节距一样（所以都叫交叉式），下线方法也一样，就是比 4 极 36 槽单层交叉式绕组简单。第 1 步至第 8 步完全 4 极 36 槽单层交叉式绕组的下线方法。

第 9 步：参照图 4-75（a）所示，将 A_2 左边下在 11 槽中，D_4 从 11 槽引出，A_2 下完后检查 A_1 与 A_2 的过线应是 10 槽引出线与 18 槽引出线相连接，D_4 从 11 槽中引出，B_2 和 C_2 从 A_2 中掏出，为 A_2 下线、掏把正确。检查无误后，将相间绝缘纸垫在 A_2 与 C_1 两端之间，A_1 下线结束。

第 10 步：参照图 4-75（b）所示，左手拿起正向极相组的 B_2，右手伸进 B_2 中掏出 C_2，将 B_{2-2} 靠在 C_2 上，将 B_{2-1} 右边空边 2 个槽下在 3 槽中。

第 11 步：将 B_{2-1} 左边下在第 13 槽中。

第 12 步：将 B_{2-2} 右边下在第 4 槽中。

第 13 步：将 B_{2-2} 左边下在第 14 槽中。B_2 下完后检查 B_1 与 B_2 过线应是 B_1 左边线头与 13 槽引出线相连接，D_5 从 4 槽中引出，C_2 从 B_2 中掏出，为 B_2 下线、掏把正确。在 B_2 与 A_2 两端之间垫上相间绝缘纸。

第 14 步：左手拿起反向极相组的 C_2，将右边下在 6 槽中。

第 15 步：将 C_2 左边下在第 17 槽中，C_2 下完后检查 C_1 与 C_2 过线应是 16 槽引出线与 6 槽引出线相连接，D_6 从 17 槽中引出，为 C_2 下线正确。在 B_2 与 C_2 两端之间垫上相间绝缘纸。C 相绕组下线结束。

第 16 步：将 A_{1-1}，左边下在 1 槽中。

第 17 步：将 A_{1-2} 左边下在 2 槽中，A_1 下完后检查 D_1 从 1 槽中引出，将相间绝缘纸垫在 C_2 与 A_1 两端之间。A 相绕组下线完毕。

第 18 步：将 B_1 左边下在第 5 槽中。B_1 下完后检查 B_1 与 B_2 过线应是 5 槽引出线与 13 槽引出线相连接，为 B_1 下线正确。将相间绝缘纸垫在 A_1 与 B_1 两端之间。B 相绕组下线结束。

7. 接线

将 $D_1 \sim D_6$ 穿上套管引到接线盒上分别接到所对应标号的接线柱上，按原电动机接线方式（△或 Y）连接起来。

四、单层同心式绕组的下线方法

1. 绕组展开图

图 4-76 画出了三相 2 极 24 槽节距 1-12、2-11 单层同心式绕组展开图。

2. 绕组展开分解图

为了看图简便，有利于下线，将图 4-76 所示的绕组展开图分解绕组展开分解图，下线时按照线把上端标的下线顺序数字进行。

3. 线把的绕制和整理

此电动机每相绕组由两个极相组组成，每个极相组是由一大把线套着一小把线组成（所以称同心式绕组），同心式绕组绕制线把的方法是先绕小把后绕大把，按原电动机线径大、小把周长的尺寸和匝数在万用绕线模上调精确，依次按小把-大把-小把-大把的顺序绕出 4 把线，为一相绕组。每把线两边用绑带绑好，剪断线头从绕线模上卸下线把，定做 A 相绕组，按图 4-77(a) 所示摆好 A 相绕组，按照绕线把的顺序，先绕的小把定做 A_{1-1}，小把线上这根线头定做 D_1，第二绕出的大把线标为 A_{1-2}，第三绕出的小把线定做 A_{2-1}，第四绕出的大把线标为 A_{2-2}，A_{2-2} 上那根头标明 D_4，实际标时要参照图 4-77(a) 所示，将 A_{2-1}、A_{2-2} 摆在一起，两个边用绑带绑好，放在一旁。按绕制 A 相绕组的方法绕出 4 把线定做 B 相绕组，用同样的方法标明 B_{1-1}、B_{1-2}、B_{2-1}、B_{2-2}，如图 4-77(b) 所示（注意 B 相绕组与 A 相绕组标每把线的代号方法一样,只是下线时方向 B 与 A 相反)。把 B_{2-1}、B_{2-2} 摆在一起,两边绑在一起。最后仍照绕制 A 相绕组的方法绕出 4 把线定做 C 相绕组,照 A 相绕组命名的方法按图 4-77(c)将每把线分别标明 C_{1-1}、C_{1-2}、C_{2-1}、C_{2-2},把 C_{2-1}、C_{2-2} 两边摆在一起,两边用绑带绑好,准备下线。

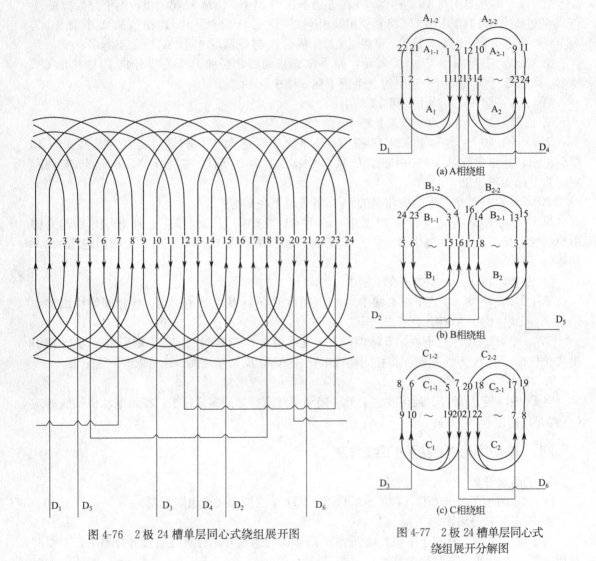

图 4-76 2 极 24 槽单层同心式绕组展开图

图 4-77 2 极 24 槽单层同心式
绕组展开分解图

4. 下线前准备工作

按原电动机槽绝缘纸的尺寸依次裁 24 条槽绝缘纸和几条同规格的引槽纸,裁 16 块相间绝缘纸,将下线工具、制槽楔材料放在定子旁准备下线。

5. 下线顺序

绕线按小把—大把—小把—大把绕制,下线的顺序与绕线的顺序一样,也按着小把—大把—小把—大把下线,三相绕组下线顺序为:

A_{1-1}—A_{1-2}—B_{1-1}—B_{1-2}—C_{1-1}—C_{1-2}—A_{2-1}—A_{2-2}—B_{2-1}—B_{2-2}—C_{2-1}—C_{2-2}。

6. 下线方法

将图 4-77 摆在定子旁,下哪个极相组,就对照哪相绕组展开图,下线步骤按线把上端数字顺序进行。参考前面内容自己确定第 1 槽的位置。

第1步：拿起正向极相组的 A_1，如图4-77（a）所示，将 A_{1-1} 右边下在11槽中，左边空着不下，在 A_{1-1} 左边与铁芯之间垫上绝缘纸，防止铁芯磨破导线绝缘层。

第2步：将 A_{1-2} 右边下在12槽中，两手将 A_1 两端轻轻向下按，A_1 下完后检查，D_1 应在 A_{1-1} 的左边，A_1 与 A_2 的过线下在12槽中，为 A_1 下线正确。

第3步：左手拿起反向极相组 B_1，右手将 A_2 从 B_1 中掏出放在一边，将 B_{1-2} 靠在 A_2 上，将 B_{1-1} 右边空过两个槽下在15槽中，左边空着不下，通过节 B_1 右边可以看出，凡是下由双把线组成的极相组时右边空两个槽。

第4步：将 B_{1-2} 右边下在16槽中，左边空着不下，B_2 下完后检查 B_1 与 B_2 的过线应在 B_{1-2} 左边，D_2 下在15槽中，A_2 从 B_1 掏出，为 B_1 下线、掏把正确。下完 B_1 可以看出，整个绕组中的极相组是由双把线组成，在开始下线时留有4把线的左边空着不下。

第5步：左手拿起正向极相组的 C_1，右手将 A_2 和 B_2 从 C_1 中掏出，放在一边，将 C_{1-1} 右边空过两个槽下在19槽中。

第6步：将 C_{1-1} 左边下在10槽中。

第7步：将 C_{1-2} 右边下在20槽中。

第8步：将 C_{1-2} 左边下在9槽中，C_1 下完后检查 D_3 应下在10槽中，C_1 与 C_2 的线从20槽中引出，A_2 和 B_2 从 C_1 掏出为 C_1 下线正确，在 C_1 与 B_1 两端之间垫上相间绝缘纸，对 C_1 两端进行初步整形，不要用力过大，免得绝缘纸破裂，造成短路故障。

第9步：解开 A_2 两端的绑带，左手拿起反向极相组 A_2，右手将 B_2 和 C_2 从 A_2 中掏出，将 A_{2-1} 右边空过两个槽下在23槽中。

第10步：将 A_{2-1} 左边下在第14槽中。

第11步：将 A_{2-2} 右边下在第24槽中。

第12步：将 A_{2-2} 左边下在13槽中，A_2 下完后检查 D_4 应从13槽中引出，A_1 与 A_2 的过线是12槽引出线与23槽引出线相连接（尾接尾），B_2 和 C_2 从 A_2 中掏出，为 A_2 下线、掏把正确。在 C_1 与 A_2 两端之间垫上相间绝缘纸。

第13步：撬起 A_{1-1}、A_{1-2}、B_{1-1}、B_{1-2} 的左边，空出待下的槽位，解开捆着 B_{2-1}、B_{2-2} 两边绑带，左手拿起正向极相组 B_2，右手把 C_2 从 B_2 中掏出放在定子旁边，将 B_{2-1} 右边上在3槽中。

第14步：将 B_{2-1} 左边下在18槽中。

第15步：将 B_{2-2} 右边下在4槽中。

第16步：将 B_{2-2} 左边下在17槽中，B_2 下完后检查 D_5 应从4槽中引出，B_1 与 B_2 的过线是 B_{1-2} 左边连接与18槽引出线相连接（头接头），C_2 是从 B_2 中掏出，为 B_2 下线、掏把正确，在 B_2 与 A_2 两端之间垫上相间绝缘纸。

第17步：解开捆着 C_2 两边的绑带，将 C_2 反向极相组摆放在一边，将 C_{2-1} 右边下在7槽中。

第18步：将 C_{2-1} 左边下在22槽中。

第19步：将 C_{2-2} 右边下在8槽中。

第20步：将 C_{2-2} 左边下在21槽中，C_2 下完后检查 D_6 应从21槽中引出，C_1 与 C_2 过线是20槽与7槽的引出线相连接（尾接尾），为 C_2 下线正确，将相间绝缘纸垫在 B_2 与 C_2 两端之间，C相绕组下线完毕。

第21步：将 A_{1-1} 左边下在2槽中。

第22步：将 A_{1-2} 左边下在1槽中，A_1 下完后检查 D_1 应从2槽中引出，为 A_1 下线正确，在 A_1 与 C_2 两端之间垫上相间绝缘纸，A相绕组下线结束。

第23步：将 B_{1-1} 左边下在6槽中。

第24步：将 B_{1-2} 右边下在5槽中，检查 B_1 与 B_2 的过线是5槽与18槽的引出线相连接（头接头），为 B_1 下线正确，在 B_1 与 A_1 两端之间垫上相间绝缘纸，B相绕组下线结束。

7. 接线

按照图 4-77（a）所示详细检查 A 相绕组每把线的节距，极相组与极相组连接是否正确，D_1、D_4 应分别从 2 槽和 13 槽引出，A 相绕组与图 4-77（a）所示是否相符，确认无误后，测量 A 相绕组与外壳绝缘良好为 A 相绕组下线正确，绝缘良好，用同样的方法检查 B 相绕组和 C 相绕组，三相绕组经核查测量无误后，将 $D_1 \sim D_6$ 分别套上套管引出，接在接线板上所对应的接线螺钉上，按原电动机接线方法连接起来。

五、单层同心式双路并联绕组的下线方法

单层同心式双路并联绕组分解展开图如图 4-78 所示。这种绕组的绕线方法与绕单路绕组的线把一样，但要每绕一个极相组一断，下线方法一样，区别在于双路并联绕组下线时不掏把，下线时可按绕组展开分解图上端数字顺序进行，在接线时要与单路连接的绕组区分开。D_1 是由 2 槽和 23 槽引出线组成，套上套管引出接在接线板上标有 D_1 的接线螺钉上；D_4 由 12 槽和 13 槽引出线组成，套上套管引出接在接线板上标有 D_4 的接线螺钉上；D_2 由 15 槽和 18 槽引出线组成，套上套管后引出，接在接线板上标 D_2 的接线螺钉上；D_5 是由 4 槽和 5 槽引出线组成，套上套管引出接在接线板上标有 D_3 的接线螺钉上；D_6 由 7 槽和 10 槽引出线组成，套上套管引出接在接线板上标有 D_3 的接线螺钉上，D_6 是由 20 槽和 21 槽引出线组成，套上套管引出，接在接线板标有 D_6 的接线螺钉上，按原电动机接线方式△形或 Y 形接起来。

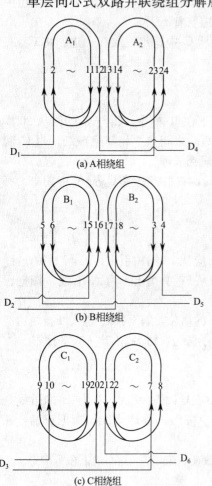

图 4-78 单层同心式双路并联绕组分解展开图

六、单层链式绕组嵌线步骤

1. 绕组展开图

图 4-79 画出了三相 6 极 36 槽节距 1-6 单层链式绕组展开图。

2. 绕组展开分解图

为了看图简便、利于下线接线，将图 4-79 分解成图 4-80 所示的绕组分解展开图，从图 4-80 中更清楚看出每相绕组由 6 个极相组组成，每个极相组由一把线组成，线把的节距全是 1-6，极相组与极相组采用头接头和尾接尾的方式连接，三相绕组的 6 根线头分别为：D_1 从 1 槽中引出；D_4 从 31 槽中引出；D_2 从 8 槽中引出；D_5 从 2 槽中引出；D_3 从 5 槽中引出；D_6 从 35 槽中引出；A、C 相电流方向相同，B 相与 A、C 相电流方向相反。

3. 线把的绕制和整理

按原电动机线把周长尺寸、导线直径、匝数在调好的万用绕经模上一次绕出 6 把线，每把线两边用绑带绑好，将 6 把线从绕线模上卸下来。按绕线顺序对着图 4-80（a）所示标清每把线代号，从左数第 1 把标为 A_1，A_1 上的线头标上 D_1 上，第 2 把线标为 A_2，第 3 把线标为 A_3，第 4 把线标为 D_4，第 5 把线标为 A_5，第 6 把线标为 A_6，A_6 上的线头标为 D_4，为下线不乱将 $A_2 \sim A_6$ 擦在一起两边捆好。按同样方法再绕出 6 把线，定为 B 相绕组，按绕线顺序对着

图 4-79 三相 6 极 36 槽节距 1-6 单层链式绕线展开图

图 4-80（b）标清每把线的代号，从左数第 1 把线标为 B_1，B_1 外甩的线头标为 D_2，第 2 把线标为 B_2，第 3 把线标为 B_3，第 4 把线标为 B_4，第 5 把线标为 B_5，第 6 把线标为 B_6，B_6 上外甩的线头标为 D_5，为下线不乱，将 $B_2 \sim B_6$ 摆在一起两边捆好。最后绕出 6 把线，定为 C 相绕组，用同样的方法将 6 把线分别标上 $C_1 \sim C_6$，C_1 外甩那根线头标为 D_3，C_6 外甩那根线头定为 D_6，为下线不乱将 $C_2 \sim C_6$ 两边线摆在一起，线把两边捆紧。

4. 下线前准备工作

按原电动机槽、相间绝缘纸的尺寸一次裁出 36 条绝缘纸和 36 块相间绝缘纸，按槽绝缘纸的尺寸裁出几条为引槽纸，将制作槽楔的材料和下线用工具摆在定子旁的工作台上，准备下线。

5. 下线顺序

$A_1 — B_1 — C_1 — A_2 — B_2 — C_2 — A_3 — B_3 — C_3 — A_4 — B_4 — C_4 — A_5 — B_5 — C_5 — B_6 — B_6 — C_6$。

6. 第一槽的确定

根据"出线口中心线在两个远头中间槽上"的要求设计第 1 槽，如图 4-79 所示。6 根线头分别从 31、35、1、2、5、8 槽中引出，最远的两根线头是 31 槽和 8 槽，这两个头中间槽是 1 槽，就将出线口中心线定在 1 槽中上。这样更便于明白理解。

7. 下线方法

下线时按照图 4-80 所示线把上端下线顺序数字进行下线。

这种电机与三相 4 极 24 槽单层链式绕组相比，槽数多 12 个；极相组数多 6 个，其他线把节距、极相组与极相组连接方式都一样，就是比其多下 6 个极相组的 12 槽线。即第 1～22 步，参照三相 4 极 24 槽单层链式绕组的下线方法下线（详见本节"二"）。

第 23 步：左手拿起正向极相组的 A_5，右手将 B_5、B_6 和 C_5、C_6 从 A_5 中掏出，将 A_5 右边空过 1 个槽下在第 30 槽中。

第 24 步：将 A_5 左边下在 25 槽中。A_5 下完后检查，A_4 与 A_5 过线是 19 槽引出线与 25 槽引出线相连接（头接头）；A_5 与 A_6 的过线下在 30 槽中；B_5、B_6 和 C_5、C_6 从 A_5 中掏出，为

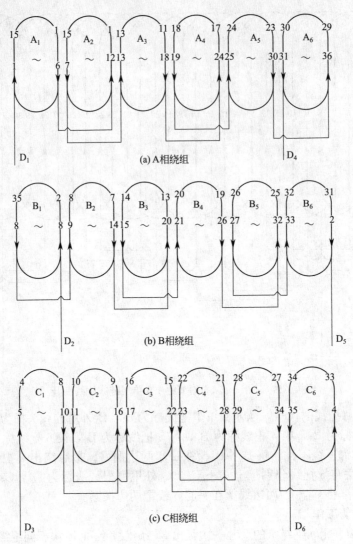

图 4-80　三相 6 极 36 槽节距 1-6 单层链式绕组展开分解图

A_5 下线、掏把正确，将相间绝缘纸垫在 A_4 与 C_4 两端之间。

第 25 步：左手拿起反向极相组的 B_5，右手将 A_6 与 C_5、C_6 从 B_5 中掏出，将 B_5 右边空过 1 个槽下在 32 槽中。

第 26 步：将 B_5 左边下在 27 槽中，B_5 下完后，检查 B_4 与 B_5，过线是 26 槽引出线与 32 槽引出线相连接（尾接尾），B_5 与 B_6 过线从 27 槽中引出；C_5、C_6 和 A_6 从 B_5 中掏出，在 B_5 与 A_5 两端之间垫上相间绝缘纸。

第 27 步：左手拿起正向极相组的 C_5，右手将 A_6、B_6 从 C_5 中掏出，将 C_5 的右边空过 1 个槽下在 34 槽中。

第 28 步：将 C_5 左边下在 29 槽中，C_5 下完后检查，C_4 与 C_5 过线是 23 槽与 29 槽引出线相连接（头接头）；C_6 与 C_5 过线从 34 槽中引出；A_6、B_6 从 C_5 中掏出，为 C_5 下线、掏把正确，在 C_5 与 B_5 之间垫上相间绝缘纸。

第 29 步：左手拿起反向极相组的 A_6，右手将 C_6、B_6 从 A_6 中掏出，将 A_6 右边空过一个槽下在 36 槽中。

第 30 步：将 A_6 左边下在 31 槽中。D_4 从 31 槽中引出，A_6 下完以后检查，A_6 与 A_5 过线是

30 槽引出线与 36 槽引出线相连接（尾接尾）；D_4 从 31 槽中引出；B_6、C_6 从 A_6 中掏出，为 A_6 下线、掏把正确。

第 31 步：左手拿起正向极相组 B_6，右手将 C_6 从 B_6 中掏出，将 B_6 右边空过一个槽下在 2 槽中，D_5 从 2 槽中引出。

第 32 步：将 B_6 左边下在第 33 槽中。B_6 下完后检查，B_5 与 B_6 过线是 27 槽引出线与 33 槽引出线相连接（头接头）；D_5 从 2 槽中引出；C_6 从 B_6 中掏出，为 B_6 下线、掏把正确，将相间绝缘纸垫在 B_6 与 A_6 两端之间。

第 33 步：将 C_6 反向极相组放入定子内，将右边空过 1 个槽下在第 4 槽中。

第 34 步：将 C_6 左边下在 35 槽中，D_6 从 35 槽中引出，C_6 下完后检查 C_5 与 C_6 过线是 34 槽引出线与 4 槽引出线相连接；D_6 从 35 槽中引出。为 C_6 下线、掏把正确，在 C_6 与 B_6 两端之间垫上相间绝缘纸，C 相绕组下线结束。

第 35 步：将 A_1 左边下在 1 槽中。A 相绕组下线完毕。

第 36 步：将 B_1 左边下在 3 槽中。B 相绕组下线完毕。

8. 接线

检查 A 相绕组每把线节距、极相组与极相组连接，D_1 与 D_4 引出线是否与图 4-80（a）相符，相符后测量 A 相绕组与外壳绝缘电阻，绝缘良好再用同样方法查 B、C 两相，三相绕组与图 4-79 相符，绝缘很好将 $D_1 \sim D_6$ 分别套上套管引到接线盒上，将每根线头对位接在 6 根接线螺钉上，再按原电动机△形或 Y 形连接方式连接起来。

第四节　双层绕组的下线方法及绕组展开分解图

一、三相 4 极 36 槽节距 1-8 双层叠绕单路连接绕组下线、接线方法

1. 绕组展开图

图 4-81（a）、（b）是三相 4 极 36 槽节距 1-8 双层叠绕单路连接绕组端部示意图和绕组展开图，图 4-81（a）中的电动机就是按图 4-81（b）所示，将三相绕组的 36 把线镶嵌在 36 个槽中。

2. 绕组分解展开图

为了使图看起来简洁清楚，有利于下线，将图 4-81(b) 所示的绕组展开图分解成图 4-82 所示的绕组分解展开图。从绕组展开分解图可能看出，每相绕组由 4 个极相组组成，每个极相组由 3 把线组成，每把线的节距都是 1-8，极相组与极相组是按头接头和尾接尾的方式连接，A 和 C 相绕组电流方向相同，A、C 相和 B 相绕组电流方向相反，D_1、D_4 分别是 A 相绕组的头、尾；D_2、D_5 分别是 B 相绕组头、尾；D_3、D_6 分别是 C 相绕组的头和尾，可以看出与图 4-81 相比很相似，电动机极数都是 4 极，每相绕组有 4 个极相组，区别在于单层绕组每槽只下一把线的边，双层绕组每槽内下有两把线的边，单层绕组每个极相组由一把线和两把线组成，一把线的节距是 1-8，两把线的节距 1-9，双层绕组每个极相组由 3 把线组成，节距全都是 1-8，线把数比单层绕组多一倍。

3. 线把的绕制

绕制双层绕组的线把时，按原电动机线径、并绕根数、匝数，绕出一个极相组断开线头后再绕另一个极相组，该电动机每个极相组有三把线，绕线模要做出的有 3 个模芯 4 个模板的绕线模，使用万用绕线模一次绕出两个极相组，每根线头要留得长短合适，三把线绕好后，每个线把两边要用绑带绑好拆下（注意线把与线把的连接线应留在每个极相组头尾端），开始

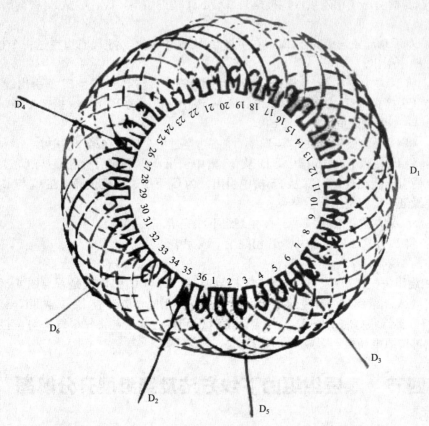

(a) 绕组端部示意图

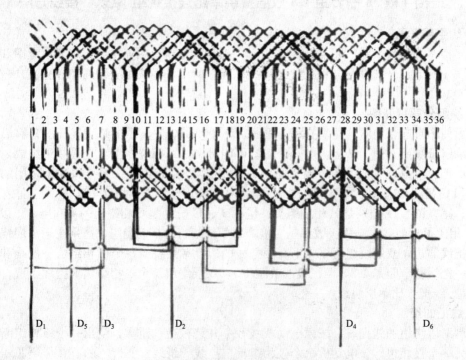

(b) 绕组展开图

图 4-81　绕组端部及展开图

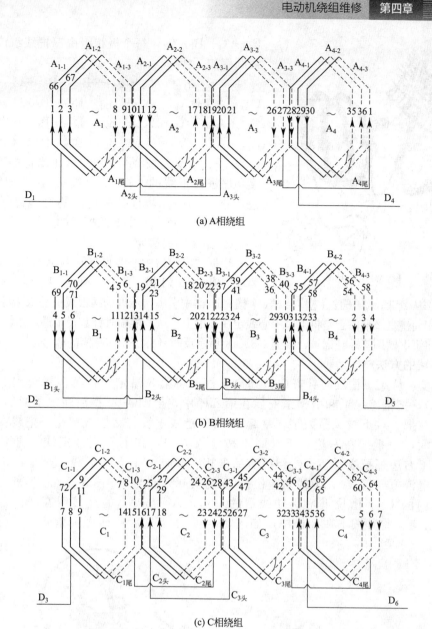

图 4-82　绕组展开分解图

绕出的三把线标上 A_1，按图 4-83 所示将 A_1 从左边向右每把线用代号标明，第一把线标明 A_{1-1}，第二把线标明 A_{1-2}，第三把线标明 A_{1-3}。用同样的方法绕出 A_2、A_3、A_4、B_1、B_2、B_3、B_4 和 C_1、C_2、C_3、C_4 等 12 个极相组共 36 把线，在下线熟练后就不必要标明极相组代号。

4. 下线前的准备工作

按原电动机槽绝缘纸的规格尺寸依次裁制 36 条槽绝缘纸和 36 条层间绝缘纸。再按槽绝缘纸的尺寸裁几条做引槽纸用，按原电动机相间绝缘纸的尺寸裁制 24 块相间绝缘纸，折成形状，放在定子旁准备下线时用，将制作槽楔的材料和下线工具摆放在定子旁边的工作台上，准备下线。

5. 下线的顺序

该电动机双层绕组是按图 4-81(b) 所示，把三相绕组排布在定子铁芯内，双层绕组比单层绕组下线简便，下线时一个极相组挨着一个极相组下线，不用翻把（下线时不用管极相组的电流方向），不用掏把，不空槽，具体下线顺序是：A_1—B_1—C_1—A_2—B_2—C_2—A_3—B_3—

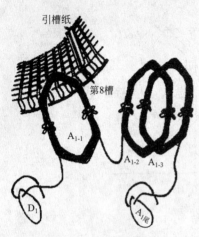

图 4-83　将 A_{1-1} 摆在铁芯中

C_3—A_4—B_4—C_4，每个极相组由三把线组成，详细下线顺序如下。

A_{1-1}—A_{1-2}—A_{1-3}—B_{1-1}—B_{1-2}—B_{1-3}—C_{1-1}—C_{1-2}—

C_{1-3}—A_{2-1}—A_{2-2}—A_{2-3}—B_{2-1}—B_{2-2}—B_{2-3}—C_{2-1}—C_{2-2}—

C_{3-3}—A_{3-2}—A_{3-3}—B_{3-1}—B_{3-2}—B_{3-3}—C_{3-1}—C_{3-2}—

C_{3-3}—A_{4-1}—A_{4-2}—A_{4-3}—B_{4-1}—B_{4-2}—B_{4-3}—C_{4-1}—C_{4-2}—

C_{4-3}。下线步骤是按绕组展开分解上端标的下线步骤数字顺序进行下线的，将 12 个极相组 36 把线的 72 个边，分 72 步一步步地把每把线的边下到所对应的 36 个定子槽中（每个槽中下两把线的边）。

6. 第 1 槽的确定

根据"出线口中心线设计在两个远头中间槽上"的要求，确定出第 1 槽。如图 4-81(a) 所示，三相绕组的 6 根线头分别从 28 槽、34 槽、1 槽、4 槽、7 槽、13 槽中引出，最远的两根线头是 28 槽和 13 槽，这两个远头中间槽是 2 槽，于是将出口中心线定在 2 槽上，从 2 槽顺时针数过 1 槽就是该定子铁芯的第 1 槽，将第 1 槽用笔标好记号，按图 4-81(a) 所示反时针标好 1～36 槽的槽号。

7. 下线的方法

第 1 步：从第 1 槽反时针方向数到第 8 槽，将第 8 槽定子铁芯位置转到下面（离工作台最近），把槽绝缘纸和引槽纸安插在第 8 槽中，把图 4-82 摆放在定子旁的工作台上，对着图上线把上端下线顺序数字，拿起 A_1（三把线不管怎么摆放都是一把线在左边，一把线在中间，一把线在右边，下线时不按电流方向，先下左边一把线，再下中间一把线，最后下右边那把线，整个绕组所有的极相组都是一个方向下线，只是在接线时才按着图上的电流方向接线），下线前应检查 A_1 的实际方向与图 4-82(a) 的 A_1 相同，把 A_{1-1} 摆在定子内的 1、8 槽位上，D_1 在线把的左边，A_{1-1} 与 A_{1-2} 的连接线在 A_{1-1} 右边，解开 A_{1-1} 右边绑带，将其按下在 8 槽中，如图 4-84 所示。然后用两手拇指将 A_{1-1} 右边两端往

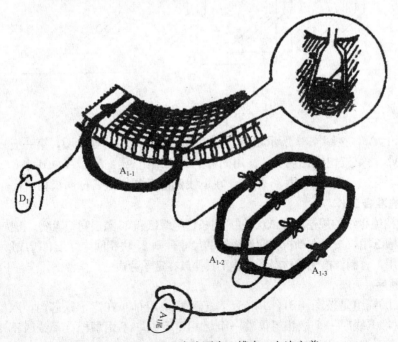

图 4-84　A_{1-1} 右边下在 8 槽中，左边空着

下按实，把层间绝缘纸按折好，插进槽中，截面如图 4-84 所示，层间绝缘纸伸出定子铁芯两端应一般长，要用层间绝缘纸正好包住线把的下层边，8 槽要敞着槽口（待第 9 步把 C_{1-2} 左边下入到 8 槽中才能安插槽楔封口），A_{1-1} 左边空着不下（留在第 66 步下，这是为了使整个绕组下完线后编出的花纹一样，才等最后下线的）。在 A_{1-1} 左边与铁芯之间垫上绝缘纸，以防把导线磨坏，A_{1-1} 下完后检查 D_1 在 A_{1-1} 左边，A_{1-1} 与 A_{1-2} 的连接线下在 8 槽，层间绝缘纸插入 8 槽，包住下半边的导线，为 A_{1-1} 右边下线正确，检查无误后再准备下 A_{1-2}。

第 2 步：拿起 A_{1-2}，将右边下在 9 槽中，把层间绝缘纸安插入 9 槽中，包住导线，敞着槽口，不安插槽楔，A_{1-2} 左边空着不下，如图 4-85 所示，A_{1-2} 右边下完后，检查 A_{1-1} 与 A_{1-2} 是否一个方向，将 8 槽引出线与 A_{1-2} 左边相连，层间绝缘纸已安插在 9 槽中包住导线，为 A_{1-2} 下线正确，在检查中如果出现图 4-86 所示的情况，即 A_{1-1} 与 A_{1-2} 连接线出了一个大线兜，证明 A_{1-2} 下反了，在实际工作中，下反了线的 A_{1-2} 产生方向相反的磁场，从而使电动机功率下降，电动机发生轻微振动，绕组发热严重，电动机不能使用，在下线时工艺差些不影响电动机性能，但一把线下反了，该电动机就不能使用了，所以在下线时一定要认真，每下完一把线都要检查与图是否相符。发现如图 4-86 所示现象，应将 A_{1-2} 拆出来按图 4-85 所示将 A_{1-2} 右边重新下入 9 槽中，注意在下面下线中每下完一把线，要检查线把的方向是否正确（组成一个极相组的三把线方向应相同），发现差错应及时更改，在以后下线中不再一一重复。

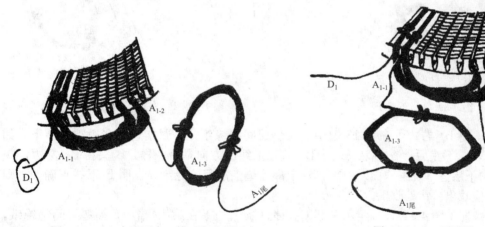

图 4-85　A_{1-2} 右边下在 9 槽，左边不下　　　　图 4-86　A_{1-2} 下反了

第 3 步：将 A_{1-3} 的右边下在 10 槽中，垫上层间绝缘纸，敞着槽口，A_{1-3} 左边不下，如图 4-87 所示，A_1 下完后检查，在极相组 A_1 左边一个头，右一个头，为 A_1 下线正确（其实在以后的下线中不管下哪个极相组都与 A_1 一样，每个极相组左边一个头，右边一个头）。

第 4 步：按照图 4-82（b），拿起命名为 B_1 的极相组（其实是随便拿起一个极相组），将 B_{1-1} 摆放成与 A_{1-1} 一样的方向，将 B_{1-1} 右边下在 11 槽中，敞着槽口，B_{1-1} 左边不下，如图 4-88 所示，B_{1-1} 下完后检查，B_1 头在 B_{1-1} 左边，B_{1-1} 与 B_{1-2} 连接线下在 11 槽中，将层间绝缘纸插垫在 11 槽中，为 B_{1-1} 下线正确，在检查中如发现如图 4-89 所示的现象，B_1 的头下在 11 槽中，B_{1-1} 与 B_{1-2} 的连接线在 B_{1-1} 的左边，证明 B_{1-1} 下反了，应拆出来按图 4-88 所示，将线把 B_{1-1} 重新下好。

第 5 步：将 B_{1-2} 右边下在第 12 槽中，插垫层间绝缘纸，不封槽口，左边空着不下，如图 4-90 所示。

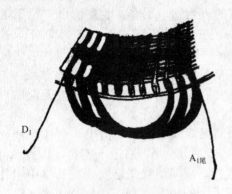

图 4-87　$A_{1\text{-}3}$ 右边下在 10 槽中

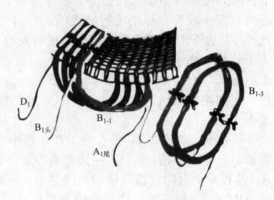

图 4-88　$B_{1\text{-}1}$ 右边下在 11 槽中

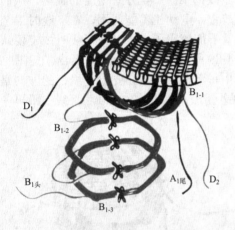

图 4-89　$B_{1\text{-}1}$ 下反了

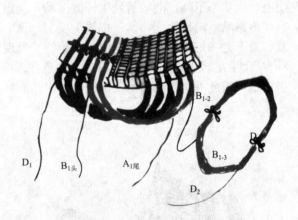

图 4-90　$B_{1\text{-}2}$ 右边下在 12 槽中

第 6 步：将 $B_{1\text{-}3}$ 右边下在第 13 槽中，插垫层间绝缘纸，不封槽口，左边空着不下，如图 4-91 所示，B_1 下完后检查 $B_{1\text{-}1}$、$B_{1\text{-}2}$、$B_{1\text{-}3}$ 这三把线的方向是否一样，B_1 头在 $B_{1\text{-}1}$ 左边，D_2 是从 13 槽中下层边（绕组外面）引出，每个都插垫上层间绝缘纸，证明 B_1 下线正确，否则下线错误，应找出差错处改正。

第 7 步：照着图 4-82（c）所示拿起 C_1，把 $C_{1\text{-}1}$ 右边下在第 14 槽中，插垫层间绝缘纸，敞着槽口，$C_{1\text{-}1}$ 左边放着不下，如图 4-92 所示。

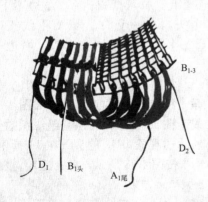

图 4-91　$B_{1\text{-}2}$ 右边下在 13 槽中

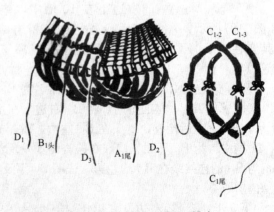

图 4-92　$C_{1\text{-}1}$ 右边下在 14 槽中

第8步：将 C_{1-2} 右边下在第 15 槽中，插垫层间绝缘纸，敞着槽口，如图 4-93 所示。

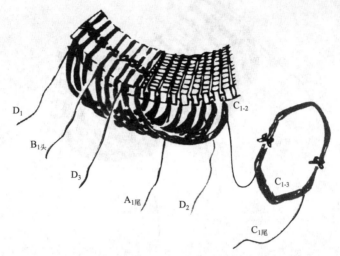

图 4-93 C_{1-3} 右边下在 15 槽中

第9步：准备将 C_{1-2} 左边下到第 8 槽，在下线之前要检查 8 槽内的层间绝缘纸是否有变动，只有垫好层间绝缘纸，才能下上层边，在以后下线时每下槽中的上层边都检查层间绝缘纸是否垫好，要包好下层边，不再重复。检查无误，将 C_{1-2} 左边下在第 8 槽中，剪掉高出定子铁芯的槽绝缘纸。压脚压平槽内绝缘纸，把槽楔安插入 8 槽中，如图 4-94 所示。从 C_{1-2} 看出，每把线左边在槽中为上层边，右边为下层边。

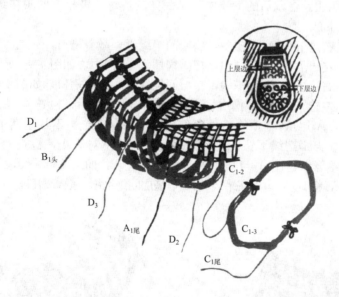

图 4-94 C_{1-2} 左边下在 8 槽中，安插入槽楔

第10步：将 C_{1-3} 右边下在第 16 槽中，垫层间绝缘纸，敞着槽口，如图 4-95 所示。

第11步：将 C_{1-3} 左边下在第 9 槽中，把槽楔安插入第 9 槽中，如图 4-95 所示。C_1 下完后要按图 4-82（c）检查实际的极相组是否与图上的 C_1 相符，D_3 在 C_{1-1} 的左边，C_1 尾从 16 槽的下层边中引出，证明 C_1 下线正确，如检查出有差错则立即更改。检查无误后准备下 A_2，从图 4-95 可以清楚地看到，开始下线空过第 7 把线的左边不下，从第 8 把线的左边开始下到槽中；还看出 A_1、B_1、C_1 的方向是一样的，每个极相组的两个头在极相组的两边，整个绕组下完

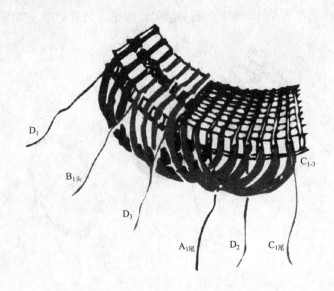

图 4-95　C_{1-3} 右、左边分别下在 16、9 槽

线。其实极相组都是一样的方向，只是接线按图上电流方向接。

　　第 12 步：拿起 A_2，把 A_{2-2}、A_{2-3} 放一旁，将 A_{2-1} 右边下在第 17 槽中，垫层间绝缘纸，敞着槽口，见图 4-96。

　　第 13 步：将 A_{2-1} 左边下在第 10 槽中，插入槽楔，如图 4-96 所示，从 A_2 的线头可以看出，是从绕组的里面引出，在以后的下线中都是一样的，每个极相组的头在绕组的里面，每个极相组的尾在绕组外面。

　　第 14 步：将 A_{2-2} 右边下在第 18 槽中，垫层间绝缘纸，敞着槽口，如图 4-96 所示。

　　第 15 步：将 A_{2-2} 左边下在第 11 槽中，把槽楔插入 11 槽中，如图 4-96 所示。

　　第 16 步：将 A_{2-3} 右边下在第 19 槽中，垫层间绝缘纸，敞着槽口，如图 4-96 所示。

　　第 17 步：将 A_{2-3} 左边下在第 12 槽中，安插槽楔，A_2 下完后，检查 A_2 头从 10 槽的上层边（绕组里面）引出，A_2 尾从 10 槽绕组外面引出，如果这两个头不从这两个槽中引出，证明某把线下错了，要检查哪把线下错，应拆出重下，直到下对为止，检查无误后，在 A_2 与 C_1 两端之间垫上相间绝缘纸，使 A_2 与 C_1 两端部导线分离开，如图 4-96 所示。

　　第 18 步：拿起 B_2，将 B_{2-1} 右边下在第 20 槽中，垫层间绝缘纸，敞着槽口，如图 4-97 所示。

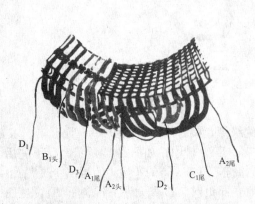

图 4-96　A_2 下入所对应槽中，在
A_2 与 C_1 两端之间垫上相间绝缘纸

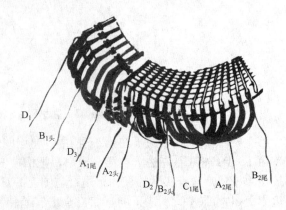

图 4-97　B_2 下入所对应槽中，在 B_2
与 A_1 两端之间垫上相间绝缘纸

第 19 步：将 B_{2-1} 左边下在第 13 槽中，把槽楔安插入槽中，如图 4-97 所示。

第 20 步：将 B_{2-2} 右边下在第 21 槽中，垫层间绝缘纸，敞着槽口。

第 21 步：将 B_{2-2} 左边下在第 14 槽中，安插槽楔。

第 22 步：将 B_{2-3} 右边下在第 22 槽中，垫层间绝缘纸，敞着槽口。

第 23 步：将 B_{2-3} 左边下在第 15 槽中，把槽楔安插入槽中，B_2 下完后，检查 B_2 头从 13 槽上层边（绕组里面）引出，B_2 尾从 22 槽绕组外面引出，证明 B_2 下线正确，否则下线错误，应改正，检查无误后，在 B_2 与 A_2 两端之间垫上相间绝缘纸，如图 4-97 所示。

第 24 步：将 C_{2-1} 右边下在第 23 槽中，垫层间绝缘纸，敞着槽口。

第 25 步：将 C_{2-1} 左边下在第 16 槽中，把槽楔安插入 16 槽中。

第 26 步：将 C_{2-2} 右边下在第 24 槽中，垫层间绝缘纸，敞着槽口。

第 27 步：将 C_{2-2} 左边下在第 17 槽中，把槽楔安插入 17 槽中。

第 28 步：将 C_{2-3} 右边下在第 25 槽中，垫层间绝缘纸，敞着槽口。

第 29 步：将 C_{2-3} 左边下在第 18 槽中，把槽楔安插入槽中，C_2 下完后检查 C_2 头从 16 槽上层边（绕组里面）引出，C_2 尾从 25 槽绕组外面引出，证明 C_2 下线正确，检查无误后在 C_2 与 B_2 两端之间垫上相间绝缘纸。

第 30 步：将 A_{3-1} 右边下在第 26 槽中，垫层间绝缘纸，敞着槽口。

第 31 步：将 A_{3-1} 左边下在第 19 槽中，把槽楔安插入槽中。

第 32 步：将 A_{3-2} 右边下在第 27 槽中，垫层间绝缘纸，敞着槽口。

第 33 步：将 A_{3-2} 左边下在第 20 槽中，把槽楔安插入槽中。

第 34 步：将 A_{3-3} 右边下在第 28 槽中，垫层间绝缘纸，敞着槽口。

第 35 步：将 A_{3-3} 左边下在第 21 槽中，把槽楔安插入槽中。A_3 下完后，检查 A_3 头从 19 槽上层边（绕组里面）引出，A_3 尾从 28 槽中引出，证明 A_3 下线正确，在 A_3 与 C_2 两端之间垫上相间绝缘纸。

第 36 步：将 B_{3-1} 右边下在第 29 槽中，垫层间绝缘纸，敞着槽口。

第 37 步：将 B_{3-1} 左边下在 22 槽中，安插槽楔。

第 38 步：将 B_{3-2} 右边下在 30 槽中，垫层间绝缘纸，敞着槽口。

第 39 步：将 B_{3-2} 左边下在 23 槽中，安插入槽楔。

第 40 步：将 B_{3-3} 右边下在 31 槽中，垫层间绝缘纸，敞着槽口。

第 41 步：将 B_{3-3} 左边下在 24 槽中，安插入槽楔。B_3 下完后检查 B_3 头从 22 槽上层边（绕组里面）引出，B_3 尾从 31 槽绕组外面引出，证明 B_3 下线正确，在 B_3 与 A_3 两端之间垫上相间绝缘纸。

第 42 步：将 C_{3-1} 右边下在 32 槽中，垫层间绝缘纸，敞着槽口。

第 43 步：将 C_{3-2} 左边下在 25 槽中，安插入槽楔。

第 44 步：将 C_{3-2} 右边下在 32 槽中，垫层间绝缘纸，敞着槽口。

第 45 步：将 C_{3-2} 左边下在 26 槽中，安插入槽楔。

第 46 步：将 C_{3-2} 右边下在 34 槽中，垫层间绝缘纸，敞着槽口。

第 47 步：将 C_{3-3} 左边下在 27 槽中，安插入槽楔。C_3 下完后检查，C_3 头从 25 槽上层边（绕组里面）引出，C_3 尾从 34 槽绕组外面引出，证明 C_3 下线正确，检查无误后在 C_3 与 B_3 两端之间垫上相间绝缘纸。

第 48 步：将 A_{4-1} 右边下在 35 槽中，垫层间绝缘纸，敞着槽口。

第 49 步：将 A_{4-1} 左边下在 28 槽中，安插入槽楔。

第 50 步：将 A_{4-2} 右边下在 36 槽中，垫层间绝缘纸，敞着槽口。

第 51 步：将 A_{4-2} 左边下在 29 槽中，安插入槽楔。

第 52 步：将 A_1、B_1、C_1 左边空着的线把边撬起来，将 A_{4-3} 右边下在第 1 槽中，垫层间绝缘纸，敞着槽口。

第 53 步：将 A_{4-3} 左边下在 30 槽中，安插入槽楔，A_4 下完后检查，D_4 从 28 槽上层边（绕组里面）引出，A_4 尾从 1 槽绕组外面引出，证明 A_4 下线正确。在 A_4 与 C_3 两端之间垫上相间绝缘纸。

第 54 步：将 B_{4-1} 右边下在第 2 槽中，垫层间绝缘纸，敞着槽口。

第 55 步：将 B_{4-1} 左边下在 31 槽中，安插入槽楔。

第 56 步：将 B_{4-2} 右边下在第 3 槽中，垫层间绝缘纸，敞着槽口。

第 57 步：将 B_{4-2} 左边下在 32 槽中，安插入槽楔。

第 58 步：将 B_{4-3} 右边下在第 4 槽中，垫层间绝缘纸，敞着槽口。

第 59 步：将 B_{4-3} 左边下在 33 槽中，安插入槽楔。B_4 下完后检查，B_4 头从 31 槽上层边（绕组里面）引出，D_5 从 4 槽绕组外面引出，证明 B_4 下线正确，在 B_4 与 A_4 两端之间垫上相间绝缘纸。

第 60 步：将 C_{4-1} 右边下在第 5 槽中，垫层间绝缘纸，敞着槽口。

第 61 步：将 C_{4-1} 左边下在 34 槽中；安插入槽楔。

第 62 步：将 C_{4-2} 右边下在第 6 槽中，垫层间绝缘纸，敞着槽口。

第 63 步：将 C_{4-2} 左边下在 35 槽中，安插入槽楔。

第 64 步：将 C_{4-2} 右边下在第 7 槽中，垫层间绝缘纸，敞着槽口。

第 65 步：将 C_{4-3} 左边下在 36 槽中，安插入槽楔。C_4 下完后检查，D_6 从 34 槽上层边（绕组里面）引出，C_4 尾从 7 槽绕组外面引出，为 C_4 下线正确，在 C_4 与 B_4 两端之间垫上相间绝缘纸。

第 66 步：将 A_{1-1}，左边下在第 1 槽中，安插入槽楔。

第 67 步：将 A_{1-2} 左边下在第 2 槽中，安插入槽楔。

第 68 步：将 A_{1-3} 左边下在第 3 槽中，安插入槽楔。A_1 下完后检查，D_1 从 1 槽上层边（绕组里面）引出，检查无误后，在 A_1 与 C_4 两端之间垫上相间绝缘纸。A 相绕组下线结束。

第 69 步：将 B_{1-1} 左边下在第 4 槽中，安插入槽楔。

第 70 步：将 B_{1-2} 左边下在第 5 槽中，安插入槽楔。

第 71 步：将 B_{1-3} 左边下在第 6 槽中，安插入槽楔。B_1 下完后检查，B_1 头从 4 槽上层边（绕组里面）引出，为 B_1 下线正确，在 B_1 与 A_1 两端之间垫上相间绝缘纸。B 相绕组下线结束。

第 72 步：将 C_{1-1} 左边下在第 7 槽中，安插入槽楔。C_1 下完后检查，C_3 从 7 槽上层边（绕组里面）引出，检查无误后，在 C_1 与 B_1 两端之间垫上相间绝缘纸，C 相绕组下线结束。

8. 接线

首先检查组成每个极相组的三把线方向是否一致；双层叠绕电动机的绕组有规律性。极相组是按 A_1，B_1，C_1，A_2，B_2，C_2，A_3，B_3，C_3，A_4，B_4，C_4 的顺序排列，每个极相组的头（极相组左边的引出线）都在绕组里面（上层边），极相组的尾（右边的引出线）都在绕组外面（下层边），掌握规律后，便于检查。如查出某个极相组下线错了，应把下错的线把拆出重下，如果牵涉到多把线，也可把线把的连接线剪断再重新接线。除细致检查每一个极相组是否与图相符外，还要检查每一个极相组与外壳绝缘是否良好，全部符合技术要求后就应开始接线，接线时要按 A、B、C 相的顺序接线。

接 A 相绕组：将 D_1（第 1 槽绕组里面的引出线）焊接在多股软线上，套上套管，引出接在接线板上标有 D_1 的接线螺钉上。把 A_1 尾（10 槽绕组外面的引出线）套上套管与 A_2 尾（19 槽绕组外面的引出线）相连接（尾接尾）；A_2 头（10 槽绕组里面的引出线）与 A_3 头（19 槽绕组里面引出线）相连接；A_3 尾（28 槽绕组外面的引出线）套上套管与 A_4 尾（第 1 槽绕组外面引出线）相连接（尾接尾）。将 D_4（28 槽绕组里面的引出线）焊接在多股软线上，套上套管，引出接在标有 D_4 的接线螺钉上。A 相绕组接好后，要仔细检查一遍，检查无明显错误后，用万用表测量 A 相绕组与外壳的绝缘电阻，4 个极相组是否接线正确。方法是把表笔一端接 D_1，一端接 D_4 表针向 0Ω 的方向摆动时为 A 相绕组接线正确；表针不动证明接错了，应重新连接，直到接对为止。然后一支表笔接外壳，另一支表笔与 D_4 或 D_1 相连接，如表针不动，证明 A 相绕组与外壳绝缘良好，如果表针向 0Ω 方向摆动，证明 A 相绕组与外壳短路，这种情况多发生在槽口处槽绝缘纸破裂。查找出故障发生处后，在故障处垫上绝缘纸或换新槽绝缘纸，达到彻底排除故障为止。

接 B 相绕组：照着图 4-82（b），将 D_2（13 槽绕组外面的引出线）焊接在多股软线上，套上套管，引出接在接线板标有 D_2 的接线螺钉上。把 B_1 头（4 槽绕组里面的引出线）套上套管与 B_2 头（13 槽绕组里面的引出线）相连接（头接头）；把 B_2 尾（22 槽绕组外面引出线）套上套管与 B_3 尾（31 槽绕组外面引出线）相连接；把 B_3 头（22 槽绕组里面引出线）与 B_4 头（31 槽绕组里面引出线）套上套管相连接。将 D_5（4 槽绕组外面引出线）焊接在多股软线上，套上套管，引出接在标有 D_4 的接线螺钉上，测量 B 相绕组与外壳绝缘电阻，可参考测量 A 相绕组的测量方法。

接 C 相绕组：照着图 4-82（c），将 D_3（7 槽绕组里面引出线）焊接在多股软线上，套上套管，引出接在接线板上标有 D_3 的接线螺丝上。把 C_1 尾（16 槽绕组外面引出线）与 C_2 尾（25 槽绕组外面的引出线）套上套管焊接在一起；把 C_2 头（16 槽绕组里面引出线）与 C_3 头（25 槽绕组外面引出线）套上套管焊接在一起；把 C_3 尾（34 槽绕组外面引出线）与 C_4 尾（7 槽绕组外面引出线）套上套管相连接。将 D_6（34 槽绕组里面引出线）焊接在多股软线上，套上套管，引出接在接线板上标有 D_6 的接线螺钉上。测量 C 相绕组与外壳绝缘电阻，可参考测量 A 相绕组的测量方法。

三相绕组接好后，按原电动机接线方式△形或 Y 形连接起来。

9. 注意事项

（1）双层绕组用于大中型电动机中，在拆电动机绕组之前，应彻底弄懂电动机型号、功率及绕组各项参数，要记在记录卡上。记录清楚不要盲目乱拆，如果电动机没有铭牌，节距是 1-8，并联路数是 1 路，则可测一下电动机定子铁芯内径、长度、外径，再拆一把线，数数匝数和测一测导线直径。再查对该电动机型号、功率，在拆定子绕组之前一定要留下详细原始记录数据，以便下次修复同型号电动机时作为参考。

（2）双层绕组比单层绕组下线简便，下线时不用掏把，一个极相组挨着一个极相组下线。初学时可在 36 槽定子铁芯上用细铁丝绕出 12 个极相组，共 36 把线，也可用包装用的细绳染成三色，绕出线把。将 A_1、A_2、A_3、A_4 染成黑色；把 B_1、B_2、B_3、B_4 染成红色；把 C_1、C_2、C_3、C_4 染成绿色。按图 4-82 线把上端下线顺序数字，按着以上所述"下线方法"一步一步地下线，最后达到不照绕组展开分解图能熟练地下线、熟练接线为止。

（3）要掌握双层绕组每个极相组引出线头的规律，每个极相组的头都在槽内上层边（绕组里面），每个极相组的尾都在槽内下层边（绕组外面）。极相组与极相组的连接为头接头时，是绕组里面的头与绕组里面的头相连接，极相组与极相组的连接为尾接尾时，是绕组外面的头与绕组外面的头相连接。

（4）能熟练接线，这种下线方法的接线有单路连接、双路并联、四路并联三种连接方法，所以必须熟练掌握单路连接方法，最后达到不照图就能熟练接线，这种电动机一个槽内在绕组里面和外面引出两根线头，必须注意区别清楚每个极相组的头尾，接线时不要接错。

（5）电动机修复后试车有困难，可以到用户处用原设备试车，但试车不能带负载，要先空转，试车正常后再加负载，试车要做到心中有数，只要修复的电动机绕组下线与图相符，导线直径、匝数、并联根数不错，接法按原电动机进行接线，绝缘良好，通电即可正常运转。

二、三相 4 极 36 槽节距 1-8 双层叠绕 2 路并联绕组展开分解图

双路并联绕组与单路连接绕组的下线方法一样，只是在接线时不同，在下线时参照单路连接绕组的下线方法。下面只介绍接线方法。

双路并联是每相绕组前两个极相组串联后与后两个串联的极相组相并联，使电流流进流出每相绕组有两条通路。双路并联后，流进流出每个板槽组的电流方向与单路连接时流进流出每个极相组一样。双路并联绕组展开图如图 4-98 所示。

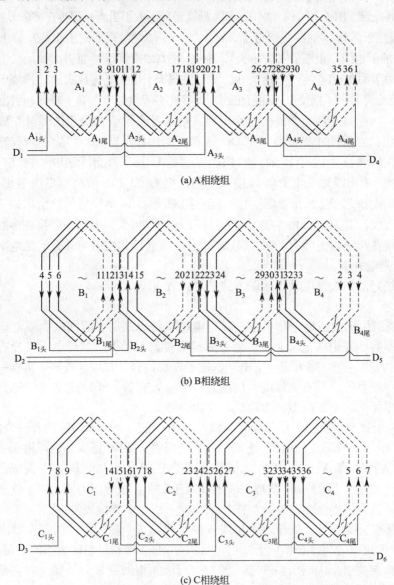

(a) A 相绕组

(b) B 相绕组

(c) C 相绕组

图 4-98　三相 4 极 36 槽节距 1-8 双层叠绕 2 路并联绕组展开分解图

接 A 相绕组：照图 4-98（a）所示，A_1 尾（绕组外面 10 槽的引出线）套上套管，与 A_2 尾（绕组外面 19 槽的引出线）相连接；A_3 尾（绕组外面 28 槽引出线）套上套管与 A_4 尾（绕组外面 1 槽的引出线）相连接。A_1 与 A_2 和 A_3、A_4 分别串接后，再测试串接的极相组及绝缘是否符合要求和接线是否正确。方法是将一支万用表笔与 A_1 头（绕组里面 1 槽引出线）相连接，一支表笔与 A_2 头（绕组里面 10 槽的引出线）相连，表针不动，证明接错了，要重新接

线；表针向电阻小的一端摆动，证明 A₁ 与 A₂ 串接对了，然后用一支表笔与外壳相接，若表针向电阻小的方向摆动，证明这两个极相组某处有与外壳短路的地方，应排除故障；如表针不动，则证明绝缘良好，将表笔一端换接 A₃ 头（绕组里面 19 槽的引出线），另一支表笔换接，A₄ 头（绕组里面 28 槽引出线），表针摆向电阻小的方向，证明接对；表针不动，证明接错，要重接。再将一支表笔换接电动机外壳，表针不动，证明绝缘良好；表针向电阻小的方向移动，证明与外壳短路，应检修排除故障。

把 A₁ 头（1 槽绕组里面的引出线）、A₃ 头（19 槽绕组里面引出线）分别套上套管，接在多股软线上，这根引线命名 D₁，将 D₁ 从出线口引出接在接线板标有 D₁ 的螺钉上。把 A₂ 头（10 槽绕组里面引出线）和 A₄ 头（28 槽绕组里面引出线）分别套上套管，接在多股软线上，这股引线标明 D₄，将其从出线口引出，接在接线板标有 D₄ 的接线螺钉上。

其次照图 4-98(b) 接 B 相绕组。把 B₁ 头（4 槽绕组里面的引出线）套上套管，与 B₂ 头（13 槽绕组里面的引出线）相连接，用万用表一支表笔测 B₁ 尾（13 槽绕组外面引出线），一支表笔测 B₂ 尾（22 槽绕组外面的引出线），表针不动证明接错了应重接，表针向电阻小的方向摆动，证明接对了。然后将一支表笔接 B₁ 尾，一支表笔接定子铁芯，如表针向 0Ω 方向摆动，证明 B₁ 与 B₂ 某处与外壳短路故障，排除后再测量；如表针不动，证明绝缘良好。把 B₃ 头（22 槽绕组里面引出线）套上套管，与 B₄ 头（31 槽绕组里面引出线）相连接，用万用表一支表笔测 B₃ 尾（31 槽绕组外面的引出线），一只表笔测 B₄ 尾（4 槽绕组外面引出线），表针不动证明接错了，应重新接线；表针向电阻小的一方摆动，证明接对了。将一支表笔与外壳相连接，表针向电阻小的方向摆动证明有短路处，排除故障后再测量，表针不动为绝缘良好。

把 B₁ 尾（13 槽绕组外面引出线）套上套管和 B₃ 尾（31 槽绕组外面引出线）套上套管，接在多股软线上，这股引线命名为 D₂，把 D₂ 引出接在接线板上标明 D₂ 的接线螺钉上。把 D₂ 尾（22 槽绕组外面引出线）套上套管和 B₄ 尾（4 槽绕组外面引线）套上套管，接在多股软线上，这股引线命名 D₅，把 D₅ 引出线接在接线板上标明 D₅ 的接线螺钉上。

最后照着图 4-98（c）接 C 相绕组。把 C₁ 尾（16 槽绕组外面的引出线）套上套管与 C₂ 尾（25 槽绕组外面的引出线）套上套管后相连接。将一支表笔接 C₂ 头（16 槽绕组里面引出线），一支表笔接 C₁ 头（7 槽绕组里面引出线），支针不动证明接错，应重接；表针向电阻小的一端摆动，证明接线正确。再把一支表笔与电动机外壳相接，表针向电阻小的一端摆动，证明这两个极相组某处与外壳短路，应检修排除故障；表针不动则证明绝缘良好。

把 C₁ 头（7 槽绕组里面引出线）套上套管和 C₃ 头（25 槽绕组里面引出线）套上套管相并联，接在多股软线上，这股引线命名 D₃，引出接在接线板上标有 D₃ 的接线螺钉上。把 C₃ 尾（34 槽绕组外面引出线）套上套管与 C₄ 尾（7 槽绕组外面引出线）相接，用万用表一支表笔接 D₃，一支表笔接 C₄ 头（34 槽绕组里面引出线），表针不动，证明这两个极相组接错了，重接后再测量，若表针向电阻小的一端摆动，证明接对了。再把一支表笔与外壳相接，表针向电阻小的方向摆动，证明这两个极相组有一处短路，排除故障后，再测量表针如不动证明绝缘良好。

把 C₂ 头（16 槽绕组里面引出线）套上套管，把 C₄ 头（34 槽绕组里面引出线）套上套管，接在多股软线上，把多股电线引出，接在接线板上标明 D₆ 的接线螺钉上。

三、三相 4 极 36 槽节距 1-8 双层叠绕 4 路并联绕组展开分解图及接线方法

图 4-99 所示为三相 4 极 36 槽节距 1-8 双层叠绕 4 路并联电动机绕组展开分解图。4 路并联电动机的下线方法与单路连接的下线方法一样，接线时按着图 4-99 绕组展开分解图，一相一相连接，要保证 4 路并联后流过每个极相组的电流方向与单路连接流过每个极相组

的电流方向一致。从图 4-99 中可以看出，是将每相的 4 个极相组并联起来，再把每相绕组的两个引出线接在接线板上所对应的接线螺钉上的。下面介绍 4 路接线方法：以 J073-4 型电动机为例，该绕组的每把线用 1.35mm 导线双根并绕，也就是每个极相组头尾分别是 2 根线头。

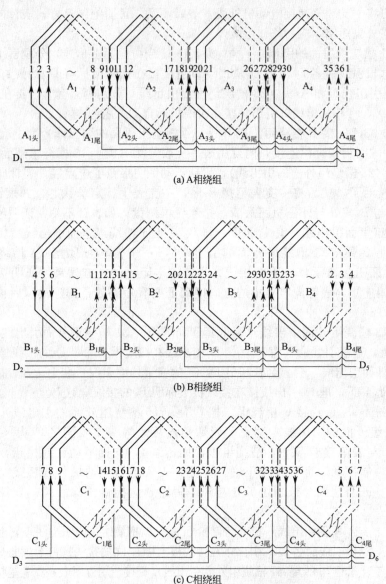

图 4-99　三相 4 极 36 槽节距 1-8 双层叠绕 4 路并联绕组展开分解图

首先接 A 相绕组。把 A_1 头（1 绕组里面引出线）穿到绕组外面与 A_4 尾（1 槽绕组外面引出线）并在一起，套上套管，接在多股电线 A 处，如图 4-100 所示。再把 A_3 头（19 槽绕组里面引出线）穿到绕组外面与 A_2 尾（19 槽绕组外面引出线）相并，套上套管，接在多股电线 B 处。连接线要用原电动机的连接线，原线截面积符合标准，长短合适并在线头上焊有接线环。接线时把线头拧实，并用锡焊好，用原型号绝缘材料包好接头。这根接头命名为 D_1。

D_1 接好后用万用表一支表笔接 D_1，一支表笔分别接触 10 槽和 28 槽的 8 根引出线。测每一根引出线头时如表针向电阻小的一端摆动证明接线正确，若发现测量某一线头，表针不动，

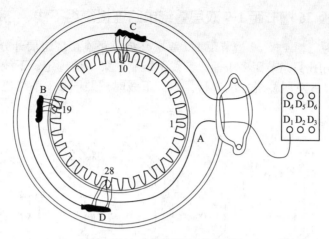

图 4-100 A相绕组的接线方法

则证明该极相组接错或断线，应检修排除故障。测试证明 D_1 与 10 槽和 28 槽每根导线都通后，将一支万用表笔与 D_1 相接，另一支表笔与电动机外壳相接，若表针不动，证明 A 相绕组所有线把绝缘良好，若表针向电阻小的一端摆动，证明 A 相绕组有与地短路的线把。然后将一支表笔与电动机外壳相接，一支表笔与 D_1 相连接，如绕组与外壳在短路状态，则表针偏向 0Ω 方向，这时就应慢慢撬动 A 相绕组的每把线，当发现撬动某把线时表针向电阻大的一端摆动，证明是该把线造成了与外壳短路，在检修排除故障后就可以把 D_1 接在接线板上标有 D_1 的接线螺钉上，如图 4-100 所示。

经检查测试 A 相绕组每个极相组接线正确，无断路，无短路后，把 A_2 头（10 槽绕组里面引出线）穿到绕组外面与 A_1 尾（10 槽绕组外面引出线）并在一起，套上套管，接在多股电线 C 处，如图 4-100 所示，把 A_4 头（28 槽绕组里面引出线）穿到绕组外面与 A_3 尾（28 槽绕组外面引出线）相并，套上套管，接在多股电线 D 处，这根软线标明 D_4，引出接在接线板标有 D_4 的接线螺钉上，如图 4-99 所示。

按图 4-99（b）所示接 B 相绕组，把 B_2 头（13 槽绕组里面引出线）穿到绕组外面与同槽 B_1 尾相并，套上套管，接在标有 D_2 的多股电线一端，把 B_4 头（31 槽绕组里面引出线）穿到绕组外面与同槽 B_3 尾并在一起，套上套管，接在 D_2 多股电线上，用万用表测 D_2 与 4 槽、22 槽引出线电阻，测 D_2 与外壳电阻，如发现故障立即排除，检查无错误后把 D_2 引出接在接线板上标有 D_2 的接线螺钉上。

把 B_3 头（22 槽绕组里面引出线）穿到绕组外面与同槽的 B_2 尾相并，套上套管，接在标有 D_5 的多股电线上，把 B_1 头（4 槽绕组里面引出线）穿到绕组外面与本槽的 B_4 尾相并，套上套管接在 D_5 上。把 D_5 引出，接在接线板上标明 D_5 的接线螺钉上。

按图 4-100 所示接 C 相绕组。把 C_1 头（7 槽绕组里面引出线）穿到绕组外面与同槽的 C_4 尾相并，套上套管，接在标明 D_3 的多股电线上；把 C_3 头（25 槽绕组里面引出线）穿到绕组外面与同槽的 C_2 尾相并，套上套管，接在 D_3 多股软线上，测 D_3 与 16 槽、34 槽每根引出线的电阻，测量 D_3 与电动机外壳的绝缘电阻，发现故障立即排除。证明接线正确、绝缘良好后，把 D_3 引出接在接线板上标明 D_3 的接线螺钉上。

把 C_2 头（16 槽绕组里面引出线）穿到绕组外面与 C_1 尾相并，套上套管，接在标明 D_6 的多股软线上；把 C_4 头（34 槽绕组里面引出线）穿到绕组的外面与同槽的 C_3 尾相并，套上套管，按在 D_6 上，把 D_6 引出接在接线板上标明 D_6 的接线螺钉上。

四、三相 4 极 36 槽节距 1-9 双层叠绕单路连接绕组下线、接线方法

图 4-101 所示为三相 4 极 36 槽节距 1-9 双层叠绕单路连接绕组展开分解图。与 1-8 双层叠绕单路连接绕组相比只是节距多 1 槽，其线把绕制、第 1 槽确定、下线前准备工作及下线操作图，均可参照 1-8 双层叠绕方法进行。本节下线时按照图 4-101 线把上端下线顺序数字进行。

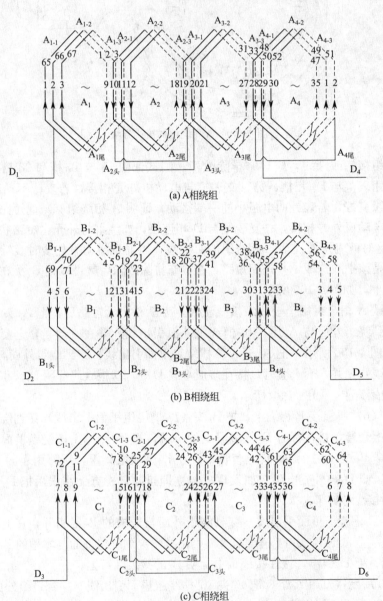

图 4-101 绕组展开分解图

第 1 步：将 A$_{1-1}$ 右边下在第 9 槽中，垫层间绝缘纸，在 A$_{1-1}$ 左边与铁芯之间垫上绝缘纸，敞着槽口。

第 2 步：将 A$_{1-2}$ 右边下在第 10 槽中，垫层间绝缘纸，敞着槽口。

第 3 步：将 A$_{1-3}$ 右边下在 11 槽中，垫层间绝缘纸，敞着槽口，A$_1$ 尾从 11 槽中引出。

第 4 步：将 B$_{1-1}$ 右边下在 12 槽中，垫层间绝缘纸，敞着槽口，左边空着不下。

第 5 步：将 B_{1-2} 右边下在 13 槽中，垫层间绝缘纸，敞着槽口，左边空着不下。

第 6 步：将 B_{1-3} 右边下在 14 槽中，垫层间绝缘纸，敞着槽口，左边空着不下，D_2 从 14 槽中引出。

第 7 步：将 C_{1-1} 右边下在 15 槽中，垫层间绝缘纸，敞着槽口，左边空着不下。

第 8 步：将 C_{1-2} 右边下在 16 槽中，垫层间绝缘纸，敞着槽口，左边空着不下。

第 9 步：将 C_{1-3} 右边下在 17 槽中，垫层间绝缘纸，敞着槽口。

第 10 步：将 C_{1-3} 左边下在 10 槽中，用槽楔将 9 槽口封好，C_1 尾从 17 槽中引出，C_1 下完。

第 11 步：将 A_{2-1} 右边下在 18 槽中，垫层间绝缘纸，敞着槽口。

第 12 步：将 A_{2-1} 左边下在 10 槽中，用槽楔封好槽口。

第 13 步：将 A_{2-2} 右边下在 19 槽中，垫层间绝缘纸，敞着槽口。

第 14 步：将 A_{2-2} 左边下在 11 槽中，用槽楔封好槽口。

第 15 步：将 A_{2-3} 右边下在 20 槽中，垫层间绝缘纸，敞着槽口。

第 16 步：将 A_{2-3} 左边下在 12 槽中，用槽楔封好槽口，检查 A_2 头从绕组里面的 10 槽中引出，A_2 尾从 20 槽绕组外面引出，为 A_2 下线正确。检查无误后 A_2 与 C_1 两端之间垫上相间绝缘纸，如图 4-96 所示。

第 17 步：将 B_{2-1} 右边下在 21 槽中，垫层间绝缘纸，敞着槽口。

第 18 步：将 B_{2-1} 左边下在 13 槽中，用槽楔封好槽口。

第 19 步：将 B_{2-2} 右边下在 22 槽中，垫层间绝缘纸，敞着槽口。

第 20 步：将 B_{2-2} 左边下在 14 槽中，用槽楔封好槽口。

第 21 步：将 B_{2-3} 右边下在 23 槽中，垫层间绝缘纸，敞着槽口。

第 22 步：将 B_{2-3} 左边下在 15 槽中，用槽楔封好槽口，检查 B_2 头从 13 槽绕组里面引出，B_2 尾从 23 槽绕组外面引出，检查无误后，在 B_2 与 A_2 两端之间垫上相间的绝缘纸。

第 23 步：将 C_{2-1} 右边下在 24 槽中，垫层间绝缘纸，敞着槽口。

第 24 步：将 C_{2-1} 左边下在 16 槽中，用槽楔封好槽口。

第 25 步：将 C_{2-2} 右边下在 25 槽中，垫下层间绝缘纸，敞着槽口。

第 26 步：将 C_{2-2} 左边下在 17 槽中，用槽楔封好槽口。

第 27 步：将 C_{2-3} 右边下在 26 槽中，垫层间绝缘纸，敞着槽口。

第 28 步：将 C_{2-3} 左边下在 18 槽中，用槽楔封好槽口。

第 29 步：检查 C_2 头从 16 槽绕组里面引出，C_2 尾从 26 槽绕组外面引出，为 C_2 下线正确，检查无误后，在 C_2 与 B_2 两端之间垫上相间绝缘纸。

第 30 步：将 A_{3-1} 左边下在 19 槽中，用槽楔封好槽口。

第 31 步：将 A_{3-2} 右边下在 28 槽中，垫层间绝缘纸，敞着槽口。

第 32 步：将 A_{3-2} 左边下在 20 槽中，用槽楔封好槽口。

第 33 步：将 A_{3-3} 右边下在 29 槽中，垫好层间绝缘纸，敞着槽口。

第 34 步：将 A_{3-3} 左边下在 21 槽中，用槽楔封好，检查 A_3 头从 19 槽绕组里面的引出，A_3 尾从 29 槽绕组外面引出，为 A_3 下线正确，在 A_3 与 C_2 两端之间垫上相间绝缘纸。

第 35 步：将 B_{3-1} 右边下在 30 槽中，垫层间绝缘纸，敞着槽口。

第 36 步：将 B_{3-1} 左边下在 22 槽中，用槽楔封好槽口。

第 37 步：将 B_{3-2} 右边下在 31 槽中，垫好层间绝缘纸，敞着槽口。

第 38 步：将 B_{3-2} 左边下在 23 槽中，用槽楔封好槽口。

第 39 步：将 B_{3-3} 右边下在 32 槽中，垫好层间绝缘纸，敞着槽口。

第 40 步：将 B_{3-3} 左边下在 24 槽中，用槽楔封好槽口，检查 B_3 头从 22 槽绕组里面引出，B_3 尾从 32 槽绕组外面引出，为 B_3 下线正确，在 B_3 与 A_3 两端之间垫上相间绝缘纸。

第 41 步：将 C_{3-1} 右边下在 33 槽中，垫好层间绝缘纸，敞着槽口。

第 42 步：将 C_{3-1} 左边下在 25 槽中，用槽楔封好槽口。

第 43 步：将 C_{3-2} 右边下在 34 槽中，垫好层间绝缘纸，敞着槽口。

第 44 步：将 C_{3-2} 左边下在 26 槽中，用槽楔封好槽口。

第 45 步：将 C_{3-3} 右边下在 35 槽中，垫好层间绝缘纸，敞着槽口。

第 46 步：将 C_{3-3} 左边下在 27 槽中，用槽楔封好槽口，检查 C_3 头从 25 槽绕组里面引出，C_3 尾从 35 槽绕组外面引出，为 C_3 下线正确，检查无误后，在 C_3 与 B_3 两端之间垫上相间绝缘纸。

第 47 步：将 C_{4-1} 右边下在 36 槽中，垫好层间绝缘纸，敞着槽口。

第 48 步：将 A_{4-1} 左边下在 28 槽中，用槽楔封好槽口。

第 49 步：将 A_1、B_1、C_1 左边线把撬起来，将 A_{4-2} 右边下在第 1 槽中，垫上层间绝缘纸，敞着槽口。

第 50 步：将 A_{4-2} 左边下在 29 槽中，用槽楔封好槽口。

第 51 步：将 A_{4-3} 右边下在 2 槽中，垫好层间绝缘纸，敞着槽口。

第 52 步：将 A_{4-3} 左边下在 30 槽中，用槽楔封好槽口，检查 D_4 从 28 槽绕组里面引出，A_4 尾从 2 槽绕组外面引出，为 A_4 下线正确，检查无误后，在 A_4 与 C_3 两端之间垫上相间绝缘纸。

第 53 步：将 B_{4-1} 右边下在第 3 槽中，垫好层间绝缘纸，敞着槽口。

第 54 步：将 B_{4-1} 左边下在 31 槽中，用槽楔封好槽口。

第 55 步：将 B_{4-2} 右边下在 4 槽中，垫好层间绝缘纸，敞着槽口。

第 56 步：将 B_{4-2} 左边下在 32 槽中，用槽楔封好槽口。

第 57 步：将 B_{4-3} 右边下在 5 槽中，垫好层间绝缘纸，敞着槽口。

第 58 步：将 B_{4-3} 左边下在 33 槽中，用槽楔封好槽口，检查 B_4 头从 34 槽绕组里面引出 D_6，从 5 槽绕组外面引出。为 B_4 下线正确，检查无误后，在 B_4 与 A_4 两端之间垫上相间绝缘纸。

第 59 步：将 C_{4-1} 右边下在第 6 槽中，垫好层间绝缘纸，敞着槽口。

第 60 步：将 C_{4-1} 左边下在 34 槽中，用槽楔封好槽口。

第 61 步：将 C_{4-2} 右边下在第 7 槽中，垫层间绝缘纸，敞着槽口。

第 62 步：将 C_{4-2} 边下在 35 槽中，用槽楔封好槽口。

第 63 步：将 C_{4-3} 右边下在第 8 槽中，垫层间绝缘纸，敞着槽口。

第 64 步：将 C_{4-3} 左边下在 36 槽中，用槽楔封好槽口。检查 D_6 从 34 槽绕组里面引出，C_4 尾从 8 槽绕组外面引出，为 C_4 下线正确，检查无误后，在 C_4 与 B_4 两端之间垫上相间绝缘纸。

第 65 步：将 A_{1-1} 左边下在第 1 槽中，用槽楔封好槽口。

第 66 步：将 A_{1-2} 左边下在第 2 槽中，用槽楔封好槽口。

第 67 步：将 A_{1-3} 左边下在第 3 槽中，用槽楔封好槽口，检查 D_1 从 1 槽绕组里面引出，检查无误后，在 A_1 与 C_4 两端之间垫上相间绝缘纸，A 相绕组下线结束。

第 68 步：将 B_{1-1} 左边下在第 4 槽中，用槽楔封好槽口。

第 69 步：将 B_{1-2} 左边下在第 5 槽中，用槽楔封好槽口。

第 70 步：将 B_{1-3} 左边下在第 6 槽中，用槽楔封好槽口，检查 B_1 头从 4 槽绕组里面引出，检查无误后在 A_1 与 B_1 两端之间垫上相间绝缘纸，B 相绕组下线结束。

第 71 步：将 C_{1-1} 左边下在第 7 槽中，用槽楔封好槽口。

第 72 步：将 C_{1-3} 左边下在第 8 槽中，用槽楔封好槽口，检查 D_3 从 7 槽绕组里面引出，检查无误后，在 C_1 与 B_1 两端之间垫上相间绝缘纸，C 相绕组下线结束。

接线，首先按图 4-101(a) 接 A 相绕组：把 D_1（绕组里面 1 槽引出线）穿到绕组外面，套上套管接在多股引线上，把这根多股引线引出，接在接线板上标明 D_1 的接线螺钉上，把 A_1 尾（11 槽绕组外面引出线）套上套管，与 A_2 尾（20 槽绕组外面引出线）相接；把 A_2 头（10 槽绕组里面引出线）套上套管，与 A_3 头（19 槽绕组里面引出线）相连接；把 A_3 尾（29 槽绕组外面引出线）套上套管，与 A_4 尾（2 槽绕组外面引出线）相连接。

把 D_4（28 槽绕组里面引出线）穿到绕组外面套上套管，接在多股软线上，用万用表一支笔接 D_1，一支表笔接 D_4，表针不动证明接错了，应马上检修，如表针向电阻小的一方摆动，证明 A 相绕组接对，然后将一支表笔接电动机外壳，一支表笔接 D_1 或 D_4，表针向电阻小的方向摆动，证明 A 相绕组与外壳有短路的地方，应检修排除故障；如表针不动，证明绝缘良好。然后把 D_4 引出，接在接线板上标有 D_4 字样的接线螺钉上。

按图 4-101（b）接 B 相绕组：把 D_2（14 槽绕组外面引出线）套上套管接在多股软线上引出，接在接线板上标有 D_2 的接线螺钉上。把 B_1 头（4 槽绕组里面引出线）套上套管，与 B_2 头（13 槽绕组里面引出线）相连接。把 B_2 尾（23 槽绕组外面引出线）套上套管，与 B_4 尾（32 槽绕组外面引出线）相连接。把 D_5（5 槽绕组外面引出线）套上套管接在多股电线上，测量 D_2 与 D_5 之间电阻，测量 D_2 与外壳的绝缘电阻。发现故障及时排除，在检查证实 B 相绕组接线正确、绝缘良好后把 D_5 引出，接在接线板上标有 D_5 的接线螺钉上。

最后按图 4-101（c）接 C 相绕组：把 D_3（7 槽绕组里面引出线）套上套管，接在多股电线上，这根接线标明 D_3，把 D_3 引出接在接线板上标有 D_3 的接线螺钉上。把 C_1 尾（17 槽绕组外面引出线）套上套管，与 C_2 尾（26 槽绕组外面引出线）相连接；把 C_2 头（16 槽绕组里面引出线）穿到绕组外面套上套管，与 C_3 头（25 槽绕组里面引出线）相连接；把 C_4 尾（绕组外面 35 槽引出线）套上套管，与 C_4 尾（8 槽绕组外面引出线）相连接。把 D_6（34 槽绕组里面引出线）套上套管，接在多股电线上，测 D_3 与 D_6 电阻，测 D_3 外壳绝缘电阻，确认绝缘良好、接线正确后，把 D_6 引出接在接线板上标有 D_6 字样的接线螺钉上。

五、三相 4 极 36 槽节距 1-9 双层叠绕 2 路并联绕组展开分解图

下线方法参照前节。

接线：接线时按图 4-102 所示把每相绕组前后两个极相组分别串联起来，再并联成双路，双路并联后流过每个极相组的电流方向与单路连接时流过每个极相组的电流方向应一致。

首先按图 4-102（a）接 A 相绕组。把 A_1 尾（11 绕组外面引出线）穿到绕组里面与 A_2 尾（20 槽绕组外面引出线）相连接；A_3 尾（29 槽绕组外面引出线）套上套管，与 A_4 尾（2 槽绕组外面引出线）相连接，把 A_1 头（1 槽绕组里面引出线）套上套管接在标明 D_1 的多股引线上，把 A_3 头（19 槽绕组里面引出线）套上套管，也接在标明 D_1 的多股电线上，然后引出接在接线板标有 D_1 的接线螺钉上。测 D_1 与 10 槽、28 槽引出线电阻，测 D_1 与电动机外壳绝缘电阻，证实接线正确绝缘良好，把 A_2 头（10 槽绕组里面引出线）和 A_4 头（28 槽绕组里面引出线）分别套上套管接在多股电线上，再把这根引线引出接在接线板上标有 D_4 的接线螺钉上。

其次按图 4-102（b）所示接 B 相绕组。B_1 头（4 槽引出线）与 B_2 头（13 槽引出线）套上套管相连接；B_3 头（22 槽引出线）套上套管与 B_4 头（31 槽引出线）相连接。把 B_1 尾（14 槽引出线）套上套管接在多股软线上，B_3 尾（32 槽引出线）套上套管也接在这根软线上，把这根多股软线引出接在接线板标有 D_2 的接线螺钉上。把 B_4 尾（23 槽引出线）套上套管接在标明 D_5 的软线上，把 B_4 尾（5 槽引出线）接在 D_5 上引出，测 D_2 与电动机外壳绝缘电阻，检查 B 相绕组接线是否与图相符，证实正确后，把 D_{5-1} 端接在接线板上标明 D_5 的接线螺钉上。

最后按图 4-102（c）接 C 相绕组。C_1 尾（17 槽引出线）套上套管与 C_2 尾（26 槽引出线）

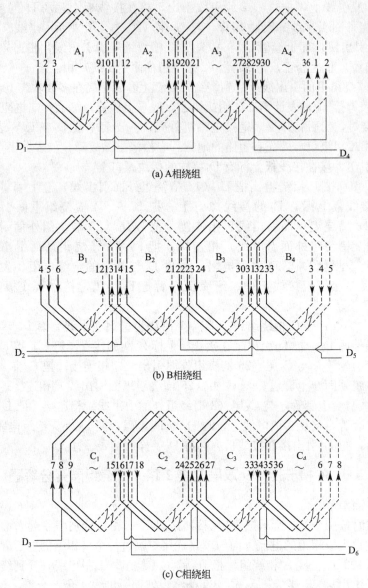

(a) A相绕组

(b) B相绕组

(c) C相绕组

图 4-102　双路并联绕组展开分解图

相连接；C$_3$尾（35 槽引出线）穿到绕组里面套上套管与 C$_4$尾（8 槽引出线）相连接，C$_1$头（7 槽引出线）套上套管，接在标明 D$_3$ 的多股软线上，C$_3$头（25 槽引出线）套上套管也接在 D$_3$ 上，把 D$_3$ 引出，接在接线板上标明 D$_3$ 的接线螺钉上。用万用表测试 D$_3$ 与 C$_2$ 头（16 槽引出线）、C$_4$头（34 槽引出线）的电阻，测试 D$_3$ 与电机外壳的绝缘电阻。检查证实 C 相绕组与图相符，绝缘良好后，将 C$_4$头（16 槽引出线）穿到绕组外面套上套管，接在标明 D$_6$ 的多股软线上，将 C$_4$头（34 槽引出线）套上套管也接在 D$_6$ 软线上，把 D$_6$ 引出，接在接线板上标有 D$_6$ 的接线螺钉上。

六、三相2极36槽节距1-13双层叠绕单路连接绕组下线方法

1. 绕组展开图

图 4-103 为三相2极 36 槽节距 1-13 双层叠绕组单路连接绕组展开图。

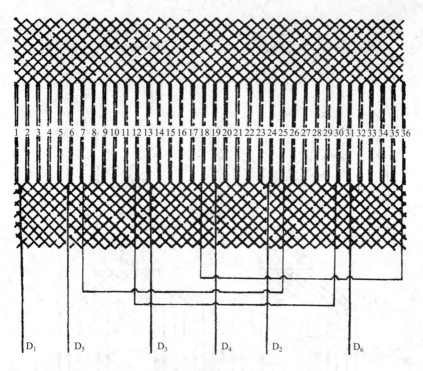

图 4-103 三相 2 极 36 槽节距 1-13 双层叠绕组展开图

2. 绕组展开分解图

为了使图看起来简洁清楚，有利于下线接线，将图 4-103 所示的绕组展开图分解成图 4-104 所示的绕组分解展开图。从图 4-104 中可以更清楚地看出，每相绕组由两个极相组组成，极相组与极相组采用头接头或尾接尾的方式连接，每个极相组由 6 把线组成，每把线节距 1-13。D_1、D_4 是 A 相绕组的头尾，分别从 14 槽和 19 槽中引出；D_2、D_5 是 B 相绕组的头尾，分别从 24 槽和 6 槽中引出；D_3、D_6 是 C 相绕组的头尾，分别从 13 槽和 31 槽中引出。下线时参照绕组上端标出的下线顺序数字进行下线。

3. 线把的绕制

该电动机绕组共有 6 个极相组，每个极相组有 6 把线，按原电动机线把中一匝最短的尺寸调整好万用绕线模，按原电动机线径、并绕根数、匝数依次绕出 6 把线来，这 6 把线为一个极相组。然后将其断开并分别把每把线的两边绑好，从万用绕组模上拆下来，按绕线的顺序从左向右第一把线标明 A_{1-1}，第二把线标明 A_{1-2}，一直标到 A_{1-6}。按着这种方法再分别绕出 A_2、B_1、B_2、C_1、C_2 并标上代号（熟练后不用标）准备下线。

4. 下线前的准备工作

按原电动机绝缘材料的尺寸，裁制 36 条槽绝缘纸、12 块相间绝缘纸、36 条层间绝缘纸和几块引槽纸，将制作槽楔的材料和下线工具放在工作台上，准备下线。

5. 下线的顺序

下线的顺序是按着 A_1—B_1—C_1—A_2—B_2—C_2，一个极相组挨一个极相组下线。

6. 下线方法

将图摆在定子旁的工作台上，每下一个极相组都要与图相对照，看所下极相组及方向是否与图相符，每下一把线的边要与图对着，看所下槽位及步骤是否与图上标的相符。定好第 1 槽的槽位。

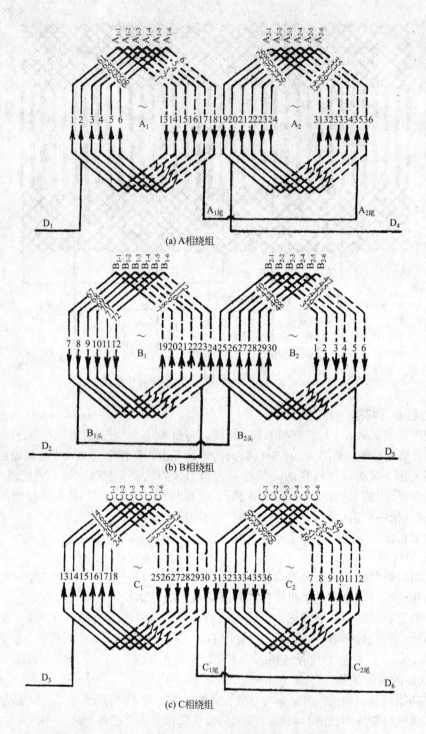

图 4-104　绕组展开分解图

第 1 步：将 A_{1-1} 右边下在 13 槽中，把层间绝缘纸从一端插进槽中，包住 A_{1-1} 右边的下层边。槽中敞着，A_{1-1} 左边空着不下，在 A_{1-1} 左边与铁芯之间垫上绝缘纸，防止铁芯磨破导线的绝缘层。

第 2 步：将 A_{1-2} 右边下在 14 槽中，垫层间绝缘纸。检查下线的方向是否与 A_{1-1} 一样，若方向下反了，应拆出重下。

第3步：将 A_{1-3} 右边下在 15 槽中，垫层间绝缘纸，槽中敞着，A_{1-3} 左边空着不下。

第4步：将 A_{1-4} 右边下在 16 槽中，垫层间绝缘纸，敞着槽口，A_{1-4} 左边空着不下。

第5步：将 A_{1-5} 右边下在 17 槽中，垫层间绝缘纸，槽口敞着，A_{1-5} 左边空着不下。

第6步：将 A_{1-6} 右边下在 18 槽中，垫层间绝缘纸，敞着槽口，A_{1-6} 左边空着不下。检查 A_1 每把线的方向是否与展开分解图所示的 A_1 相符，A_1 尾从 18 槽中引出，D_1 在 A_{1-1} 左边，每把线之间的连接线长短合适（没有大线兜），证明下线正确，否则 A_1 下错，应找出错处更正。

第7步：开始下 B_1。拿起 B_{1-1}、B_{1-2}、B_{1-3}、B_{1-4}、B_{1-5}、B_{1-6} 放在定子旁边，将 B_{1-1} 右边下在 19 槽中，垫层间绝缘纸，敞着槽口。B_{1-1} 左边空着不下。

第8步：将 B_{1-2} 右边下在 20 槽中，垫层间绝缘纸，敞着槽口，B_{1-2} 左边空着不下。

第9步：将 B_{1-3} 右边下在 21 槽中，垫层间绝缘纸，敞着槽口，B_{1-3} 左边空着不下。

第10步：将 B_{1-4} 右边下在 22 槽中，垫层间绝缘纸，敞着槽口，B_{1-4} 左边空着不下。

第11步：将 B_{1-5} 右边下在 23 槽中，垫层间绝缘纸，敞着槽口，B_{1-2} 左边空着不下。

第12步：将 B_{1-6} 右边下在 24 槽中，垫层间绝缘纸，敞着槽口，B_{1-6} 左边空着不下。

第13步：开始下 C_1，将 C_{1-1} 右边下在 25 槽中，垫层间绝缘纸，敞着槽口。

第14步：将 C_{1-1} 左边下在 13 槽中，剪掉高出槽口绝缘纸，用划线板把绝缘纸折到包住线把的上层边，用压脚压实，这种操作方法以后下线步骤中不再重复。把槽楔插入 13 槽中。如图 4-105 所示。

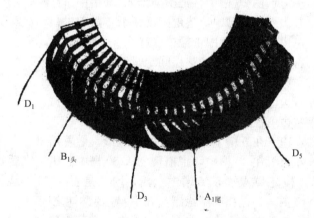

图 4-105　C_1 下在所对应的槽中，在 C_1 与 B_1 两端之间垫上相间绝缘纸

第15步：将 C_{1-2} 右边下在 26 槽中，垫层间绝缘纸，敞着槽口。

第16步：将 C_{1-2} 左边下在 14 槽，把槽楔插入 14 槽中。

第17步：将 C_{1-3} 右边下在 27 槽中，垫层间绝缘纸，敞着槽口。

第18步：将 C_{1-3} 左边下在 15 槽，把槽楔插入 15 槽中。

第19步：将 C_{1-4} 右边下在 28 槽中，垫层间绝缘纸，敞着槽口。

第20步：将 C_{1-4} 左边下在 16 槽，把槽楔插入 16 槽中。

第21步：将 C_{1-5} 右边下在 29 槽中，垫层间绝缘纸，敞着槽口。

第22步：将 C_{1-5} 左边下在 17 槽。把槽楔插入 17 槽中。

第23步：将 C_{1-6} 右边下在 30 槽中，垫层间绝缘纸，敞着槽口。

第24步：将 C_{1-6} 左边下在 18 槽中，把槽楔插入 18 槽中，检查 C_1 每把线的方向是否与展开图相符，C_1 尾是否从 30 槽引出，D_3 从 13 槽上层边中引出。检查无误后，把相间绝缘纸垫在 C_1 与 B_1 两端之间，如图 4-105 所示。

第 25 步：照图 4-104（a）所示准备下 A_2。将 A_{2-1} 右边下在 31 槽中，垫层间绝缘纸，敞着槽口。

第 26 步：将 A_{2-1} 左边下在 19 槽中，把槽楔插入 19 槽中。

第 27 步：将 A_{2-2} 右边下在 32 槽中，垫层间绝缘纸，敞着槽口。

第 28 步：将 A_{2-2} 左边下在 20 槽中，把槽楔插入 20 槽中。

第 29 步：将 A_{2-3} 右边下在 33 槽中，垫层间绝缘纸，敞着槽口。

第 30 步：将 A_{2-3} 左边下在 21 槽中，把槽楔插入 21 槽中。

第 31 步：将 A_{2-4} 右边下在 34 槽中，垫层间绝缘纸，敞着槽口。

第 32 步：将 A_{2-4} 左边下在 22 槽中，把槽楔插入 22 槽中。

第 33 步：将 A_{2-5} 右边下在 35 槽中，垫层间绝缘纸，敞着槽口。

第 34 步：将 A_{2-5} 左边下在 23 槽中，将槽楔插入 23 槽中。

第 35 步：将 A_{2-6} 右边下在 36 槽中，垫层间绝缘纸，敞着槽口。

第 36 步：将 A_{2-6} 左边下在 24 槽中，将槽楔插入 24 槽中，A_2 下完后，检查 A_2 每把线的方向是否与展开图相符，D_4 是否从 19 槽绕组里面引出，A_2 尾从 36 槽引出，如是，则为 A_2 下线正确，把相间绝缘纸垫在 C_1 与 A_2 两端之间。

第 37 步：照图 4-104（b）将 B_{2-1} 右边下在 1 槽中，垫层间绝缘纸，敞着槽口。

第 38 步：将 B_{2-1} 左边下在 25 槽中，把槽楔插入 25 槽中。

第 39 步：将 B_{2-2} 右边下在 2 槽中，垫层间绝缘纸，敞着槽口。

第 40 步：将 B_{2-2} 左边下在 26 槽中，把槽楔插入 26 槽中。

第 41 步：将 B_{2-3} 右边下在 3 槽中，垫层间绝缘纸，敞着槽口。

第 42 步：将 B_{2-3} 左边下在 27 槽中，把槽楔插入 27 槽中。

第 43 步：将 B_{2-4} 右边下在 4 槽中，垫层间绝缘纸，敞着槽口。

第 44 步：将 B_{2-4} 左边下在 28 槽中，把槽楔插入 28 槽中。

第 45 步：将 B_{2-5} 右边下在 5 槽中，垫层间绝缘纸，敞着槽口。

第 46 步：将 B_{2-6} 左边下在 29 槽中，把槽楔插入 29 槽中。

第 47 步：将 B_{2-6} 右边下在 6 槽中，垫好层间绝缘纸，敞着槽口。

第 48 步：将 B_{2-6} 左边下在 30 槽中，把槽楔插入 30 槽中。B_2 下完后，检查 B_2 每把线的方向是否与展开图相符，检查 D_5 是否从 6 槽中引出，B_2 头是否从 25 槽绕组里面（上层边）引出，如是，则为 B_1 下线正确，把相间绝缘纸垫在 A_2 与 B_2 两端之间。

第 49 步：将 C_{2-1} 右边下在 7 槽中，垫层间绝缘纸，敞着槽口。

第 50 步：将 C_{2-1} 左边下在 31 槽中，把槽楔插入 31 槽中。

第 51 步：将 C_{2-2} 右边下在 8 槽中，垫层间绝缘纸，敞着槽口。

第 52 步：将 C_{2-2} 左边下在 32 槽中，把槽楔插入 32 槽中。

第 53 步：将 C_{2-3} 右边下在 9 槽中，垫层间绝缘纸，敞着槽口。

第 54 步：将 C_{2-3} 左边下在 33 槽中，把槽楔插入槽中。

第 55 步：将 C_{2-4} 右边下在 10 槽中，垫层间绝缘纸，敞着槽口。

第 56 步：将 C_{2-4} 左边下在 34 槽中，把槽楔插入 34 槽中。

第 57 步：将 C_{2-5} 右边下在 11 槽中，垫层间绝缘纸，敞着槽口。

第 58 步：将 C_{2-5} 左边下在 35 槽中，把槽楔安插在 35 槽中。

第 59 步：将 C_{2-6} 右边下在 12 槽中，垫层间绝缘纸，敞着槽口。

第 60 步：将 C_{2-6} 左边下在 36 槽中，把槽楔插在 36 槽中。C_2 下完，检查 C_2 每把线的方向是否与展开图相符，检查引线是否从 31 槽绕组里面引出，C_2 尾从 12 槽引出，如是，则为 C_2 下线正确，把相间绝缘纸垫在 C_2 与 B_2 两端之间。C 相绕组下线结束。

第 61 步：将 A_{1-1} 左边下在 1 槽中，把槽楔插入 1 槽中。

第 62 步：将 A_{1-2} 左边下在 2 槽中，把槽楔插入 2 槽中。

第 63 步：将 A_{1-3} 左边下在 3 槽中，把槽楔插入 3 槽中。

第 64 步：将 A_{1-4} 左边下在 4 槽中，把槽楔插入 4 槽中。

第 65 步：将 A_{1-5} 左边下在 5 槽中，把槽楔插入 5 槽中。

第 66 步：将 A_{1-6} 左边下在 6 槽中，把槽楔插入 6 槽中。

A_1 下完后，检查 D_1 是否从 1 槽的绕组里面引出，A_1 尾从 18 槽绕组外面引出，如是，则为 A_1 下线正确，在 A_1 与 C_2 两端之间垫上相间绝缘纸。A 相绕组下线结束。

第 67 步：照图 4-104（b）所示将 B_{1-1} 左边下在 7 槽中，把槽楔安插 7 槽中。

第 68 步：将 B_{1-2} 左边下在 8 槽中，把槽楔安插 8 槽中。

第 69 步：将 B_{1-3} 左边下在 9 槽中，把槽楔安插 9 槽中。

第 70 步：将 B_{1-4} 左边下在 10 槽中，把槽楔安插 10 槽中。

第 71 步：将 B_{1-5} 左边下在 11 槽中，把槽楔安插 11 槽中。

第 72 步：将 B_{1-6} 左边下在 12 槽中，把槽楔插入 12 槽中，B_1 下完后，检查 B_1 头是否从 7 槽绕组里面引出，D_2 从 24 槽绕组外面引出，如是，则为 B_1 下线正确，在 B_1 与 A_1 两端之间垫上相间绝缘纸。B 相绕组下线结束。

7. 接线

首先检查每把线是否与图 4-104 相符，要一把线一把线地检查，检查组成每个极相组的每把线方向是否一致，如果有一把线方向与图上相反，电动机则不能正常工作，如等烤干漆后试车试出有故障，再检查就困难了，所以在接线前进行检查要认真仔细，确认三相绕组下线正确后才可以接线。

先把每相绕组的两个极相组按图 4-104 所示连接起来，再把每相绕组的两根头接在多股软线上，引出线接在接线板上所对应的接线螺钉上，注意在拆电动机时不要把多股软线毁掉，接线时要用原引线，原引线截面积符合标准，长度合适，引线上还要有标号免得出差错。

按图 4-104(a) 接 A 相绕组。把 A_1 尾（18 槽中的绕线外面引出线）套上套管，与 A_2 尾（36 槽绕组外面引出线）相连接，把 D_1（1 槽引出线）套上套管接在多股软线上，把这根软线引出接在接线板上标有 D_1 的接线螺钉上，把 D_4（19 槽引出线）穿到绕组外面，套上套管，接在多股软线上，引出线接在接线板上标有 D_4 的接线螺钉上。

按图 4-104(b) 接 B 相绕组。把 B_1 头（7 槽绕组里面引出线）套上套管，与 B_2 头（25 槽绕线里面引出线）接在一起，把接头用套管套好，把 D_2（24 槽引出线）套上套管，接在多股软线上，引出线接在接线板标有 D_2 的接线螺钉上，把 D_5（6 槽绕组外面引出线）套上套管接在多股软线上，引出线接在接线板标有 D_5 的接线螺钉上。

按图 4-104(c) 接 C 相绕组。把 C_1 尾（30 槽绕组外面引出线）套上套管，与 C_2 尾（12 槽绕组外面引出线）相连接，把 D_5（13 槽绕组里面引出线）接在多股软线上，引出线接在接线板上标有 D_3 的接线螺钉上，把 D_6（31 槽绕组里面引出线）套上套管，接在多股软线上引出，将引出线接在接线板上标有 D_6 的接线螺钉上，把三相绕组接好后分别测量 D_1 与 D_4，D_2 与 D_5，D_1 与 D_6 的电阻值，如电阻值很小，则 D_1、D_2、D_3 与外部绝缘电阻符合要求，至此三相绕组接线完毕，将所有结头用绑带按原电动机样式绑在绕组端部，最后按电动机的△形或 Y 形接法连接起来。

七、三相 2 极 36 槽节距 1-13 双层叠绕 2 路并联绕线展开分解图

双路并联绕线与单路连接绕组下线方法一样，区别只是在于接线，照图 4-106(a) 所示首

先接 A 相绕组。

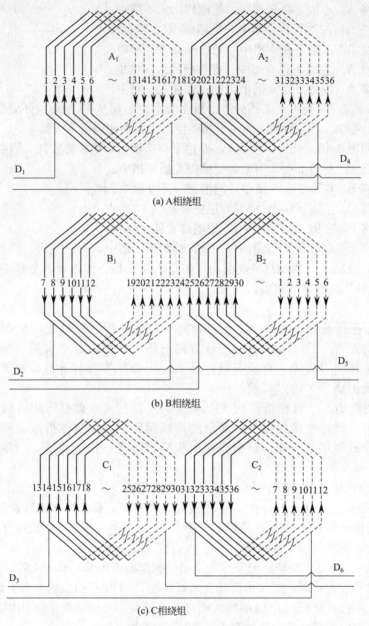

(a) A相绕组

(b) B相绕组

(c) C相绕组

图 4-106　绕组展开分解图

　　把 A_1 头（1 槽绕组里面引出线）穿到绕组外面，套上套管，把 A_2 尾（36 槽绕组外面引出线）套上套管与 A_1 头相并一同接在标有 D_1 的多股软线上，把多股软线引出，接在接线板上标有 D_1 的接线螺钉上，用万用表一支表笔接 D_1，一支表笔分别接 1 槽和 19 槽的引出线，如表针不动，证明线把下错或导线有断路，应检修排除故障；表针向 0Ω 方向摆动，证明接线正确，再用这支表笔测定子外壳，如表针向 0Ω 方向摆动，证明有短路地方，应检修排除故障；如表针不动，证明 A 相绕组绝缘良好，把 A_1 尾（18 槽绕组外面引出线）套上套管与 A_2 头（19 槽绕组里面引出线）套上套管相并，接在多股软线上，把多股软线引出，接在接线板上标有 D_4 的接线螺钉上。

　　其次照图 4-106(b) 所示接 B 相绕组。

把 B_2 头（25 槽绕组里面引出线）套上套管，把 B_1 尾（24 槽绕组外面引出线）套上套管并一起接在标明 D_2 的多股软线上，引出接在接线板上标有 D_2 的接线螺钉上，用万用表一支表笔接 D_2，一支表笔分别接 6 槽和 7 槽引出线，若表针不动，证明线下错或有断路，应检修排除故障；如表针向 0Ω 方向摆动，证明有短路地方，经检修后再测量，如表针不动，证明 B 相绕组绝缘良好，把 B_1 头（7 槽绕组里面引出线）套上套管与 B_2 尾（6 槽绕线外面引出线）相并，接在标明 D_5 的多股软线上，把 D_5 一端引出，接在接线板上标明 D_5 的接线螺钉上。

最后照图 4-106(c) 所示接 C 相绕组。

把 C_1 头（13 槽绕组里面引出线）套上套管与 C_2 尾（12 槽绕组外面引出线）套上套管相并，接在标明 D_3 的多股软线上，把 D_3 引出线接在接线板上标有 D_3 的接线螺钉上，用万用表一支表笔接 D_3，一支表笔分别接 30 槽和 31 槽的引出线，如表针不动，证明线把下错或导线有断头，应检修排除故障，如表针向 0Ω 方向摆动，证明接线正确，再用这支表笔接定子外壳，表针向 0Ω 方向摆动，证明有短路地方，经检查后表针不动，证明 C 相绕组绝缘良好，再把 C_2 头（31 槽绕线里面引出线）套上套管与 C_1 尾（30 槽绕组外面引出线）并在一起，接在标有 D_6 的多股软线上，把 D_6 引出线接在接线板上标明 D_6 的接线螺钉上，将所有的接头和引出线用绑带按原电动机样式转圈捆绑在绕组端部，再把原来连接用的铜片按原电动机接法接好。

第五节　三相异步电动机转子绕组的修理

一、铸铝转子的修理

铸铝转子若质量不好，或使用时经常正反转启动与过载，就会造成转子断条。断条后，电动机虽然能空载运转，但加上负载后，转速就会突然降低，甚至停下来。这时如测量定子三相绕组电流，就会发现电流表指针来回摆动。

如果检查时发现铸铝转子断条，可以到产品制造厂去买一个同样的新转子换上；或是将铝熔化后改装紫铜条。在熔铝前，应撤去两面铝端环，再用夹具将铁芯夹紧。然后开始熔铝。熔铝的方法主要有两种。

1. 烧碱熔铝

将转子垂直浸入工业烧碱溶液中，然后将溶液加热到 $80\sim100℃$，直到铝熔化完为止，然后用水冲洗，再投入到冰醋酸溶液内煮沸，中和残余烧碱，再放到开水中煮沸 $1\sim2h$ 后，取出冲洗干净并烘干。

2. 煤炉熔铝

首先将转子轴从铁芯中压出，然后在一只炉膛比转子直径大的煤炉的半腰上放一块铁板，将转子倾斜地安放在上面，罩上罩子加热。加热时，要用专用钳子时刻翻动转手，使转子受热均匀，烧到铁芯呈粉红色时（700℃左右），铝渐渐熔化，待铝熔化完后，将转子取出。在熔铝过程中，要防止烧坏铁芯。

熔铝后，将槽内及转子两端的残铝及油清除后，用截面为槽面积 55％ 左右的紫铜条插入槽内，再把铜条两端伸出槽外部分（每端约 25mm）依次敲弯，然后加铜环焊接，或是用堆焊的方法，使两端铜条连成整体即端环（端环的截面积为原铝端环截面的 70％）。

二、绕线转子的修理

小容量的绕线式异步电动机的转子绕组的绕制与嵌线方法与前面所述的定子绕组相同。转子绕组经过修理后，必须在绕组两端用钢丝打箍。打箍工作可以在车床上进行。钢丝的弹性极限应不低于 $160kgf/mm^2$。钢丝的拉力可按表 4-2 选择。钢丝的直径、匝数、宽度和排列布置方法应尽量和原来的一样。

表 4-2　缠绕钢丝时预加的拉力值

钢丝直径/mm	拉力/kgf	钢丝直径/mm	拉力/kgf
0.5	12~15	1.0	50~60
0.6	17~20	1.2	65~80
0.7	25~30	1.5	100~120
0.8	30~35	1.8	140~160
0.9	35~45	2.0	180~200

在绑扎前，先在绑扎位置上包扎 2~3 层白纱带，使绑扎的位置平整，然后卷上青壳纸 1~2 层、云母一层，纸板宽度应比钢丝箍总宽度大 10~30mm。

扎好钢丝箍的部分，其直径必须比转子铁芯部分小 2~3mm，否则要与定子铁芯绕组相擦。修复后的转子一般要作静平衡试验，以免在运动中发生振动。

目前电机制造厂大量使用玻璃丝布带绑扎转子（电枢）代替钢丝绑扎。整个工艺过程如下：首先将待绑扎的转子（电枢）吊到绑扎机上，用夹头和顶针旋紧固定，但要能够自由转动。再用木锤轻敲转子两端线圈，既不能让它们高出铁芯，又要保证四周均匀。接着把玻璃丝带从拉紧工具上拉至转子，先在端部绕一圈，然后拉紧，绑扎速度为 45r/min，拉力不低于 30kgf，如果玻璃丝带不粘，要在低温 80℃烘 1h 再扎，或者将转子放进烘房，待两端线圈达到 70~80℃时，再进行热扎。绑扎的层数根据转子（电枢）的外径和极数的要求而定，对于容量在 100kW 以下的电动机，绑扎厚度在 1~1.5mm 范围内。

第五章

多种电动机绕组展开图及嵌线顺序与接线图表

第一节　单层链式绕组展开图及嵌线顺序图表

一、12槽2极单层链式绕组

（1）12槽2极单层链式绕组展开图如图5-1所示。

（2）12槽2极单层链式绕组布线接线图如图5-2所示。

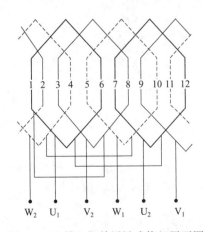

图5-1　12槽2极单层链式绕组展开图

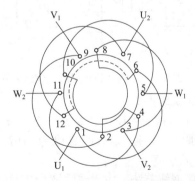

图5-2　12槽2极单层链式绕组布线接线图

（3）绕组参数。

定子槽数 $Z=12$；每组圈数 $S=1$；并联路数 $a=1$；电机极数 $2p=2$；极相槽数 $q=2$；线圈节距 $y=1-6$；总线圈数 $Q=6$；绕组极距 $r=4$；绕组系数 $K=0.964$；绕圈组数 $n=6$；每槽电角度 $\alpha=30°$。

（4）嵌线方法。可采用两种方法嵌线，见表5-1、表5-2。

表 5-1 交叠法

嵌线顺序		1	2	3	4	5	6	7	8	9	10	11	12
嵌入槽号	先嵌边	1	11	9		7		5		3			
	后嵌边				2		12		10		8	6	4

表 5-2 整嵌法

嵌线顺序		1	2	3	4	5	6	7	8	9	10	11	12
嵌入槽号	下层	1	6	7	12								
	中平面					9	2	3	8				
	上层									5	10	11	4

整嵌法：因 12 槽定子均为微型电机，由于内塑窄小，用交叠式嵌线较困难时，常改用整圈嵌线而形成端部三平面绕组。

（5）绕组特点与应用。绕组采用显极接线，每组只有一只线圈，每相由两只线圈反接串联而成。此绕组应用于微电机，小功率三相异步电动机、电泵用三相小功率电动机等。

二、12 槽 4 极单层链式绕组

（1）12 槽 4 极单层链式绕组展开图如图 5-3 所示。

（2）12 槽 4 极单层链式绕组布线接线图如图 5-4 所示。

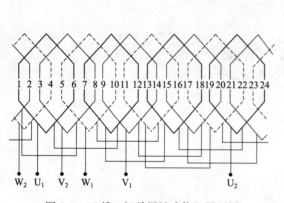

图 5-3 12 槽 4 极单层链式绕组展开图

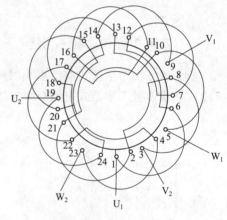

图 5-4 12 槽 4 极单层链式绕组布线接线图

（3）绕组参数。

定子槽数 $Z=12$；每组圈数 $S=1$；并联路数 $a=1$；电机极数 $2p=4$；极相槽数 $q=1$；线圈节距 $y=1$-4；总线圈数 $Q=6$；绕组极距 $r=3$；绕组系数 $K=1$；绕圈组数 $n=6$；每槽电角度 $\alpha=60°$。

（4）嵌线方法。由于线圈特少，两种嵌线工艺均可采用。

① 交叠法：嵌线时，嵌 1 槽隔空 1 槽，再嵌 7 槽，吊边数 1，嵌线顺序见表 5-3。

表 5-3 交叠法

嵌线顺序		1	2	3	4	5	6	7	8	9	10	11	12
嵌入槽号	先嵌边	1	11		9		7		6		3		
	后嵌边			2		12		10		8		6	4

② 整嵌法：嵌线时，整嵌 1 线圈，隔开 1 线圈再嵌 1 线圈，无需吊边，嵌线顺序见表 5-4。

表 5-4　整嵌法

嵌线顺序		1	2	3	4	5	6	7	8	9	10	11	12
嵌入槽号	下层	1	4	9	12	5	8						
	上层							3	6	11	2	7	10

三、24 槽 4 极单层链式绕组

（1）24 槽 4 极单层链式绕组展开图如图 5-5 所示。

（2）24 槽 4 极单层链式绕组布线接线图如图 5-6 所示。

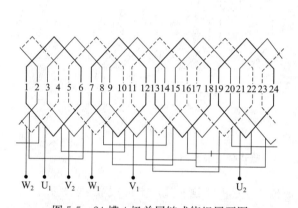

图 5-5　24 槽 4 极单层链式绕组展开图

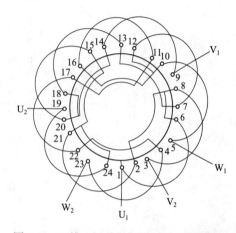

图 5-6　24 槽 4 极单层链式绕组布线接线图

（3）绕组参数。

定子槽数 $Z=24$；每组圈数 $S=1$；并联路数；$a=1$；电机极数 $2p=4$；极相槽数 $q=2$；线圈节距 $y=1-6$；总线圈数 $Q=12$；绕组极距 $r=6$；绕组系数；$K=0.966$；绕圈组数 $n=12$；每槽电角度 $\alpha=30°$。

（4）嵌线方法。嵌线可用交叠法或整嵌法。

① 交叠法：交叠法嵌线吊 2 边，嵌入 1 槽空出 1 槽，再嵌 1 槽，再空出 1 槽，按此规律将全部线圈嵌完。嵌线顺序见表 5-5。

表 5-5　交叠法

嵌线顺序		1	2	3	4	5	6	7	8	9	10	11	12	13	14	15	16	17	18	19	20	21	22	23	24
嵌入槽号	先嵌边	1	23	21		19		17		15		13		11		9		7		5		3			
	后嵌边				2		24		22		20		18		16		14		12		10		8	6	1

② 整嵌法：因系显极绕组，采用整嵌将构成三平面绕组，操作时采用分相整嵌，将一相线圈嵌入相应在槽内，垫好绝缘再嵌第 2 相、第 3 相，嵌线顺序见表 5-6。

表 5-6　整嵌法

嵌线顺序		1	2	3	4	5	6	7	8	9	10	11	12	13	14	15	16
槽号	下层	19	24	13	18	7	12	1	4								
	中平面									23	4	17	22	11	16	5	10

续表

嵌线顺序		17	18	19	20	21	22	23	24										
槽号	上层	3	8	21	2	15	20	9	14										

四、36 槽 6 极单层链式绕组

（1）36 槽 6 极单层链式绕组展开图如图 5-7 所示。

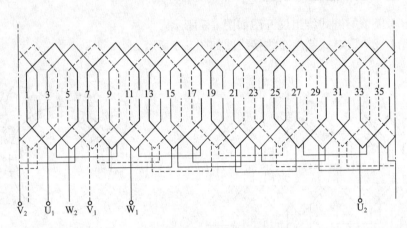

图 5-7 36 槽 6 极单层链式绕组展开图

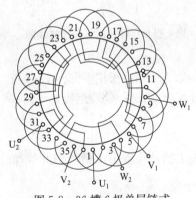

图 5-8 36 槽 6 极单层链式
绕组布线图

（2）36 槽 6 极单层链式绕组布线接线图如图 5-8 所示。

（3）绕组参数。

定子槽数 $Z=36$；每组圈数 $S=1$；并联路数；$a=1$；电机极数 $2p=6$；极相槽数 $q=2$；线圈节距 $y=1\text{-}6$；总线圈数 $Q=18$；绕组极距 $r=6$；绕组系数 $K=0.966$；绕圈组数 $n=18$；每槽电角度 $\alpha=30°$。

（4）嵌线方法。嵌线可用交叠法或整嵌法，整嵌法嵌线是不用吊边的，但只能分相整嵌线，构成三平相绕组。此方法较少采用，交叠法嵌线吊边数为 2、第 3 线圈即可整嵌，嵌线并不困难，嵌线顺序见表 5-7。

表 5-7 交叠法

嵌线顺序		1	2	3	4	5	6	7	8	9	10	11	12	13	14	15	16	17	18
嵌入槽号	先嵌边	1	35	33		31		29		27		25		23		21		19	
	后嵌边				2		16		34		32		30		28		26		24

嵌线顺序		19	20	21	22	23	24	25	26	27	28	29	30	31	32	33	34	35	36
嵌入槽号	先嵌边	17		15		13		11		9		7		5		3			
	后嵌边		22		20		18		16		14		12		10		8	6	4

第二节　单层同心式绕组展开图及嵌线及嵌线顺序图表

一、12 槽 2 极单层同心式绕组

(1) 12 槽 2 极单层同心式绕组展开图如图 5-9 所示。

(2) 12 槽 2 极单层同心式绕组布线接线图如图 5-10 所示。

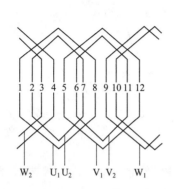

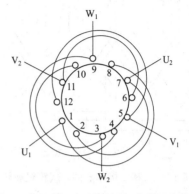

图 5-9　12 槽 2 极单层同心式绕组展开图　　　　图 5-10　12 槽 2 极单层同心式绕组布线图

(3) 绕组参数。

定子槽数 $Z=12$；每组圈数 $S=2$；并联路数 $a=1$；电机极数 $2p=2$；极相槽数 $q=2$；线圈节距 $y=1\text{-}8$、$y=6\text{-}7$；总线圈数 $Q=6$；绕组极距 $r=6$；绕组系数 $K=0.966$；绕圈组数 $n=3$；每槽电角度 $\alpha=30°$。

(4) 嵌线方法。可采用交叠法或整嵌法嵌线。

① 交叠法：交叠嵌线的绕组端部比较匀称，但需吊起 2 边嵌，定子内孔窄小时会嵌线困难，嵌线顺序见表 5-8。

表 5-8　交叠法

嵌线顺序		1	2	3	4	5	6	7	8	9	10	11	12
嵌入槽号	先嵌边	2	1	10		9		6		3			
	后嵌边				3		4		11		12	8	7

② 一般只适用于定子内腔较窄的电机上，嵌线时是分槽整圈嵌入，无需吊边，但绕线线圈既不能形成双平面，又不能形成三平面，因此为上下层之间的变形线圈组，使端部层次不分明，且不美观，嵌线顺序见表 5-9。

表 5-9　整嵌法

嵌线顺序		1	2	3	4	5	6	7	8	9	10	11	12
嵌入槽号	下层	2	7	1	8		11		12				
	上层					6		5		3	10	4	9

二、24 槽 2 极单层同心式绕组

(1) 24 槽 2 极单层同心式绕组展开图如图 5-11 所示。

(2) 24 槽 2 极单层同心式绕组布线接线图如图 5-12 所示。

(3) 绕组参数。

定子槽数 $Z=24$；每组圈数 $S=2$；并联路数 $a=1$；电机极数 $2p=2$；极相槽数 $q=4$；

线圈节距 $y=1\text{-}12$、$y=6\text{-}11$；总线圈数 $Q=12$；绕组极距 $r=12$；绕组系数 $K=0.958$；绕圈组数 $n=6$；每槽电角度 $\alpha=15°$。

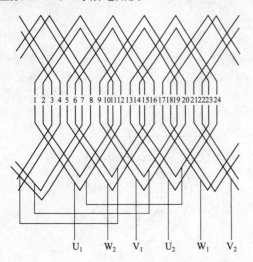 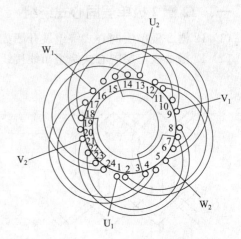

图 5-11　24 槽 2 极单层同心式绕组展开图　　　图 5-12　24 槽 2 极单层同心式绕组布线图

（4）嵌线方法。嵌线可采用交叠法或整嵌法，交叠法嵌线可使绕组端部整齐美观。但嵌线需吊 4 边，嵌线要点是嵌两槽，隔空两槽再嵌两槽，嵌线顺序见表 5-10。

表 5-10　交叠法

嵌线顺序		1	2	3	4	5	6	7	8	9	10	11	12	13	14	15	16	17	18	19	20	21	22	23	24
嵌入槽号	先嵌边	2	1	22	24	18		17		14		13		10		9		8		5					
	后嵌边						3		4		23		24		19		29		15		10	12	11	8	7

（5）绕组特点与应用。绕组采用显极布线，一路串连接法，每相绕间连接是反向串联，即"尾与尾"相接，绕线在小型 2 极电动机中应用很多。直流电弧焊接机另外，将星点接在内部，引出三相引线则应用于污水电动机、防爆型异步电动机。

三、24 槽 2 极单层同心式绕组

（1）24 槽 2 极单层同心式绕组展开图如图 5-13 所示。

（2）24 槽 2 极单层同心式绕组布线接线图如图 5-14 所示。

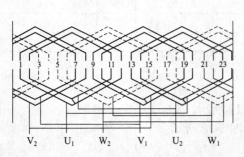 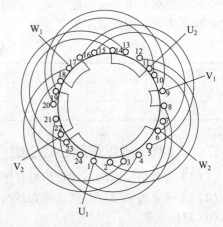

图 5-13　24 槽 2 极单层同心式绕组展开图　　　图 5-14　24 槽 2 极单层同心式绕组布线接线图

（3）绕组参数。

定子槽数 $Z=24$；每组圈数 $S=2$；并联路数 $a=2$；电机极数 $2p=2$；极相槽数 $q=4$；线圈节距 $y=1\text{-}12$、$y=6\text{-}11$；总线圈数 $Q=12$；绕组极距 $r=12$；绕组系数 $K=0.958$；绕圈组数 $n=6$；每槽电角度 $\alpha=15°$。

（4）嵌线方法。嵌线可采用两种方法，交叠法嵌线顺序可参考上例，本例介绍整嵌方法，它是将线圈连相嵌线，嵌线一相后垫上绝缘，再将另一相嵌入相应槽内，完成后再绕第3相，使三相线圈端部形成在二层次的平面上，此嵌法嵌线不用吊边，常被2极电动机选用，嵌线顺序见表5-11。

表 5-11　整嵌法

嵌线顺序		1	2	3	4	5	6	7	8	9	10	11	12	13	14	15	16	17	18	19	20	21	22	23	24
嵌入槽号	嵌层	2	11	1	12	24	23	19	24																
	中层									10	19	9	26	22	7	21	8								
	图层																	18	7	17	4	6	15	5	16

四、24 槽 4 极单层同心式绕组

（1）24 槽 4 极单层同心式绕组展开图如图 5-15 所示。

（2）24 槽 4 极单层同心式绕组布线图如图 5-16 所示。

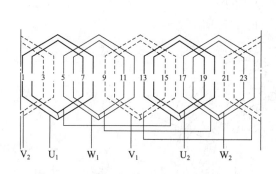

图 5-15　24 槽 4 极单层同心式绕组展开图

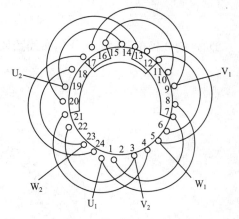

图 5-16　24 槽 4 极单层同心式绕组布线接线图

（3）绕组参数。

定子槽数 $Z=24$；每组圈数 $S=2$；并联路数 $a=1$；电机极数 $2p=4$；极相槽数 $q=2$；线圈节距 $y=1\text{-}5$、$y=6\text{-}7$；总线圈数 $Q=12$；绕组极距 $r=6$；绕组系数 $K=0.946$；绕圈组数 $n=6$；每槽电角度 $\alpha=30°$。

（4）嵌线方法。嵌线可采用两种方法。

① 交叠法：交叠嵌线是交叠先嵌边，吊边 2 个，从第 3 只线圈起嵌入先嵌边后可相绕组后嵌边嵌入，嵌线顺序见表5-12。

表 5-12　交叠法

嵌线顺序		1	2	3	4	5	6	7	8	9	10	11	12	13	14	15	16	17	18	19	20	21	22	23	24
嵌入槽号	先嵌边	2	1	22		21		18		17		14		13		10		9		8		7			
	后嵌边				3		4		23		24		19		20		18		16		11		12	8	7

② 整嵌法：整圈嵌线是隔线嵌入，使1、3、5组端部处于同一平面，而2、4、6绕组为

另一平面并处于其上层；每层嵌线先嵌小线圈再嵌大线圈，嵌线顺序见表 5-13。

表 5-13 整嵌法

嵌线顺序	1	2	3	4	5	6	7	8	9	10	11	12	13	14	15	16	17	18	19	20	21	22	23	24
嵌入槽号 底层	2	7	1	8	18	20	19	24	10	19	9	16												
面层													6	11	5	12	22	3	21	4	14	19	13	20

五、36 槽 2 极单层同心式绕组

（1）36 槽 2 极单层同心式绕组展开图如图 5-17 所示。

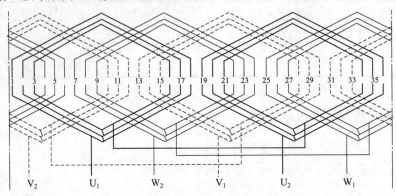

图 5-17　36 槽 2 极单层同心式绕组展开图

（2）36 槽 2 极单层同心式绕组布线图如图 5-18 所示。

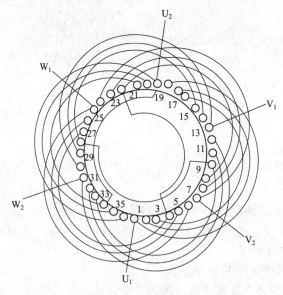

图 5-18　36 槽 2 极单层同心式绕组布线图

（3）绕组参数。

定子槽数 $Z=36$；每组圈数 $S=3$；并联路数 $a=1$；电机极数 $2p=2$；极相槽数 $q=6$；线圈节距 $y=1\text{-}18$、$y=6\text{-}17$、$y=3\text{-}16$；总线圈数 $Q=18$；绕组极距 $r=18$；绕组系数 $K=0.956$；绕圈组数 $n=6$；每槽电角度 $\alpha=10°$。

（4）嵌线方法。嵌线可用两种方法。

① 交叠法：由于线圈节距大，嵌线时要吊起 6 边，嵌线有一定困难，嵌线顺序见表 5-14。

表 5-14　交叠法

嵌线顺序		1	2	3	4	5	6	7	8	9	10	11	12	13	14	15	16	17	18
嵌入槽号	先嵌边	1	2	1	23	32	31	27		26		25		21		20		39	
	后嵌边								1		6		4		31		36		30
嵌线顺序		19	20	21	22	23	24	25	26	27	28	29	30	31	32	33	34	35	36
嵌入槽号	先嵌边	15		14		13		9		8		7							
	后嵌边		28		29		30		22		23		24	19	17	16	12	11	16

② 整嵌法：是采分层次整图嵌线，嵌线顺序见表 5-15。

表 5-15　整嵌法

嵌线顺序		1	2	3	4	5	6	7	8	9	10	11	12	13	14	15	16	17	18
嵌入槽号	下层	8	16	2	17	1	18	23	24	20	35	19	36						
	中平面													15	28	14	29	13	30
嵌线顺序		19	20	21	22	23	24	25	26	27	28	29	30	31	32	33	34	35	36
嵌入槽号	中平面	38	10	32	11	31	32												
	上层							20	4	26	5	25	6	9	22	8	23	7	24

六、48 槽 8 极单层同心式绕组

（1）48 槽 8 极单层同心式绕组展开图如图 5-19 所示。

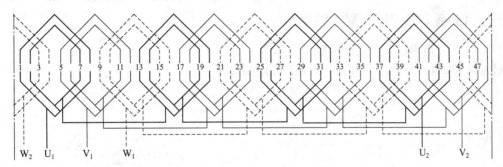

图 5-19　48 槽 8 极单层同心式绕组展开图

（2）48 槽 8 极单层同心式绕组布线接线图如图 5-20 所示。

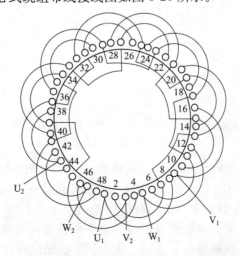

图 5-20　48 槽 8 极单层同心式绕组布线接线图

(3) 绕组参数。

定子槽数 $Z=48$；每组圈数 $S=2$；并联路数 $a=1$；电机极数 $2p=8$；极相槽数 $q=2$；线圈节距 $y=1\text{-}8$、$y=6\text{-}7$；总线圈数 $Q=24$；绕组极距 $r=4$；绕组系数 $K=0.964$；绕圈组数 $n=12$；每槽电角度 $\alpha=30°$。

(4) 嵌线方法。嵌线可采用交叠法或整嵌法，整圈嵌线无需吊边，线圈隔组嵌入、构成双平面绕组，交叠嵌线则嵌 2 槽、空出 2 槽，再嵌 2 槽，吊边数为 2。嵌线顺序见表 5-16。

表 5-16　交叠法

嵌线顺序		1	2	3	4	5	6	7	8	9	10	11	12	13	14	15	16	17	18	19	20	21	22	23	24
嵌入槽号	先嵌边	2	1	46		45		42		41		38		37		34		33		30		29		24	
	后嵌边				3		4		47		48		43		44		39		40		35		34		31
嵌线顺序		25	26	27	28	29	30	31	32	33	34	35	36	37	38	39	40	41	42	43	44	45	46	47	48
嵌入槽号	先嵌边	25		22		21		28		17		14		13		10		9		4		5			
	后嵌边		32		27		28		21		24		19		24		15		16		11		12	7	8

第三节　单层交叉式绕组展开图及嵌线顺序图表

一、18 槽 2 极单层交叉式绕组

(1) 18 槽 2 极单层交叉式绕组展开图如图 5-21 所示。

(2) 18 槽 2 极单层交叉式绕组布线接线图如图 5-22 所示。

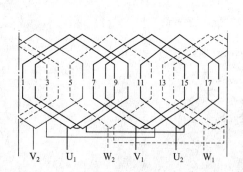

图 5-21　18 槽 2 极单层交叉式绕组接线图

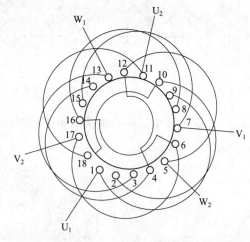

图 5-22　18 槽 2 极单层交叉式绕组布线接线图

(3) 绕组参数。

定子槽数 $Z=18$；每组圈数 $S=1/2$；并联路数 $a=1$；电机极数 $2p=2$；极相槽数 $q=3$；线圈节距 $y=1\text{-}9$、$y=6\text{-}10$、$y=11\text{-}18$；总线圈数 $Q=24$；绕组极距 $r=6$；绕组系数 $K=0.966$；绕圈组数 $n=12$；每槽电角度 $\alpha=30°$。

(4) 嵌线方法。本例采用交叠法嵌线，因是不等距布线，嵌线从大联（双圈）开始，嵌线从小联（单圈）开始，嵌线顺序见表 5-17、表 5-18，但吊边数为 1。

表 5-17　交叠法（双圈始嵌）

嵌线顺序		1	2	3	4	5	6	7	8	9	10	11	12	13	14	15	16	17	18
嵌入槽号	先嵌边	2	1	17	14		13		11		8		7		6				
	后嵌边					4		3		18		16		15		12	10	9	6

表 5-18　交叠法（单圈始嵌）

嵌线顺序		1	2	3	4	5	6	7	8	9	10	11	12	13	14	15	16	17	18
嵌入槽号	先嵌边	5	2	1	17		14		13		11		8		7				
	后嵌边					6		4		3		18		16		15	12	10	5

二、36 槽 4 极单层交叉式绕组

（1）36 槽 4 极单层交叉式绕组展开图如图 5-23 所示。

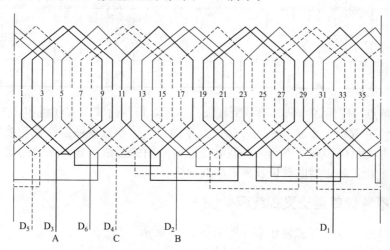

图 5-23　36 槽 4 极单层交叉式绕组展开图

（2）36 槽 4 极单层交叉式绕组布线接线图如图 5-24 所示。

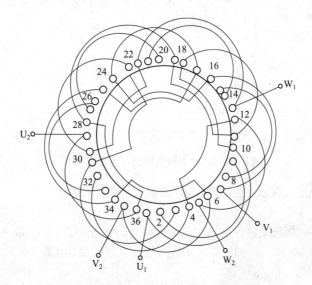

图 5-24　36 槽 4 极单层交叉式绕组布线接线图

(3) 绕组参数。

定子槽数 $Z=36$；每组圈数 $S=11/2$；并联路数 $a=1$；电机极数 $2p=4$；极相槽数 $q=3$；线圈节距 $y=1$-9、$y=6$-10、$y=10$-15；总线圈数 $Q=18$；绕组极距 $r=9$；绕组系数 $K=0.96$；绕圈组数 $n=12$；每槽电角度 $\alpha=20°$。

(4) 嵌线方法。绕组一般都用交叠法嵌线，吊边数为 3，习惯上是从双圈嵌线，嵌入 2 槽先嵌边，空出 1 槽，后嵌边 1，嵌入 1 槽先嵌边，再退空 2 槽后嵌边，以后再按此规律进行整嵌，嵌线顺序见表 5-19。

表 5-19 交叠法

嵌线顺序		1	2	3	4	5	6	7	8	9	10	11	12	13	14	15	16	17	18
嵌入槽号	先嵌边	2	1	35	32		31		29		27		25		23		20		19
	后嵌边					4		3		36		34		33		30		28	
嵌线顺序		19	20	21	22	23	24	25	26	27	28	29	30	31	32	33	34	35	36
嵌入槽号	先嵌边		17		14		13		11		8		7		5				
	后嵌边	22		24		22		21		18		16		15		12	10	9	6

(5) 绕组特点与应用。本例为不等距显极式布线，每相由 2 个大联组和 2 个单联线构成，大联节距 $y_B=1$-9 双圈，小联节距是 $y_N=1$-8 单圈，大、小嵌线圈组交叉轮换对称分布，组间极性相反，并为反向串联，本例是小型电动机最常用的绕组形式，一般用途三相异步电动机可用于专用电机、防爆型电动机及高效率电动机。

三、36 槽 4 极单层交叉式绕组

(1) 36 槽 4 极单层交叉式绕组展开图如图 5-25 所示。

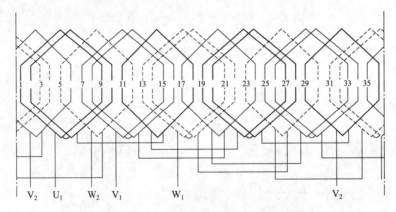

图 5-25 36 槽 4 极单层交叉式绕组展开图

(2) 36 槽 4 极单层交叉式绕组布线接线图如图 5-26 所示。

(3) 绕组参数。

定子槽数 $Z=36$；每组圈数 $S=11/2$；并联路数 $a=2$；电机极数 $2p=4$；极相槽数 $q=3$；线圈节距 $y=1$-9、$y=6$-10、$y=10$-15；总线圈数 $Q=18$；绕组极距 $r=9$；绕组系数 $K=0.96$；绕圈组数 $n=12$；每槽电角度 $\alpha=20°$。

(4) 嵌线方法。表 5-20 为嵌线顺序。

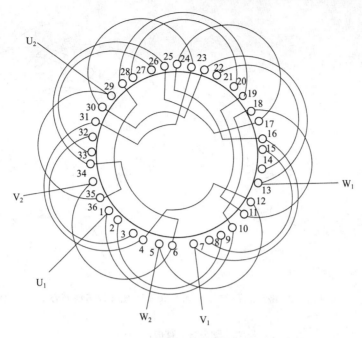

图 5-26　36 槽 4 极单层交叉式绕组布线接线图

表 5-20　嵌线顺序

嵌线顺序		1	2	3	4	5	6	7	8	9	10	11	12	13	14	15	16	17	18
嵌入槽号	先嵌边	9	10	17	13		15		16		21		22		24		27		28
	后嵌边					7		8		11		13		14		17		19	
嵌线顺序		19	20	21	22	23	24	25	26	27	28	29	30	31	32	33	34	35	36
嵌入槽号	先嵌边		30		33		34		36			3		4		6			
	后嵌边	20		23		25		28		29		31		32		35	1	2	3

（5）绕组特点与应用。本例采用不等距显极式连线，每相分联由两大联和两小联构成，大联线圈节距短于极圈 1 槽，$y_N = 8$，小嵌线圈节距短极距 2 槽，$y_N = 2$，绕组为两路并联，每支路由大、小联各 1 组串联而成，并用短线反向连接，两支路走线方向相反，但接线时必须保证同根相线圈组极性相反的原则，主要应用于一般用途三相异步电动机和防爆型三相异步电动机等。

第四节　单层同心交叉式绕组展开图及嵌线顺序图表

一、18 槽 2 极单层同心交叉式绕组

（1）18 槽 2 极单层同心交叉式绕组展开图如图 5-27 所示。

（2）18 槽 2 极单层同心交叉式绕组布线接线图如图 5-28 所示。

（3）绕组参数。

定子槽数 $Z = 18$；每组圈数 $S = 11/2$；并联路数 $a = 1$；电机极数 $2p = 2$；极相槽数 $q = 3$；线圈节距 $y = 1\text{-}9$、$y = 6\text{-}10$、$y = 11\text{-}18$；总线圈数 $Q = 9$；绕组极距 $r = 9$；绕组系数 $K = 0.94$；绕圈组数 $n = 6$；每槽电角度 $\alpha = 20°$。

（4）嵌线方法。本例采用显接布线，可采用两种嵌线方法。

① 整嵌法：相分层嵌入，使绕组端部形成三平面层次，嵌线顺序见表 5-21。

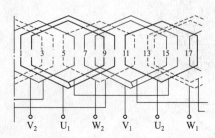

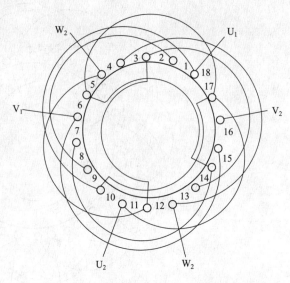

图 5-27　18 槽 2 极单层同心交叉式绕组展开图　　图 5-28　18 槽 2 极单层同心交叉式绕组布线接线图

表 5-21　整嵌法

嵌线顺序		1	2	3	4	5	6	7	8	9	10	11	12	13	14	15	16	17	18
嵌入槽号	底层	3	9	1	10	11	18												
	中层							8	18	7	16	17	6						
	面层													14	3	13	4	5	12

② 交叠法：线圈交叠法嵌线是嵌 2 槽空 1 槽，嵌 1 槽空 2 槽，吊边数为 1，由于本绕组的线圈节距大，对内腔窄小的定子嵌线会困难，嵌线顺序见表 5-22。

表 5-22　交叠法

嵌线顺序		1	2	3	4	5	6	7	8	9	10	11	12	13	14	15	16	17	18
嵌入槽号	先嵌边	2	8	17	14		13		11		8		7		5				
	后嵌边					3		4		18		15		16		12	7	10	6

（5）绕组特点与应用。本绕组由交叉式绕组渐变而来，是同心交叉链的基本形式，常应用于小功率专用电动机，用 Y 形接法，出线 3 槽，可用于三相小功率电动机、三相油泵电动机、电钻等三相异步电动机。

二、36 槽 4 极单层同心交叉式绕组

（1）36 槽 4 极单层同心交叉式绕组展开图如图 5-29 所示。

（2）36 槽 4 极单层同心交叉式绕组布线接线图如图 5-30 所示。

（3）绕组参数。

定子槽数 $Z = 36$；每组圈数 $S = 11/2$；并联路数 $a = 1$；电机极数 $2p = 4$；极相槽数 $q = 3$；线圈节距 $y = 1\text{-}10$、$y = 6\text{-}9$、$y = 11\text{-}18$；总线圈数 $Q = 18$；绕组极距 $r = 9$；绕组系数 $K = 0.96$；绕圈组数 $n = 12$；每槽电角度 $\alpha = 20°$。

（4）嵌线方法。本例可用两种方法嵌线。

① 整嵌法：采用逐相整嵌线构成二平面绕组，嵌线顺序见表 5-23。

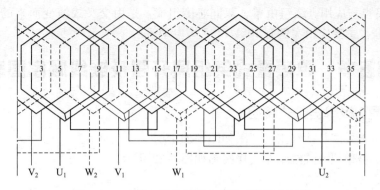

图 5-29　36 槽 4 极单层同心交叉式绕组展开图

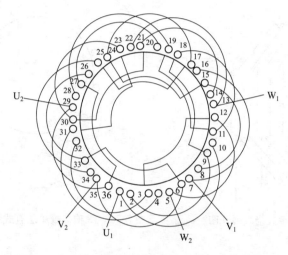

图 5-30　36 槽 4 极单层同心交叉式绕组布线接线图

表 5-23　整嵌法

嵌线顺序		1	2	3	4	5	6	7	8	9	10	11	12
槽号	下层	2	9	1	10	29	36	20	27	19	28	11	18
嵌线顺序		13	14	15	16	17	18	19	20	21	22	23	24
槽号	中平面	8	15	7	14	35	4	26	38	25	34	17	24
嵌线顺序		25	26	27	28	29	30	31	32	33	34	35	36
槽号	上层	14	21	13	22	5	15	32	3	31	4	23	30

② 交叠法：交叠嵌线吊边数 3，嵌线顺序见表 5-24。

表 5-24　交叠法

嵌线顺序		1	2	3	4	5	6	7	8	9	10	11	12	13	14	15	16	17	18
嵌入槽号	先嵌边	2	1	35	32		31		29		26		25		23		20		19
	后嵌边					3		4		38		33		34		30		27	
嵌线顺序		19	20	21	22	23	24	25	26	27	28	29	30	31	32	33	34	35	36
嵌入槽号	先嵌边		17		14		13		11		4		7		6				
	后嵌边	28		24		21		32		18		16		10		12	9	20	6

（5）绕组特点与应用。绕组由单、双同心圈组成，是由交叉式演变而来的形式，同组间接线是反接串联。主要应用实例有 J02L-36-4 型电动机。

第五节　单层叠式绕组展开图及嵌线顺序图表

一、12 槽 2 极单层叠式绕组

（1）12 槽 2 极单层叠式绕组展开图如图 5-31 所示。

（2）12 槽 2 极单层叠式绕组布线接线图如图 5-32 所示。

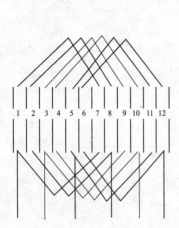

图 5-31　12 槽 2 极单层叠式绕组展开图

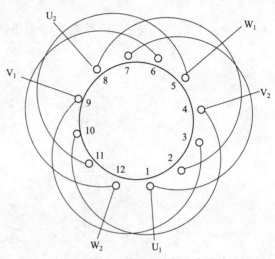

图 5-32　12 槽 2 极单层叠式绕组布线接线图

（3）绕组参数。

定子槽数 $Z=12$；每组圈数 $S=2$；并联路数 $a=1$；电机极数 $2p=2$；极相槽数 $q=2$；线圈节距 $y=1\text{-}7$、$y=6\text{-}8$；总线圈数 $Q=6$；绕组极距 $r=8$；绕组系数 $K=0.966$；绕圈组数 $n=3$；每槽电角度 $\alpha=30°$。

（4）绕线方法。绕组可采用两种嵌线方法。

① 交叠法：绕组端部较规整、美观，是常用的方法，嵌线顺序见表 5-25。

表 5-25　交叠法

嵌线顺序		1	2	3	4	5	6	7	8	9	10	11	12
嵌入槽号	先嵌边	2	1	10		9		6		5			
	后嵌边				4		4		12		11	8	2

② 整嵌法：嵌线时线圈两有效边相连嵌入相应槽内，无需吊边、便于内腔过窄的微电机采用。嵌线顺序见表 5-26。

表 5-26　整嵌法

嵌线顺序		1	2	3	4	5	6	7	8	9	10	11	12
嵌入槽号	下层	1	7	2	8								
	中平面					9	8	10	4				
	下层									5	10	6	12

(5) 绕组特点与应用。绕组采用隐极布线，是三相电动机最简单的绕组之一，每相只有一相交叠线圈，它的最大优点是无需内部接线；采用整嵌时端部形成三平面不够美观，此绕组仅用于小功率微型电机。

二、 24 槽 2 极单层叠式绕组

(1) 24 槽 2 极单层叠式绕组展开图如图 5-33 所示。

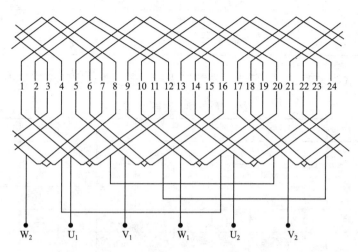

图 5-33　24 槽 2 极单层叠式绕组展开图

(2) 24 槽 2 极单层叠式绕组布线接线图如图 5-34 所示。

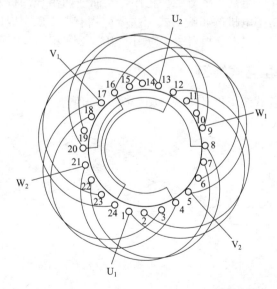

图 5-34　24 槽 2 极单层叠式绕组布线接线图

(3) 绕组参数。

定子槽数 $Z = 24$；每组圈数 $S = 2$；并联路数 $a = 1$；电机极数 $2p = 2$；极相槽数 $q = 4$；线圈节距 $y = 1\text{-}11$、$y = 6\text{-}12$；总线圈数 $Q = 12$；绕组极距 $r = 12$；绕组系数 $K = 0.958$；绕圈组数 $n = 6$；每槽电角度 $\alpha = 15°$。

(4) 绕线方法。绕组可采用两种嵌线方法。

① 交叠法：绕组端部较规整、美观，是常用的方法，嵌线顺序见表 5-27。

表 5-27 交叠法

嵌线顺序		1	2	3	4	5	6	7	8	9	10	11	12
嵌入槽号	先嵌边	2	1	22	21	16		17		14		12	
							4		3		24		23
	后嵌边	13	14	15	16	17	18	19	20	21	22	23	24
		10		9		6		5					
			20		19		16		15	12	11	8	7

② 整嵌法：嵌线无需吊边，但绕组端部形成三平面重叠，嵌线顺序见表 5-28。

表 5-28 整嵌法

嵌线顺序		1	2	3	4	5	6	7	8	9	10	11	12
嵌入槽号	下层	1	11	2	12	13	23	14	24				
	中平面									21	7	22	8
		13	14	15	16	17	18	19	20	21	22	23	24
	中平面	9	19	10	20								
	上层					5	15	6	16	17	3	18	4

（5）绕组特点与应用。本例为显极式布线，线圈组由两只单层等距交叠线圈组成，并由两组线圈构成一组，同相两组是"尾与尾"相接，从而使两组线圈极性相反，本绕组是单叠绕组，应用于老式的小功率电机的布线形式。主要应用有 J31-2、JW11-2 等产品；也可将相尾 A_2、V_2、W_2 接成星点，引出三根引线，应用于 JCB22 三相油泵电动机。

三、48 槽 4 极单层叠式绕组

（1）48 槽 4 极单层叠式绕组展开图展开图如图 5-35 所示。

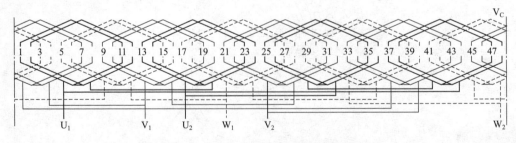

图 5-35　48 槽 4 极单层叠式绕组展开图

（2）48 槽 4 极单层叠式绕组布线接线图如图 5-36 所示。

（3）绕组参数。

定子槽数 $Z=48$；每组圈数 $S=2$；并联路数 $a=2$；电机极数 $2p=4$；极相槽数 $q=4$；线圈节距 $y=1-11$、$y=6-12$；总线圈 $Q=24$；绕组极距 $r=12$；绕组系数 $K=0.958$；绕圈组数 $n=12$；每槽电角度 $\alpha=15°$。

（4）接线方法。嵌线一般都采用交叠法后叠加式嵌线，嵌线顺序可参考上例，为适应某些数据嵌线习惯，本例介绍缩进式嵌线，以供参考，嵌线顺序见表 5-29。

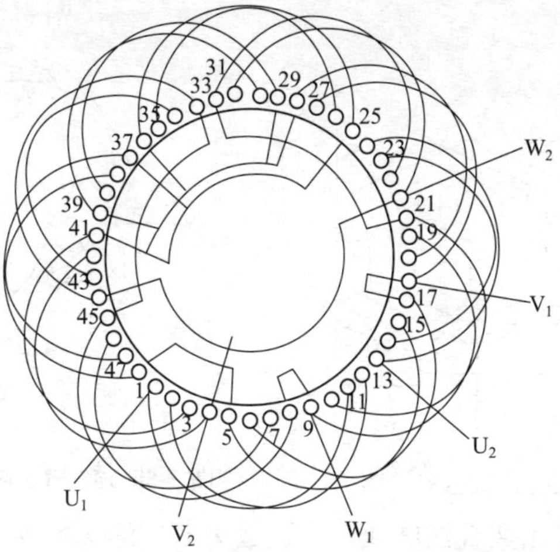

图 5-36　48 槽 4 极单层叠式绕组布线接线图

表 5-29　交叠法（渐进式嵌线）

嵌线顺序		1	2	3	4	5	6	7	8	9	10	11	12	13	14	15	16
嵌入槽号	先嵌边	11	12	15	16	19		20		23		24		27		28	
	后嵌边						9		16		13		14		17		18
嵌线顺序		17	18	19	20	21	22	23	24	25	26	27	28	29	30	31	32
嵌入槽号	先嵌边	34		32		35		34		39		40		43		44	
	后嵌边		21		22		29		28		29		30		33		34
嵌线顺序		33	34	35	36	37	38	39	40	41	42	43	44	45	46	47	48
嵌入槽号	先嵌边	47		48		3			7								
	后嵌边		37		38		41		42		45		46	1	2	5	6

（5）绕组特点与应用。本例布线与上面相同，由两只等节距交叠线圈组成线圈组，并由 4 组线圈构成一相绕组，但采用两路并联接线，接线是采用嵌线接线，逆向分路定线，例如，A$_1$ 进线分两路，一路线 A 根第 1 组线圈，逆时向走线，再与第 2 组反串连接，另一路从第 4 组进入，同时向嵌线与第 3 组反串连接后，将两组尾端并联出线 A$_2$，这种接线具有连接线短，接线方便等优点，两路并联时多采用这种接线形式。可用于电动机三相绕组和绕线转子电动机的转子绕组。

第六节　双层叠式绕组展开图及嵌线顺序图表

一、12 槽 2 极双层叠式绕组

（1）12 槽 2 极双层叠式绕组展开图如图 5-37 所示。

（2）12 槽 2 极双层叠式绕组布线接线图如图 5-38 所示。

（3）绕组参数。

定子槽数 $Z = 12$；每组嵌数 $S = 2$；并联路数 $a = 1$；电机极数 $2p = 2$；极相槽数 $q = 2$；分布系数 $K = 0.966$；总线槽数 $Q = 12$；绕组极距 $r = 6$；节距系数 $K = 0.966$；线圈组数 $A = 6$；线圈节距 $y = 5$；绕组系数 $K = 0.933$。

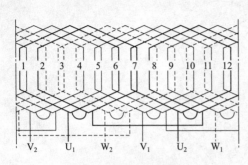

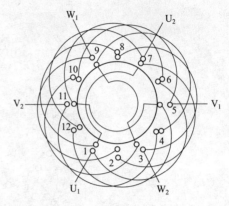

图 5-37　12槽2极双层叠式绕组展开图　　　图 5-38　12槽2极双层叠式绕组布线接线图

（4）嵌线方法。绕组采用交叠法嵌线，吊边数为5，嵌线顺序见表5-30。

表5-30　交叠法

嵌线顺序		1	2	3	4	5	6	7	8	9	10	11	12	13	14	15	16	17	18	19	20	21	22	23	24
嵌入槽号	下层	2	1	12	11	10	9		8		6		5		4		3								
	上层							2	1		12		11		10		9			8	7	6	5	4	3

（5）特点与应用。12槽铁芯是小功率电机，由于线圈节距大，采用双层嵌线有一定的工艺困难，仍有少量电机采用。

二、12槽4极双层叠式绕组展开图

（1）12槽4极双层叠式绕组展开图如图5-39所示。

（2）12槽4极双层叠式绕组布线接线图如图5-40所示。

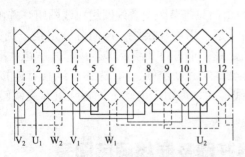

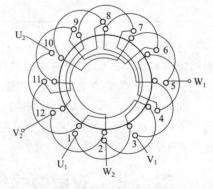

图 5-39　12槽4极双层叠式绕组展开图　　　图 5-40　12槽4极双层叠式绕组布线接线图

（3）嵌线方法。绕组采用交叠法嵌线，吊边数为2，嵌线顺序见表5-31。

表5-31　交叠法

嵌线顺序		1	2	3	4	5	6	7	8	9	10	11	12	13	14	15	16	17	18	19	20	21	22	23	24
嵌入槽号	下层	12	11	10		9		8		7		6		5		4		3		2		1			
	上层				12		11		10		9		8		7		6		5		4		3	2	1

（4）特点与应用。本例绕组采用短节距布线，有利于缩减高次谐波，用以提高电机的运行性能；但由于定子槽数少，绕组极距较短，短节距的绕组系数较低，此绕组应用较少，主要实例有 FTA3-5 仅用于排风扇。

三、24 槽 4 极双层叠式绕组

（1）24 槽 4 极双层叠式绕组展开图如图 5-41 所示。

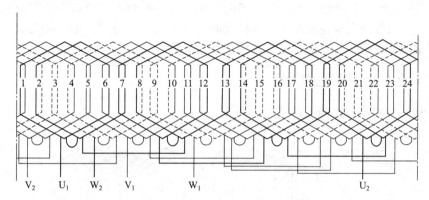

图 5-41　24 槽 4 极双层叠式绕组展开图

（2）24 槽 4 极双层叠式绕组布线接线图如图 5-42 所示。

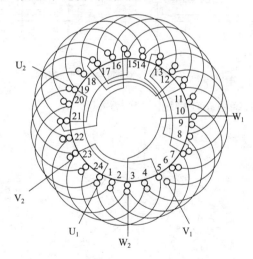

图 5-42　24 槽 4 极双层叠式绕组布线接线图

（3）绕组参数。

定子槽数 $Z = 24$；每组嵌数 $S = 2$；并联路数 $a = 1$；电机极数 $2p = 4$；极相槽数 $q = 1$；分布系数 $K = 0.966$；总线槽数 $Q = 24$；绕组极距 $\tau = 6$；节距系数 $K = 0.966$；线圈组数 $A = 12$；线圈节距 $y = 5$；绕组系数 $K = 0.933$。

（4）嵌线方法。本例采用交叠法嵌线，需吊边 5 个，嵌线顺序见表 5-32。

表 5-32　交叠嵌线

嵌线顺序		1	2	3	4	5	6	7	8	9	10	11	12	13	14	15	16	17	18	19	20	21	22	23	24
嵌入槽号	下层	24	23	22	21	20	19		18		17		16		15		14		13		12		11		10
	上层							24		23		22		21		20		19		18		17		16	

续表

嵌线顺序		25	26	27	28	29	30	31	32	33	34	35	36	37	38	39	40	41	42	43	44	45	46	47	48
嵌入槽号	下层		9		8		7		6		5		4		3		2		1						
	上层	15		14		13		12		11		10		9		8		7		6	5	4	3	2	1

（5）特点与应用。本例为节距缩短 1 槽的短距绕组。每相由 4 个双嵌线缩短构成，采用一路串联，相邻线圈组间极性要相反，即接线时组间要求"尾与尾"或"头与头"相接。此绕线是双层叠绕 4 极绕组，可用于定子绕组及转子绕组等。

四、24 槽 4 极双层叠式绕组

（1）24 槽 4 极双层叠式绕组展开图如图 5-43 所示。

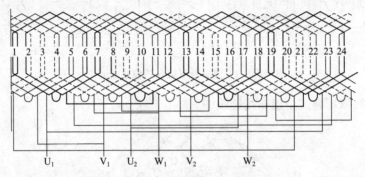

图 5-43　24 槽 4 极双层叠式绕组展开图

（2）24 槽 4 极双层叠式绕组布线接线图如图 5-44 所示。

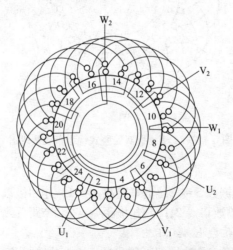

图 5-44　24 槽 4 极双层叠式绕组布线接线图

（3）绕组参数。

定子槽数 $Z=24$；每组嵌数 $S=2$；并联路数 $a=2$；电机极数 $2p=4$；极相槽数 $q=2$；分布系数 $K=0.966$；总线槽数 $Q=24$；绕组极距 $r=6$；节距系数 $K=0.966$；线圈组数 $A=12$；线圈节距 $y=5$；绕组系数 $K=0.933$。

（4）嵌线方法。采用交叠法嵌线，吊边数为5，嵌线顺序见表5-33。

表 5-33　交叠法

嵌线顺序		1	2	3	4	5	6	7	8	9	10	11	12	13	14	15	16
嵌入槽号	下层	2	1	24	23	22	21		20		19		18		17		16
	上层							2		1		24		23		22	
嵌线顺序		17	18	19	20	21	22	23	24	25	26	27	28	29	30	31	32
嵌入槽号	下层		15		14		13		12		11		10		9		8
	上层	21		20		19		18		17		16		15		14	
嵌线顺序		33	34	35	36	37	38	39	40	41	42	43	44	45	46	47	48
嵌入槽号	下层		7		6		5		4		3						
	上层	13		12		11		10		9		8	7	6	5	4	3

（5）特点与应用。此绕组布线同上例，但接线为两路并联，并采用反向走线短跳连接，即进线分左、右两路接线，每路由两组线圈反极性串联而成，但必须保持同槽相邻线圈极性相反的原则，此嵌线主要应用于转子绕组。

五、36槽4极双层叠式绕组

（1）36槽4极双层叠式绕组展开图如图5-45所示。

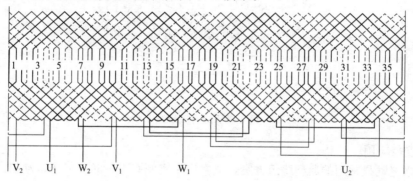

图 5-45　36槽4极双层叠式绕组展开图

（2）36槽4极双层叠式绕组布线接线图如图5-46所示。

（3）绕组参数。

定子槽数 $Z=36$；每组嵌数 $S=3$；并联路数 $a=1$；电机极数 $2p=4$；极相槽数 $q=3$；分布系数 $K=0.96$；总线槽数 $Q=36$；绕组极距 $\tau=9$；节距系数 $K=0.96$；线圈组数 $A=12$；线圈节距 $y=7$；绕组系数 $K=0.933$。

（4）嵌线方法。采用交叠法嵌线，吊边数为7，嵌线顺序见表5-34。

表 5-34　交叠法

嵌线顺序		1	2	3	4	5	6	7	8	9	10	11	12	13	14	15	16	17	18
嵌入槽号	先嵌边	36	35	34	33	32	31	30	29		28		27		26		25		24
	后嵌边									36		35		34		33		32	

续表

嵌线顺序		19	20	21	22	23	24	25	26	27	28	29	30	31	32	33	34	35	36
嵌入槽号	先嵌边		23		22		21		20		19		18		17		16		15
	后嵌边	31		30		29		28		27		26		25		24		23	
嵌线顺序		37	38	39	40	41	42	43	44	45	46	47	48	49	50	51	52	53	54
嵌入槽号	先嵌边		14		13		12		11		10		9		8		7		6
	后嵌边	22		21		20		19		18		17		16		15		14	
嵌线顺序		55	56	57	58	59	60	61	62	63	64	65	66	67	68	69	70	71	72
嵌入槽号	先嵌边		5		4		3		2		1								
	后嵌边	13		12		11		10		9		8	7	6	5	4	3	2	1

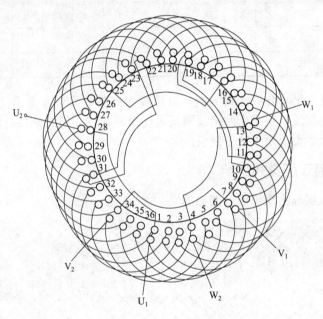

图 5-46　36 槽 4 极双层叠式绕组布线接线图

（5）特点与应用。

此系 4 极电动机常用的典型绕组方案，主要应用实例有 J06-66-4 异步电动机。

六、36 槽 4 极双层叠式绕组

（1）36 槽 4 极双层叠式绕组展开图如图 5-47 所示。

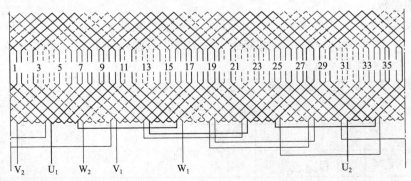

图 5-47　36 槽 4 极双层叠式绕组展开图

（2）36槽4极双层叠式绕组布线接线图如图5-48所示。

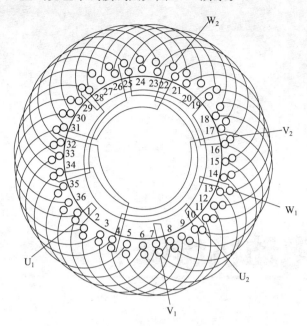

图5-48　36槽4极双层叠式绕组布线接线图

（3）绕组参数。

定子槽数$Z=36$；每组嵌数$S=3$；并联路数$a=2$；电机极数$2p=4$；极相槽数$q=3$；分布系数$K=0.96$；总线槽数$Q=36$；绕组极距$r=9$；节距系数$K=0.94$；线圈组数$A=12$；线圈节距$y=7$；绕组系数$K=0.933$。

（4）嵌线方法。采用交叠法嵌线，吊边数为7，嵌线顺序见表5-35。

表5-35　交叠法

嵌线顺序		1	2	3	4	5	6	7	8	9	10	11	12	13	14	15	16	17	18
嵌入槽号	下层	36	35	34	33	32	31	30	29		28		27		26		25		24
	上层								36		35		34		33		32		

嵌线顺序		19	20	21	22	23	24	25	…	47	48	49	50	51	52	53	54
嵌入槽号	下层		23		22		21		…		9		8		7		6
	上层	31		30		29		28	…	17		16		15		14	

嵌线顺序		55	56	57	58	59	60	61	62	63	64	65	66	67	68	69	70	71	72
嵌入槽号	下层		5		4		3		2		1								
	上层	13		12		11		10		9		8	7	6	5	4	3	2	1

（5）特点与应用。本例是4极电动机最常用的绕组形式之一，每组有3只线圈，每槽由4组线圈分两路并联而成，每一支路由两线圈相反接性线圈串联接线。

第六章

单相电动机维修

第一节　单相异步电动机的结构及原理

一、单相异步电动机的结构

单相异步电动机的结构与小功率三相异步电动机比较相似，也是由机壳、转子、定子、端盖、轴承等部分组成。定子部分由机座、端盖、轴承定子铁芯和定子绕组组成。

单相异步电动机的定子部分是由机座、端盖、轴承、定子铁芯和定子绕组组成。由于单相电动机种类不同，定子结构可分为凸极式及隐极式。凸极式主要应用于置极式电动机，而分相式电动机主要应用隐极结构。

1. 罩极电动机的定子

（1）凸极式罩极电动机的定子如图 6-1 所示。

凸极式罩极电动机的定子是由凸出的磁极铁芯和励磁主绕组线包以及罩极短路环组成的。这种电动机的主绕组线包都绕在每个凸出磁极的上面。每个磁极极掌的一端开有小槽，将一个短路环或者几匝短路线圈嵌入小槽内，用其罩住磁极 1/3 左右的极掌。这个短路环又称为罩极圈。

（2）隐极式罩极电动机的定子如图 6-2 所示。

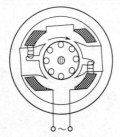

图 6-1　凸极式罩极电动机的定子示意图

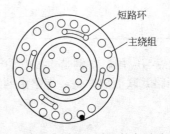

图 6-2　隐极式罩极电动机的定子示意图

隐极式罩极电动机的定子由圆形定子铁芯、主绕组以及短路绕组（短路线圈）组成，用硅钢片叠成的隐极式罩极电动机的圆形定子铁芯，上面有均匀分布的槽。有主绕组和短路绕组嵌在槽内。在定子铁芯 S 槽内分散嵌着隐极式罩极电动机的主绕组。它置于槽的底层，有很多匝。罩极短路线圈嵌在铁芯槽的外层匝数较少，线径较粗（常用 1.5mm 左右的高强度漆包线）。它嵌在铁芯槽的外层。短路线圈只嵌在部分铁芯定子槽内。

在嵌线时要特别注意两套绕组的相对空间位置，主要是为了保证短路线圈有电流时产生的磁通在相位上滞后于主绕组磁通一定角度（一般约为 45°），以便形成电动机的旋转气隙磁场，如图 6-3 所示。

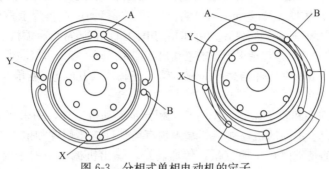

图 6-3　分相式单相电动机的定子
A—X 主绕组；B—Y 副绕组

2. 分相式单相电动机的定子（如图 6-3 所示）

分相式单相电动机，虽然有电容分相式、电阻分相式、电感分相式三种形式，但是其定子结构、嵌线方法均相同。

分相式定子铁芯一片片叠压而成，且为圆形，内圆开成隐极槽；槽内嵌有主绕组和副绕组（启动绕组），主、副绕组的相对位置相差 90°。

家用电器中的洗衣机电动机主绕组与副绕组匝数、线径、在定子腔内分布、占的槽数均相同。主绕组与副绕组在空间互相差 90°电角度。电风扇电动机和电冰箱电动机的主绕组和副绕组匝数、线径及占的数槽都不相同。但是主绕组与副绕组在空间的相对位置互相也差 90°电角度。

3. 单相异步电动机的转子（如图 6-4 所示）

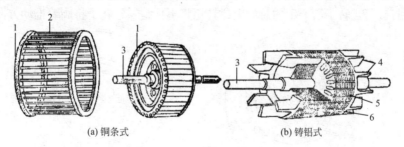

(a) 铜条式　　　　　　　　　　(b) 铸铝式

图 6-4　笼型转子示意图
1—端环；2—铜鼠笼条；3—转轴；4—风叶；5—压铸鼠笼；6—端环

转子是电动机的旋转部分，它由电机轴、转子铁芯以及鼠笼组成。

单相异步电动机大多采用斜槽式笼型转子，主要是为了改善启动性能。转子的鼠笼导条两端，一般相差一个定子齿距。鼠笼导条和端环多采用铝材料一次铸造成形。鼠笼端环的作用是将多条鼠笼导条并接起来，形成环路，以便在导条产生感应电动势时，能够在导条内部形成感应电流。电动机的转子铁芯为硅钢片冲压成形后，再叠制而成。这种笼型转子结构比较简单，不仅造价低，而且运行可靠；因此应用十分广泛。

4. 其他

电动机除定子、转子外，风扇及风扇罩，还有外壳、端盖，由铸铁（或铝合金）制成，用来固定定子、转子，并在端盖加装轴承，装配好后电机轴伸在外边，这样电机通电可旋转。

电动机装配好之后，在定子、转子之间有 0.2～0.5mm 的工作间隙，产生旋转磁场使转子旋转。

（1）机座　机座结构随电动机冷却方式、防护形式、安装方式和用途而异。按其材料分类，有铸铁、铸铝和钢板结构等几种。

铸铁机座，带有散热筋。机座与端盖连接，用螺栓紧固。铸铝机座一般不带有散热筋。钢板结构机座是由厚为 1.5～2.5mm 的薄钢板卷制、焊接而成，再焊上钢板冲压件的底脚。

有的专用电动机的机座相当特殊，如电冰箱的电动机，它通常与压缩机一起装在一个密封的罐子里。而洗衣机的电动机，包括甩干机的电动机，均无机座，端盖直接固定在定子铁芯上。

（2）铁芯　铁芯由磁钢片冲槽叠压而成，槽内嵌装两套互隔 90°电角度的主绕组（运行绕组）和副绕组（启动绕组）。

铁芯包括定子铁芯和转子铁芯，作用与三相异步电动机一样，用来构成电动机的磁路。

（3）端盖　相应于不同的机座材料、端盖也有铸铁件、铸铝件和钢板冲压件。

（4）轴承　转轴是支撑转子的重量，传递转矩，输出机械功率的主要部件。轴承有滚珠轴承和含油轴承。

二、单相异步电动机的工作原理

单相异步电动机只有一个绕组，转子是笼型的。当单相正弦电流通过定子绕组时，电动机就会产生一个交变磁场，这个磁场的强弱和方向随时间作正弦规律变化，但在空间方位上是固定的，所以又称这个磁场是交变脉动磁场。当电流正半周时磁场方向垂直向上 ［如图 6-5（a）所示］，当电流负半周时磁场方向垂直向下 ［如图 6-5（b）所示］。这个交变脉动磁场可分解为两个大小一样、转速相同、旋转方向互为相反的旋转磁场，当转子静止时，这两个旋转磁场在转子中产生两个大小相等、方向相反的转矩，使得合成转矩为零，所以电动机无法旋转。当我们用外力使电动机向某一方向旋转时（如顺时针方向旋转），这时转子与顺时针旋转方向的旋转磁场间的切割磁力线运动变小；转子与逆时针旋转方向的旋转磁场间的切割磁力线运动变大。这样平衡就打破了，转子所产生的总的电磁转矩将不再是零，转子将顺着推动方向旋转起来。

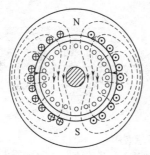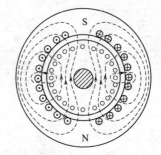

(a) 电流正半周产生的磁场　　　　(b) 电流负半周产生的磁场

图 6-5　电流产生的磁场

通过上述分析可知：单相异步电动机转动的关键是产生一个启动转矩。各种单相异步电动机产生启动转矩的方法也不同。

要使单相电动机能自动旋转起来，我们可在定子中加上一个副绕组，副绕组与主绕组在空间上相差 90°，副绕组要串接一个合适的电容，使得与主绕组的电流在相位上近似相差 90°的空间角，即所谓的分相原理。这样两个在时间上相差 90°的电流通入两个在空间上相差 90°的绕组，将会在空间上产生（两相）旋转磁场，如图 6-6 所示。

在这个旋转磁场作用下，转子就能自动启动，启动后，待转速升到一定时，借助于一个

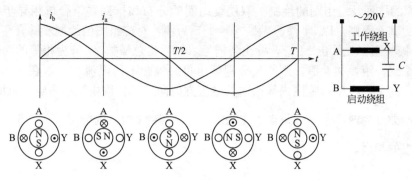

图 6-6　旋转磁场

安装在转子上的离心开关或其他自动控制装置将启动绕组断开，正常工作时只有主绕组工作。因此，启动绕组可以做成短时工作方式。但有很多时候，启动绕组并不断开，我们称这种电动机为电容式单相电动机，要改变这种电动机的转向，可由改变电容器串接的位置来实现。

　　在单相电动机中，产生旋转磁场的另一种方法称为罩极法，又称单相罩极式电动机。此种电动机定子做成凸极式的，有两极和四极两种。每个磁极在 1/4-1/4 全极面处开有小槽，把磁极分成两个部分，在小的部分上套装上一个短路铜环，好像把这部分磁极罩起来一样，所以叫罩极式电动机。单相绕组套装在整个磁极上，每个极的线圈是串联的，连接时必须使其产生的极性依次按 N、S、N、S 排列。当定子绕组通电后，在磁极中产生主磁通，根据楞次定律，其中穿过短路铜环的主磁通在铜环内产生一个在相位上滞后 90°的感应电流，此电流产生的磁通在相位上也滞后于主磁通，它的作用与电容式电动机的启动绕组相当，从而产生旋转磁场使电动机转动起来。

三、单相异步电动机的绕组

　　单相异步电动机的定子绕组有多种不同的形式。按槽中导体的层数分，有单层和双层绕组；按绕组端部的形状分，单层绕组又有同心式、交叉式和链式等几种，双层绕组又可分为叠绕组和波绕组；按槽中导体的分布规律来分，则有分布绕组和集中绕组，分布绕组又有正弦绕组和非正弦绕组之分。

　　选择单相异步电动机的绕组形式时，除需考虑满足电动机的性能要求外，电动机的定子内径小，嵌线困难，绕线和嵌线工艺性及工时也往往是决定取舍的一个主要因素。除凸极式罩极单相异步电动机的定子为集中绕组外，其他各种形式单相异步电动机的定子绕组均采用分布绕组。为了嵌线方便，一般又多采用单层绕组。为了削弱高次谐波磁势，改善电动机的运行和启动性能，又常采用正弦绕组。

四、单相异步电动机绕组及嵌线方法

1. 双层叠绕组

　　双层叠绕组也称双层绕组。采用这种绕组时，在定子铁芯的槽中有上、下两层线圈，两层线圈中间用层间绝缘隔开。如果线圈的一边在槽中占一层位置，则另一边在另一槽中占下层位置。各线圈的形状一样，互相重叠，故称叠绕组。双层绕组的应用比较灵活，它的线圈节距能任意选择，可以是整距，也可以是短距。短距绕组能削弱感应电势中的谐波电势及磁势中的谐波磁势，可以改善电动机的启动和运行性能。尽管在单相异步电动机中大多采用单层绕组，但低噪声、低振动的精密电动机仍采用双层绕组。通常，一般将绕组的节距缩短 1/3 极距，即采用 $y = \dfrac{2}{3}r(r$ 为极距)。图 6-7 所示为电阻分相式单相异步电动机定子双层绕组的构成及展开图。定子槽数 $Q = 24$，极数 $2p = 4$，主绕组占 16 槽，副绕组占 8 槽。

（1）线圈的排列及绕组图的绘制　双层绕组圈的分布和排列要符合单相异步电动机张组构成与排列的基本原则。以 24 槽、4 极、$y=1\text{-}5$ 为例，对绕组图的绘制步骤介绍如下。

① 划分极相组：先绘出 24 槽，标出各槽号，然后将总槽数 24 分为相等的四份。第一等份即代表一个磁极距，共 6 槽，用箭头分别标出每一极距下的电流方向，在 r_1 和 r_3 范围内，线槽电流方向向上，r_2 和 r_4 范围内线槽内的电流方向向下。再按主绕组占定子总槽数的比例，将每极下的槽数分为两部分，即每极下主绕组占 $\frac{2}{3}\times 6=4$ 槽，副绕组占 $\frac{1}{3}\times 6=2$ 槽。最后，标出各极相组的相属。

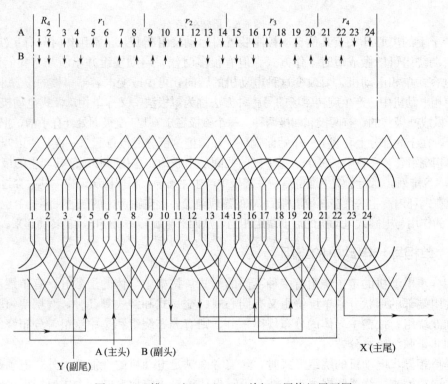

图 6-7　24 槽、4 极、$y=1\text{-}5$ 单相双层绕组展开图

② 连接主绕组：将各级相组所属的线圈依次串成一个线圈组，再标槽号。即线圈上层边所占的槽为定子槽号。下层边应嵌的槽号由线圈的节距来确定，如图 6-8 所示。由于线圈组的数目等于极数，所以 4 个线圈组应按反串联接法连接，引出两个端头 D_1 和 D_2，即形成主绕组。

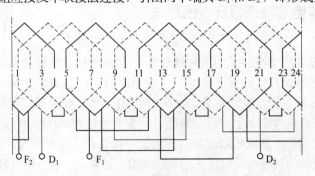

图 6-8　24 槽、4 极、$y=1\text{-}5$ 单链绕组展开图（$Q=4$，$Q=2$）

③ 连接副绕组：副绕组共占 8 槽，每极下占 2 槽，各自串联起来后共有 4 个线圈组。同

主绕组一样，采用反串联接法连接，引出两个端头 F_1 和 F_2，即形成副绕组。

（2）嵌线方法　双层绕组嵌线方法比较简单，仍以定子 24 槽、4 极电动机为例。其嵌线顺序如下。

① 选好起嵌槽的位置，嵌线前，应先妥善选好嵌槽的位置，使引出线靠近出线孔。

② 确定吊把线圈数，开始嵌线时，先确定暂时不嵌的吊把线圈数，其数目与线圈节距的跨槽数 y 相等。本例中 $y=4$，即有 4 只线圈的上层边暂时不嵌，嵌线时先嵌它们的下层边。

③ 主、副绕组嵌线顺序：先将主绕组的线圈组 5、6、7、8 线圈的下层边嵌入 9、10、11、12 槽内，上层边暂不嵌，然后将副绕组的线圈组 9、10 线圈的下层边嵌入 18、14 槽内，上层边嵌入 9、10 槽内。依次嵌入其后各线圈的下层边与上层边。嵌线时，每个线圈下层边嵌入槽内后，都要在它的上面垫好层间绝缘。待全部线圈的下层边嵌入后，再将吊把线圈上层边依次嵌入槽的上层。

④ 绕组的连接：主、副绕级各自按"反串"法连接（头接头，尾接尾）。即上层边引出线接上层边引出线，下层边引出线接下层边引出线。或称面线接面线，底线接底线。

2. 单层链式绕组

24 槽、4 极单链绕组的展开图如图 6-8 所示。每极下主绕组占 4 槽（$Q=4$），副绕组占 2 槽（$Q=2$）。

当单相异步电动机主、副绕组采用单层链式绕组时，其绕组排列和连接方法与双层绕组相似（如图 6-8 所示）。绕圈节距 $y=5$，从形式上看，线圈节距比极距短了一槽，但从两极的中心线距离来看仍属于全距绕组。

3. 单层等距交叉绕组

图 6-9 所示为 24 槽、4 极、$y=6$ 等距交叉绕组展开图。主、副绕组线圈的端部系叉开朝不同的方向排列。这种绕组的节距为偶数。各极相组间采用"反串"法连接。

嵌线方法如图 6-9 所示，确定好起嵌槽的位置后，先把主绕组两个线圈下层依次嵌入槽 7、8 内，上层边暂不嵌。空两槽，再把主绕组两个线圈下层边依次嵌入槽 11、12 内，上层边依次嵌入槽 5、6 内。再空两槽，将副绕组两个线圈下层边依次嵌入 15、16 槽内，上层边依次嵌入 9、10 槽内，以后按每空二嵌二规律，依次把主、副绕组嵌完。然后，把吊把线圈的上层边嵌入槽内，整个绕组即全部嵌好。

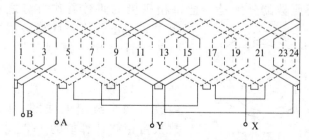

图 6-9　24 槽、4 极、$y=6$ 等距交叉线组展开图（$Q=24$，$Q=2$）

4. 单层同心式绕组

单层同心式绕组是由节距不同、大小不等面轴线因心的线圈组成的。这种绕组的绕线和嵌线都比较简单，因此在单相异步电动机中采用最广泛。

图 6-10 所示为 24 槽、4 极单层同心式绕组展开图。绕组的拓列和连接方法与单相异步电动机的绕组相同。上、副绕组的线圈组之间为"反串"接法。线圈组的大小线圈之间采用头尾相接，连成线圈组。

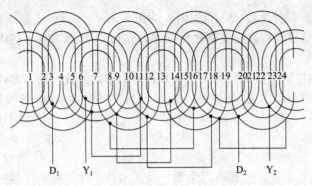

图 6-10   24 槽、4 极单层同心式绕组展开图

5. 单叠绕组

图 6-11 所示为 24 槽、4 极单叠绕组展开图。这种绕组的线圈端部不均匀，明显地分为两部分。主、副绕组的线圈组之间采用"顺串"法连接（头接尾，尾接头），即底线接面线，面线接底线。

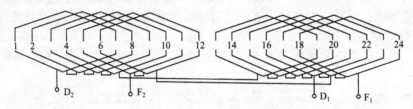

图 6-11   24 槽、4 极单叠绕组展开图（$Q=4$，$Q=2$）

6. 正弦绕组

正弦绕组是单相异步电动机广泛采用的另一种绕组形式。正弦绕组每极下各槽的导线数互不相等，并按照正弦规律分布，这种绕组一般均为同心式结构。通常，线圈的节距越大，匝数越多；线圈的节距越小，匝数越少。由于同一相线圈内的电流相等，而每个线圈匝数不等，所以各槽电流与槽内导体数成正比。当各槽的导体按正弦规律分布时，槽电流的分布也将符合正弦波形，因而正弦绕组建立的磁势、空间分布波形也接近正弦波。

正弦绕组可以明显地削弱高次谐波磁势，从而可发送电动机的启动和运行性能。

采用正弦绕组后，电动机定子铁芯槽内主、副绕组不再按一定的比例分配，而各自按不同数量的导体分布在定子各槽中。

正弦绕组每极下匝数的分配是，把每相每极的匝数看作百分之百，根据各线圈节距 1/2 的正弦值来计算各线圈匝数所应占每极匝数的百分比。根据节距和槽内导体分布情况，正弦绕组可以分为偶数节距和奇数节距，如图 6-12 所示。在奇数节距时，槽 1 和槽 10 内放有两个绕组的线圈，因此线圈 1-10 的匝数只占正弦计算值的 1/2。

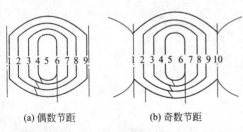

(a) 偶数节距   (b) 奇数节距

图 6-12   偶数和奇数节距的正弦绕组

以图 6-12 所示的正弦绕组（每极下有 9 槽，每极串联导体的总匝数为 W）为例，说明各槽导体数求法。

① 偶数节距方案：线圈 1-9 节距 1/2 的正弦值 $= \sin\left(\dfrac{8}{9} \times 90°\right) = \sin 80° = 0.985$

线圈 2-8 节距 1/2 的正弦值 $= \sin\left(\dfrac{6}{9} \times 90°\right) = \sin 60° = 0.866$

线圈 3-7 节距 1/2 的正弦值 $= \sin\left(\dfrac{4}{9} \times 90°\right) = \sin 40° = 0.643$

线圈 4-6 节距 1/2 的正弦值 $=\sin\left(\dfrac{2}{9}\times90°\right)=\sin20°=0.342$

每极下各线圈正弦值的和为
$0.985+0.866+0.643+0.342=2.836$

各线圈匝数的分配分别为

线圈 1-9 为 $\dfrac{0.985}{2.836}=0.347$

即为每极总匝数 W 的 34.7%。

线圈 2-8 为 $\dfrac{0.866}{2.836}=0.305$

即为每极总匝数 W 的 30.5%。

线圈 3-7 为 $\dfrac{0.643}{2.836}=0.227$

即为每极总匝数 W 的 22.7%。

线圈 4-6 为 $\dfrac{0.342}{2.836}=0.121$

即为每极总匝数 W 的 12.1%。

② 奇数节距方案：奇数节距方案每极下各线圈匝数的求法步骤和偶数节距大都相同，不同的是节距为整距（$y=9$）的那一只线圈，由于有 1/2 在相邻的另一极下，故其线圈节距 1/2 的正弦值应计算值的 1/2。则有

线圈 1-10 节距 1/2 的正弦值 $=\dfrac{1}{2}\sin\left(\dfrac{9}{9}\times90°\right)=\dfrac{1}{2}\sin90°=0.5$

线圈 2-9 节距 1/2 的正弦值 $=\sin\left(\dfrac{7}{9}\times90°\right)=\sin70°=0.9397$

线圈 3-8 节距 1/2 的正弦值 $=\sin\left(\dfrac{5}{9}\times90°\right)=\sin50°=0.766$

线圈 4-7 节距 1/2 的正弦值 $=\sin\left(\dfrac{3}{9}\times90°\right)=\sin30°=0.5$

每极下各线圈正弦值的和为
$0.5+0.9397+0.766+0.5=2.706$

各线圈匝数的分配分别为

线圈 1-10 为 $\dfrac{0.5}{2.706}=0.185$

即为每极总匝数 W 的 18.5%。

线圈 2-9 为 $\dfrac{0.9397}{2.706}=0.347$

即为每极总匝数 W 的 34.7%。

线圈 3-8 为 $\dfrac{0.766}{2.706}=0.283$

即为每极总匝数 W 的 28.3%。

线圈 4-7 为 $\dfrac{0.766}{2.706}=0.185$

即为每极总匝数 W 的 18.5%。

正弦绕组可有不同的分配方案，对不同的分配方案，基波系数的大小和谐波含量也有差

别。通常，线圈所占槽数越多，基波绕组秒数越小，谐波强度也越小。另外，由于小节距线圈所包围的面积小，产生的磁通也少，所以对电动机性能的影响也很小。有时为了节约铜线，常常去掉不用。

五、常用的单相异步电动机定子绕组举例

1. 洗衣机电动机的定子绕组（洗涤电动机，如图 6-13 与图 6-14 所示）

洗衣机电动机多为 24 槽 4 极，电容分相式电动机。定子绕组采用正弦绕组的第二种嵌线方式。电动机定子的主绕组和副绕组匝数、线径及绕组分布都相同。

由图 6-13 可知，每极下每相绕组只有两个线圈（大线圈和小线圈）。大线圈的跨距为 y_{1-7}，小线圈的跨距为 $y_{2-6}=4$。主、副绕组对应参数相同，只需要大、小两套线圈模具即可。这种定子绕组的嵌线方式目前使用得比较多。

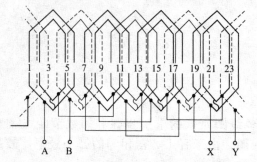

图 6-13　洗衣机电动机第一种定子绕组展开图　　图 6-14　洗衣机电动机第二种定子绕组展开图

大、小线圈的匝数：y_{1-6}，大线圈＝90 圈；y_{2-7} 小线圈＝180 圈。

白兰牌洗衣机电动机定子绕组展开图如图 6-13 所示。图中主、副绕组大线圈单独占定子槽，主绕组和副绕组的小线圈边合用定子槽。例如在 2 号槽内不仅有主绕组的小线圈边，还有副绕组的小线圈边。

属于洗衣机电动机定子绕组第二种嵌线方式、有关每极每相各线圈匝数为：

y_{1-6}，大线圈＝180 圈；y_{2-5}，小线圈＝90 圈，实际每相绕组匝数为 90＋180＝270 圈。

通过上述分析，可以得出洗衣机电动机定子绕组的大线圈匝数与小线圈匝数比为 1∶2 或 2∶1。绕组的导线线径 ϕ＝0.36～0.38mm。

2. 电冰箱压缩机电动机定子绕组

电冰箱压缩机电动机有两种：第一种为 32 槽，4 极电动机；第二种为 24 槽，2 极电动机。

（1）北京某冰箱厂生产的电冰箱压缩机电动机定子绕组展开图和有关参数

① 定子展开图如图 6-15、图 6-16 所示。

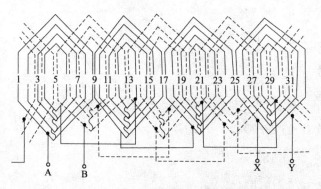

图 6-15　LD5801 型电冰箱压缩机定子绕组展开图

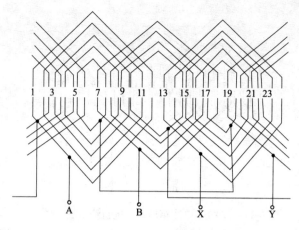

图 6-16 QF-12-75 和 QF-12-93 型电冰箱压缩机定子绕组展开图

② 电动机有关参数见表 6-1。

表 6-1 电动机有关参数

压缩机型号		LD5801		QF-12-75		QF-12-93	
工作电压/V		200		220		220	
额定电流/A		1.4		0.9		1.2	
输出功率/W		93		75		93	
额定转速/（r/min）		1450		2800		2800	
定子绕组采用 QZ 或 QF 漆包线		运行	启动	运行	启动	运行	启动
导线直径/mm		0.64	0.35	0.59	0.31	0.64	0.35
匝数	小小线圈	71		45		36	
	小线圈	96	33	67	60	70	40
	中线圈	125	40	101	70	81	60
	大线圈	65	50	117	100	92	70
	大大线圈			120	140	98	200
定子绕组匝数		357×4	123×4	470×2	370×2	379×2	370×2
绕组电阻值（直流电阻）/Ω		17.32	20.8	16.3	45.36	11.81	41.4
定子铁芯槽数		32		24		24	
绕组跨距	小小线圈	2		3		3	
	小线圈	4	4	5	5	5	5
	中线圈	6	6	7	7	7	7
	大线圈	8	8	9	9	9	9
	大大线圈			11	11	11	11
定子铁芯叠厚/mm		28		25		25	

（2）天津某医疗机械厂生产的电冰箱压缩机电动机绕组展开图和有关参数

① LD-1-6 电冰箱压缩机电动机绕组展开图如图 6-17 所示。

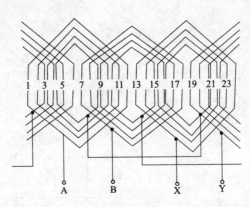

图 6-17　LD-1-6 电冰箱压缩机电机绕组展开图

② 5608（Ⅰ）型和 5608（Ⅱ）型电冰箱压缩机电动机绕组展开图如图 6-18 所示。

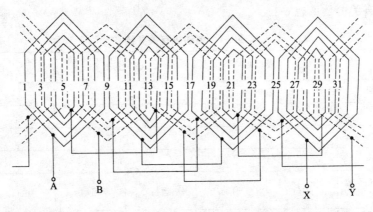

图 6-18　5608（Ⅰ）型和 5608（Ⅱ）型电冰箱压缩机电动机绕组展开图

③ 电动机有关参数见表 6-2。

表 6-2　电动机有关参数

压缩机型号		LD-1-6		5608（Ⅰ）		5608（Ⅱ）	
工作电压/V		220		220		220	
额定电流/A		1.1		1.6		1.6	
输出功率/W		93		125		125	
额定转速/（r/min）		2800		1450		1450	
定子绕组采用 QZ 或 QF 漆包线		运行	启动	运行	启动	运行	启动
导线直径/mm		0.64	0.35	0.7	0.37	0.72	0.35
匝数	小小线圈			62		59	
	小线圈	65	41	91	33	61	34
	中线圈	85	50	110	54	81	46
	大线圈	113	120^{+65}_{-26}	100	70	46	50
	大大线圈	113	119^{+20}_{-97}				
绕组总匝数		370×2	238×2	363×2	157×4	247×4	130×4

续表

压缩机型号		LD-1-6		5608（Ⅰ）		5608（Ⅱ）	
绕组电阻值（直流电阻）/Ω		12	33	14	27.2	10.44	23.52
定子铁芯槽数		24		32		32	
绕组跨距	小小线圈			2		2	
	小线圈	5	5	4	4	4	4
	中线圈	7	7	6	6	6	6
	大线圈	9	9	8	8	8	8
	大大线圈	11	11				
定子铁芯叠厚/mm		28		36		36	

（3）沈阳某医疗器械厂生产的冰箱压缩机电动机定子绕组展开图和有关数据

① FB-516 型电冰箱压缩机电动机绕组展开图如图 6-19 所示。

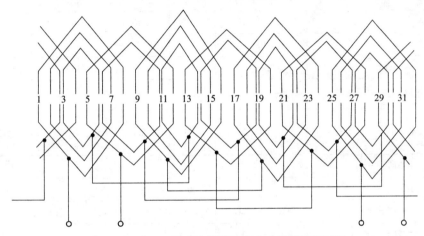

图 6-19　FB-516 型电冰箱压缩机电动机绕组展开图

② FB-517 型电冰箱压缩机电动机绕组展开图如图 6-20 所示。

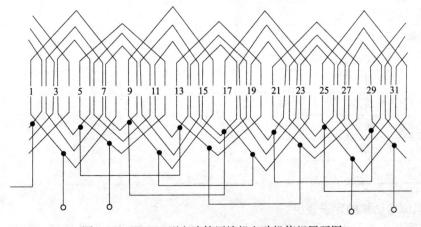

图 6-20　FB-517 型电冰箱压缩机电动机绕组展开图

③ FB-505 型电冰箱压缩机电动机绕组展开图如图 6-21 所示。

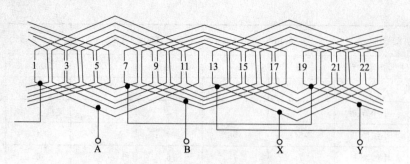

图 6-21　FB-505 型电冰箱压缩机电动机绕组展开图

④ 电动机有关参数见表 6-3。

表 6-3　电动机有关参数

压缩机型号		FB-516		FB-516（517 Ⅰ）		FB-505		FB-517 Ⅱ	
工作电压/V		220		220	220		220		220
额定电流/A		1.2～1.5		1.7	1.3		0.7		1.1
输出功率/W		93		93	93		65		93
额定转速/（r/min）		1450		1450	1450		2850		2850
定子绕组采用 QZ 或 QF 漆包线		运行	启动	运行	启动	运行	启动	运行	启动
导线直径/mm		0.59～0.61	0.38	0.38	0.38	0.51	0.31	0.64	0.38
匝数	小小线圈					88	53	41	
	小线圈	90		90	18	88	53	78	46
	中线圈	118	41	110	35	131	79	88	64
	大线圈	122	102	137	95	131	79	103	68
	大大线圈					175	104	105	70
绕组总匝数		330×4	143×4	337×4	148×4	618×2	368×2	415×2	248×2
绕组电阻值（直流电阻）/Ω		19～20	24～25	14～16	21				
定子铁芯槽数		32		32		24		24	
绕组跨距	小小线圈					3	3	3	
	小线圈	3		3	3	5	5	5	5
	中线圈	5	5	5	5	7	7	7	7
	大线圈	7	7	7	7	9	9	9	9
	大大线圈					11	11	11	11
定子铁芯叠厚/mm		28		28		30		40	

3. 电风扇电动机的定子绕组

电风扇所用的都是电容分相式单相异步电动机。吊扇所用的为外转子式的特殊单相电动机，定子一般为 36 槽 16 极，转速为 333r/min。台扇和落地扇所用的为普通的内转子式电动机，其定子多为 16 槽和 8 槽，有 4 个磁极，转速为 1450r/min。

电风扇电动机定子绕组一般采用单层链式绕组。下面为几种形式电动机定子绕组的展开图。

（1）华生牌吊扇电动机绕组展开图和技术参数

① 绕组展开图（36 槽 18 极电动机）如图 6-22 所示。

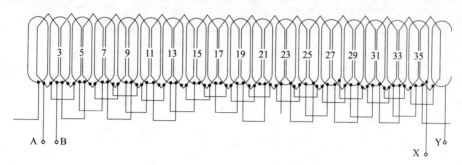

图 6-22　华生牌吊扇电动机绕组展开图

② 技术参数见表 6-4。

表 6-4　华生牌吊扇电动机绕组技术参数

规格 /mm	电压值 /V	电源频率 /Hz	铁芯叠厚 /mm	内定子铁芯槽数	电容/μF （耐压值）	主绕组		副绕组	
						线径/mm	匝数	线径/mm	匝数
900	220	50	23	36	1.2（400V）	0.27	295×18	0.23	400×18
1050	220	50	23	36	1.2（400V）	0.27	295×18	0.23	400×18
1200	220	50	28	36	1.5（400V）	0.29	240×18	0.27	300×18
1400	220	50	28	36	2.4（400V）	0.29	240×18	0.27	300×18

（2）落地扇和台扇定子绕组展开图及技术参数

① 绕组展开图（8 槽 4 极电动机）如图 6-23 所示。

② 绕组展开图（16 槽 4 极电动机）如图 6-24 所示。

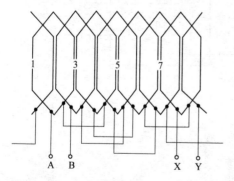

图 6-23　8 槽 4 极电动机节矩为 2 定子绕组展开图

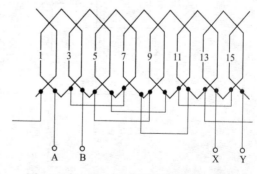

图 6-24　16 槽 4 极电动机定子绕组展开图

③ 技术参数见表 6-5。

表 6-5　技术参数

规格 /mm	电压 /V	频率 /Hz	叠厚 /mm	铁芯槽数	电容/μF （耐压值）	主绕组		副绕组	
						线径/mm	匝数	线径/mm	匝数
400	200/220	50	32	8	1.35（400V）	0.25	475×4	0.19	790×4

续表

规格/mm	电压/V	频率/Hz	叠厚/mm	铁芯槽数	电容/μF（耐压值）	主 绕 组		副 绕 组	
						线径/mm	匝数	线径/mm	匝数
400	220	50	28	16	1.2（400V）	0.21	700×4	0.17	980×4
350	220	50	32	8	1.2（400V）	0.23	560×4	0.19	790×4
300	220	50	20	16	1.2（400V）	0.18	880×4	0.18	880×4
300	200/220	50	26	8	1（500V）	0.21	650×4	0.17	900×4
250	110	50	20	8	2.5（250V）	0.25	455×4	0.19	710×4
250	190/200	50	20	8	1.2（400V）	0.19	825×4	0.19	710×4
250	220	50	20	8	1（600V）	0.17	935×4	0.17	980×4
250	220	50	20	8	1（500V）	0.17	935×4	0.15	1020×4
200（230）	200/220	50	28	8	1（500V）	0.17	840×4	0.15	1020×4
200	190~230	50	22	8	1（500V）	0.15	960×4	0.15	1160×4

　　洗衣机和电冰箱电动机的定子绕组采用正弦绕组，也就是绕组分布规律为正弦。电风扇电动机采用单层链式绕组，其单元绕组的跨距相同。

　　上述所讲的电动机定子绕组，无论采用正弦绕组还是采用链式绕组，主绕组与副绕组在空间上都相差 90° 电角度。这是分相式电动机一个重要的特点。

　　(3) 用自身抽头调速风扇电动机的绕组（如图 6-25 所示）

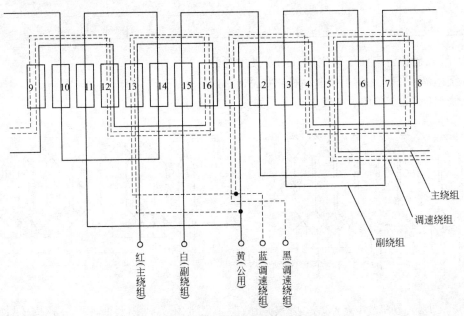

图 6-25　葵花牌 FL40-4 型电风扇电动机展开图

　　这种电动机绕组由于存在运行绕组、启动绕组及调速绕组，因此下线接线都比较麻烦。下面以国产"葵花牌"FL40-4 型风扇电动机为例说明。

　　电动机定子共 16 槽，8 个大槽，8 个小槽；每个线圈的间距为 4 槽；每个绕组由四个线圈对称均匀分布。

　　① 调速绕组　它采用 φ0.15mm 高强度漆包线，双股并绕四个线圈，每个线圈 180 圈

（双线 180 圈），图 6-26 所示为其下线结构及接线方法。

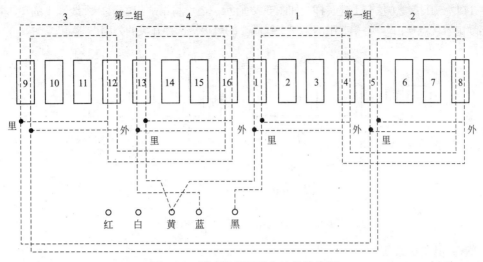

图 6-26　调速绕组下线方法及接线图

从图 6-26 中我们可以看到，调速绕组在下线时应分为两组进行，其 1、2 两个线圈单个绕制为第一组，3、4 两个绕圈为第二组。第一组的两个线圈分别下入 1-4 槽、5-8 槽。第二组的两个线圈分别下入 9-12 槽、13-16 槽。应注意的是：虽然调速绕组是双线并绕但应单股相接，相连时不能混乱。具体接线时应将第一组的两个线圈先用里接里或外接外的方法连接起来。再将第二组的两个线圈连接起来，如图 6-26 中所示。然后将第一组第二个线圈 2 与第二组的第一个线圈 3 连接起来。图中为里头相接。最后将第一个线圈 1 的两个里头分别接入选择开关的慢速接点"黑"和电动机运行及启动的公用接点"黄"，将第二组的第二个线圈 4 的两个里头分别接入选择开关的中速接点"蓝"及公用点"黄"。

② 主绕组（运行绕组）　定子的主绕组用 $\phi0.20mm$ 的高强度漆包线绕制，它采用单股线绕制四个线圈，每个线圈为 700 圈，主绕组的四个线圈，也分两组，第一组的 1、2 两个线圈下入调速绕组的第一组槽内，即 1-4 槽、5-8 槽。下线时必须在调速绕组的线上垫一层绝缘纸。绕组的第二组线圈 3、4，下入调速绕组的第二组槽（9-13 槽、13-16 槽）内。其接线方法与调速绕组相同，如图 6-27 所示第一组的两个线圈外头与外头相连，第二组的两个线圈外头与外头相连。再将第一组第二个线圈 2 与第二组第一个线圈 3 里头与里头相连。最后将第一组第一个线圈里头接选择开关的公用点"黄"，第二组第二个线圈 4 的里头接电源"红"的端点。

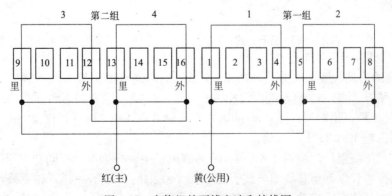

图 6-27　主绕组的下线方法和接线图

③ 副绕组（启动绕组）　定子中的副绕组，用 $\phi0.15mm$ 的高强度漆包线单绕制四个线圈，每个

1000 圈。其下线时也分为两组：第一组的两个线圈下入 15-2 槽、3-6 槽，第二组的两个线圈下入 7-10 槽、11-14 槽。其接线方法与上述一样，如图 6-28 所示。最后将第一组的第一个线圈 1 的里头接电动机的启动电容接点"白"，将第二组的第二个线圈 4 的里头接选择开关的公用点"黄"。

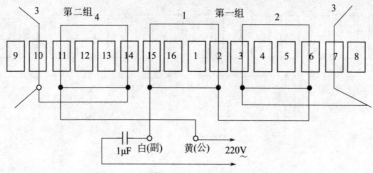

图 6-28　副绕组的下线方法和接线图

4. 罩极电动机绕组

（1）罩极电动机 2 极 16 槽同心式绕组展开分解图如图 6-29、图 6-30 所示。

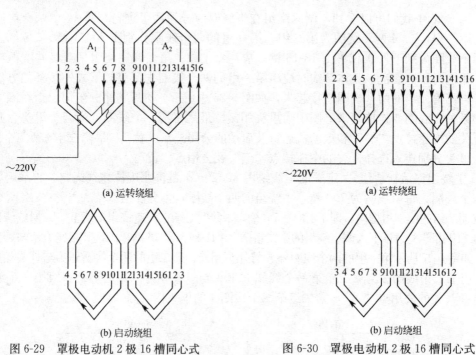

图 6-29　罩极电动机 2 极 16 槽同心式
绕组展开分解图（一）

图 6-30　罩极电动机 2 极 16 槽同心式
绕组展开分解图（二）

图 6-29 所示的启动线圈下线方法与图 6-30 所示的启动线圈下线方法一样，只是所占据的槽数不一样。图 6-30 第一个启动线圈占据 3、9、4、10 槽，图 6-29 所示的第一个启动线圈占据 4、10、5、11 槽，很相似；图 6-30 的第二个启动线圈占据 11、1、12、2 槽，图 6-29 的第二个启动线圈占据 12、2、13、3 槽。

这些种形式的绕组广泛应用于 40～60W 的鼓风机中。根据设计、同功率不同厂家的产品其启动线圈直径、长度和运转绕组导线直径、每个线把的匝数不一样，在更换绕组前必须留下原始数据，运转绕组、启动线圈必须按原始数据更换。

（2）单相罩极电动机 2 极 18 槽同心式绕组展开分解图如图 6-31 所示。

启动线圈是 4 组的绕组展开分解图如图 6-32 所示。

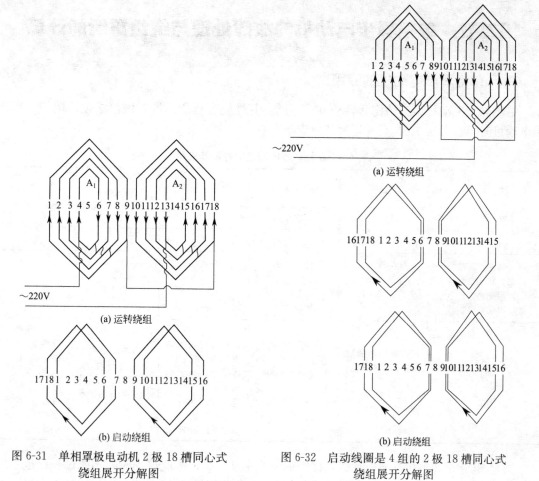

图 6-31 单相罩极电动机 2 极 18 槽同心式
绕组展开分解图

图 6-32 启动线圈是 4 组的 2 极 18 槽同心式
绕组展开分解图

（3）单相罩极电动机 2 极 24 槽同心式绕组展开分解图如图 6-33 所示。

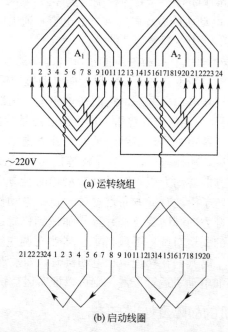

图 6-33 单相罩极电动机 2 极 24 槽同心式绕组展开分解图

第二节　单相异步电动机的故障处理与绕组重绕的计算

一、单相异步电动机的应用

单相异步电动机因为结构和启动方式不同，其性能也有所不同，因而必须选用好。在选用电动机时要参考表6-6，另外还要注意以下几点。

表6-6　单相异步电动机的性能及应用

类　型	电阻分相式	电容启动式	电容运转式	电容启动和运转式	罩极式
系列代号	BO1	CO1	DO1		
标准号	JB/T 1010—2007	JB/T 1011—2007	JB/T 1012—2007		
功率范围/W 最大转矩倍数 最初启动转矩倍数 最初启动电流倍数	80～570 ＞1.8 1.1～1.37 6～9	120～750 ＞1.8 2.5～3.0 4.5～5.5	6～250 ＞1.8 0.35～1.0 5～7	6～150 ＞2.0 ＞1.8	1～120
典型应用	具有中等的启动转矩和过载能力，适用于小型车床、鼓风机械、医疗器械等	具有较高的启动转矩，用于小型空气压缩机、电冰箱、磨粉机、水泵及其他满载启动的机械	启动转矩低，但具有较高的效率和功率因数，体积小，用于电风扇、通信机、洗衣机、录音机及各种轻载和轻载启动的机械	具有较好的启动、运行性能，适用于家用电器、泵、小型机床等	启动和运行性能均较差，适用于小型风扇、电动模型及各种空载或空载启动的小器具

① 电阻分相式单相异步电动机副绕组的电流密度很高，因此启动时间不能过长，也不宜频繁启动。如使用中出现特大过载转矩的情况（工业缝纫机卡住），不宜选用这种电动机，否则离心开关或启动继电器将再次闭合，容易使副绕组烧坏。

② 电容启动式单相异步电动机的启动电容（电解电容）通电时间一般不得超过3s，而且允许连续接通的次数低，故不宜用在频繁启动的场合。

③ 电容运转式单相异步电动机有空载过流的情况（即空载温升比满载温升高），因此选用这类电动机时，其功率余量一般不宜过大，应尽量使电动机的额定负载相接近。

从以上五种类型的单相异步电动机看来，它们在单相电源情况下是不能自行启动的，必须加启动绕组（副绕组）。因为单相电流在绕组中产生的磁势是脉振磁势，在空间并不形成旋转磁效应。所以单相电动机的转矩为零。如果用足够的外力推动单相电动机转子（可用绳子转住转轴若干圈，接通电源后，速拉绳子，使转子飞速旋转），如果沿顺时针方向推动转子则电动机就会产生一个顺时针方向转动力矩，转子就会沿顺时针方向继续旋转，并逐步加速到稳定运行状态；如果外力使转子沿逆时针方向推动转子，则电动机就会产生一个逆时针方向的转动力矩，使转子沿逆时针方向继续旋转，并逐步加速到稳定运行状态。所以要改变单相的转动力矩，只需将副绕组的头尾对调一下就行了。当然对调主绕组的头尾也可以。这是单相异步电动机的显著特点。平时我们在修理单相电动机时，如发现主绕组尚好，副绕组已坏，可采用加外力启动的方法，如电动机运行正常，则可以证实运行绕组完好，启动绕组有问题。

二、单相异步电动机的故障及处理方法

单相电动机由启动绕组和运转绕组组成定子。启动绕组的电阻大，导线细（俗称小包）。

运转绕组的电阻小，导线粗（俗称大包）。

单相电动机的接线端子包括公共端子、运转端子（主线圈端子）和启动线圈端子（辅助线圈端子）。

在单相异步电动机的故障中，有大多数是由于电动机绕组烧毁而造成的。因此在修理单相异步电动机时，一般要做电气方面的检查，首先要检查电动机的绕组。

单相电动机的启动绕组和运转绕组的分辨方法如下。

用万用表的 $R×1$ 挡测量公共端子、运转端子（主线圈端子）、启动线圈端子（辅助线圈端子）三个接线端子的每两个端子之间电阻值。测量时按下式（一般规律，特殊除外）：

总电阻＝启动绕组＋运转绕组。

已知其中两个值即可求出第三个值。

小功率的压缩机用电动机的电阻值见表6-7。

表6-7　小功率电动机阻值

电动机功率/kW	启动绕组电阻/Ω	运转绕组电阻/Ω
0.09	18	4.7
0.12	17	2.7
0.15	14	2.3
0.18	17	1.7

（1）单相电动机的故障　单相电动机常见故障有：电动机漏电、电动机主轴磨损和电动机绕组烧毁。

造成电动机漏电的原因有：

① 电动机导线绝缘层破损，并与机壳相碰。

② 电动机严重受潮。

③ 组装和检修电动机时，因装配不慎使导线绝缘层受到磨损或碰撞，导线绝缘率下降。

电动机因电源电压太低，不能正常启动或启动保护失灵，以及制冷剂、冷冻油含水量过多，绝缘材料变质等也能引起电动机绕组烧毁和断路、短路等故障。

电动机断路时，不能运转，如有一个绕组断路时电流值很大，也不会运转。由于振动电动机引线可能烧断，使绕组导线断开。保护器触点跳开后不能自动复位，也是断路。电动机短路时，电动机虽能运转，但运转电流大，致使启动继电器不能正常工作。短路原因有匝间短路、通地短路和笼型线圈断条等。

（2）单相电动机绕组的检修　电动机的绕组可能发生断路、短路或碰壳通地。简单的检查方法是用一只220V、40W的试验灯泡连接在电动机的绕组线路中，用此法检查时，一定要注意防止触电事故。为了安全，可使用万用表检测绕组通断（如图6-34所示）与接地（如图6-35所示）。

图6-34　用万用表检查电动机绕组

图6-35　用万用表检查电动机通地

检查断路时可用欧姆表，将一根引线与电动机的公共端子相接，另一根线依次接触启动绕组和运转绕组的接线端子，用来测试绕组电阻。如果所测阻值符合产品说明书规定的阻值或启动绕组电阻和运转绕组电阻之和等于公用线的电阻，即说明电动机绕组良好。

测定电动机的绝缘电阻，用兆欧表或万用表的 $R \times 1k$，$R \times 10k$ 电阻挡测量接线柱对压缩机外壳的绝缘电阻，判断是否通地。一般绝缘电阻应在 $2M\Omega$ 以上，如果绝缘电阻低于 $1M\Omega$，表明压缩机外壳严重漏电。

如果用欧姆表测绕组电阻时发现电阻无限大即为断路；如果电阻值比规定值小得多，即为短路。

电动机的绕组短路包括：匝间短路、绕组烧毁、绕组短路等。可用万用表或兆欧表检查相间绝缘，如果绝缘电阻过低即表明匝间短路。

绕组部分短路和全部短路表现不同，全部短路时可能会有焦味或冒烟。

通地检查时，可在压缩机底座部分外壳上某一点将漆皮刮掉，再把试验灯的一根引线接头与底座的这一点接触。试验灯的另一根引线则接在压缩机电动机的绕组接点上。

接通电源后，如果试验灯发亮则该绕组通地。如果试验灯暗红则表示该绕组严重受潮。受潮的绕组应进行烘干处理。烘干后用兆欧表测定其绝缘电阻，当电阻值大于 $5M\Omega$ 时，方可使用。

(3) 绕组重绕　电动机转子用铜或合金铝浇铸在冲孔的硅钢片中，形成笼型转子绕组。当电动机损坏后，可进行重绕，电动机绕组重绕方法参见有关电动机维修。当电动机修好后，应按下面介绍内容进行测试。

① 电动机正反转试验和启动性试验：电动机的正反转是由接线方法来决定的。电动机绕组下好线以后，连好接线，先不绑扎，首先做电动机正反转试验。其方法是：用直径 0.64mm 的漆包线（去掉外皮），做一个直径为 1cm 大小的闭合小铜环，铜环周围用棉丝缠起来。

然后用一根细棉线将其吊在定子中间，将运转与启动绕组的出头并联，再与公共端接通 110V 交流电源（用调压器调好）。当短暂通电时（通电时间不宜超出 1min），如果小铜环顺转则表明电动机正转，如果小铜环逆转则代表电动机反转。如果电动机运转方向与原来不符，可将启动绕组的其中一个线包里外头对调。

在组装电动机后，进行空载试验时，所测量电动机的电流值应符合产品说明书的设计技术标准。空载运转时间在连续 4h 以上，并应观察其温升情况。如温升过高，可考虑机械及电动机定子与转子的间隙是否合适或电动机绕组本身有无问题。

② 空载运转时，要注意电动机的运转方向。从电动机引出线看，转子是逆时针方向旋转。有的电动机最大的一组启动绕组中，可见反绕现象，在重绕时要注意按原来反绕匝数绕制。

单相异步电动机的故障与三相异步电动机的故障基本相同，如短路、接地、断路、接线错误以及不能启动、电机过热，其检查处理也与三相异步电动机基本相同。

三、单相异步电动机的重绕计算

1. 主绕组计算

(1) 测量定子铁芯内径 D_1（cm）、长度 L_1（cm）、槽形尺寸，记录定子槽数 Z_1、极数 $2p$。

(2) 极距

$$\tau = \frac{\pi D_1}{2p}$$

(3) 每极磁通量

$$\Phi = \alpha_\delta \beta_\delta \tau L_1 \times 10^{-4} (\text{Wb})$$

式中，α_δ 为极弧系数，其值为 0.6～0.7；β_δ 为气隙磁通密度，T，$2p=2$ 时 $\beta_\delta=0.35$～0.5，$2p=4$ 时 $\beta_\delta=0.55$～0.7，对小功率、低噪声电动机取小值。

（4）串联总匝数

$$W_m = \frac{E}{4.44 f \Phi K_w}（匝）$$

式中，E 为绕组感应电势，V，通常 $E = \zeta U_N$，其中 U_N 为外施电压，$\zeta = 0.8 \sim 0.94$，功率小，极数多的电动机取小值；K_w 为绕组系数，集式绕组 $K_w = 1$，单层绕组 $K_w = 0.9$，正弦绕组 $K_w = 0.78$。

（5）匝数分配（用于正弦绕组）

① 计算各同心线把的正弦值

$$\sin(x\text{-}x) = \sin\frac{y(x\text{-}x)}{2} \times \frac{\pi}{\tau}$$

式中，$\sin(x\text{-}x)$ 为某一同心线把的正弦值；$y(x\text{-}x)$ 为该同心线把的节距；π 为每极相位差（$\pi = 180°$）；τ 极距（槽）。

② 每极线把的总正弦值

$$\sum\sin(x\text{-}x) = \sin(x_1\text{-}x_1) + \sin(x_2\text{-}x_2) + \cdots + \sin(x_n\text{-}x_n)$$

③ 各同心线把占每极相组匝数的百分数

$$n(x\text{-}x) = \frac{\sin(x\text{-}x)}{\sum\sin(x\text{-}x)} \times 100\%$$

（6）导线截面积　在单相电动机中，主绕组导线较粗，应根据主绕组来确定槽满率。

① 槽的有效面积

$$S_c' = K S_c（mm^2）$$

式中，S_c 为槽的截面积，mm^2；K 为槽内导体占空数，$K = 0.5 \sim 0.6$。

② 导线截面积

$$S_m = \frac{S_c'}{N_m}$$

式中，N_m 为主绕组每槽导线数，根。

对于主绕组占总槽数 2/3 的单叠绕组：

$$N_m = \frac{2W_m}{\frac{2}{3}Z_1} = \frac{3W_m}{Z_1}$$

对于"正弦"绕组，N_m 应取主绕组导线最多的那一槽来计算。若该槽中同时嵌有副绕组时，则在计算 S_c 时应减去绕组所占的面积，或相应降低 K 值。

当电动机额定电流为已知，可按下式计算导线截面：

$$S_m = \frac{I_N}{j}（mm^2）$$

式中，j 为电流密度，A/mm^2。一般 $j = 4 \sim 7 A/mm^2$，2 极电动机取较小值。I_N 为电动机额定电流，A。

（7）功率估算

① $I_N = S_m j（A）$

② 输出功率

$$P_N = U_N I_N \eta \cos\varphi（W）$$

式中，η 为效率，可查图 6-36 或图 6-37；$\cos\varphi$ 为功率因数，可查图 6-36 或图 6-37。

2. 副绕组计算

（1）分相式和电容启动式电动机，副绕组串联总匝数

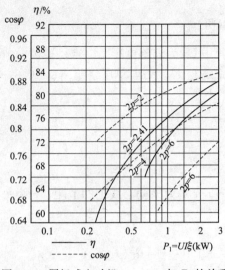

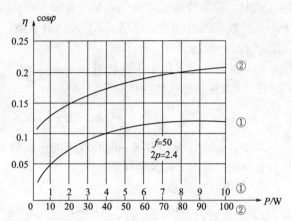

图 6-36　罩极式电动机 η、$\cos\varphi$ 与 P_1 的关系　　图 6-37　分相式、电容启动式电动机的 η 及 $\cos\varphi$

$$W_n = (0.5 \sim 0.7)W_m$$

导线截面积

$$S_n = (0.25 \sim 0.5)S_m$$

（2）电容运转式电动机，串联总匝数

$$W_n = (1 \sim 1.3)W_m$$

导线截面积与匝数成反比，即

$$S_n = \frac{S_m}{1 \sim 1.3}$$

3. 电容值的确定

电动机的电容值按下列经验公式确定。

（1）电容启动式

$$C = (0.5 \sim 0.8)P_N (\mu F)$$

式中，P_N 为电动机功率，W。

（2）电容运转式

$$C = 8j_n S_n (\mu F)$$

式中，j_n 为副绕组电流密度，A/mm^2。一般取 $j_n = 5 \sim 7 A/mm^2$。

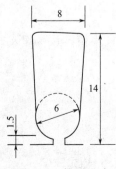

图 6-38　槽形尺寸

按计算数据绕制的电动机，若启动性能不符合要求，可对电容量或副绕组进行调整。对电容式电动机，如启动转矩小，可增大电容器容量或减少副绕组匝数；若启动电流过大，可增加匝数并同时减小电容值；如电容器端电压过高，则应增大电容值或增加副绕组匝数。对分相式电动机，若启动转矩不足，可减少副绕组匝数；若启动电流过大，则增加匝数或将导线直径改小些。

计算实例：

例 1　一台分相式电动机，定子铁芯内径 $D_1 = 5.7$cm，长度 $L_1 = 8$cm，定子槽数 $Z_1 = 24$，$2p = 2$，平底圆顶槽，尺寸如图 6-38 所示。试计算 220V 时的单叠绕组数据。

解： 1) 主绕组计算

(1) 极距

$$\tau = \frac{\pi D_1}{2p} = \frac{3.14 \times 5.7}{2} = 8.95(\text{cm})$$

(2) 每极磁通量　取 $\alpha_\delta = 0.64$，$\beta_\delta = 0.45\text{T}$，则：

$$\Phi = \alpha_\delta \beta_\delta \tau L_1 \times 10^{-4} = 0.64 \times 0.45 \times 8.95 \times 8 \times 10^{-4}$$
$$= 0.206 \times 10^{-2}(\text{Wb})$$

(3) 串联总匝数　$\xi = 0.82$，则：

$$W_\text{m} = \frac{E}{4.44 f \Phi K_\text{w}} = \frac{220 \times 0.82}{4.44 \times 50 \times 0.206 \times 10^{-2} \times 0.9} = 438(\text{匝})$$

(4) 导线截面积

① 槽的有效面积　由图 6-38 得：

$$S_\text{c} = \frac{8+6}{2} \times [14 - (1.5 + 0.5 \times 6)] + \frac{3.14 \times 6^2}{8} = 80.6(\text{mm}^2)$$

取 $K = 0.53$，则：

$$S_\text{c}' = 0.53 \times 80.6 = 43(\text{mm}^2)$$

② 导线截面积　先求每槽导线数。设主绕组占总槽数的 2/3，则：

$$N_\text{m} = \frac{3W_\text{m}}{Z_1} = \frac{3 \times 438}{24} = 55(\text{根})$$

即每个线把 55 匝，共 8 个线把。

导线截面积

$$S_\text{m} = \frac{S_\text{c}'}{N_\text{m}} = \frac{43}{55} = 0.72(\text{mm}^2)$$

取相近公称截面为 0.785mm^2，得标称导线直径为 1.0mm。

(5) 功率估算

① 额定电流　取 $j = 5\text{A/mm}^2$，则：

$$I_\text{N} = S_\text{m} j = 0.785 \times 5 = 3.92(\text{A})$$

② 输入功率

$$P_1 = I_\text{N} U_\text{N} \xi \times 10^{-3} = 3.92 \times 220 \times 0.82 \times 10^{-3} = 0.7(\text{kW})$$

查图　得：$\eta = 74\%$，$\cos\varphi = 0.85$，输出功率

$$P_\text{N} = U_\text{N} I_\text{N} \eta \cos\varphi = 220 \times 3.92 \times 0.74 \times 0.85$$
$$= 542(\text{W})$$

2) 副绕组计算

串联总匝数

$$W_\text{n} = 0.7 W_\text{m} = 0.7 \times 438 = 306(\text{匝})$$

导线截面积

$$S_\text{n} = 0.25 S_\text{m} = 0.25 \times 0.785 = 0.196(\text{mm}^2)$$

取相近公称截面 0.204mm^2，得线径为 0.51mm。

副绕组占 $\dfrac{Z_1}{3} = \dfrac{24}{3} = 8(\text{槽})$，每槽导线数 $= \dfrac{306 \times 2}{8} = 76(\text{根})$，即每个线把 76 匝，共 4 个线把。

例 2　一台电容启动式 4 极电动机，定子铁芯内径 $D_1 = 7.1\text{cm}$，长度 $L_1 = 6.2\text{cm}$，$Z_1 = 24$，试计算 220V 时"正弦"绕组各同心线把的匝数。

解：1）主绕组计算

（1）极距

$$\tau = \frac{\pi D_1}{2p} = \frac{3.14 \times 7.1}{4} = 5.57 \, (\text{cm})$$

（2）每极磁通

$$\Phi = \alpha_\delta \beta_\delta \tau L_1 \times 10^{-4} = 0.7 \times 0.6 \times 5.57 \times 6.2 \times 10^{-4} = 0.145 \times 10^{-2} \, (\text{Wb})$$

（取 $\alpha_\delta = 0.7$，$\beta_\delta = 0.6$）

（3）串联总匝数

$$W_\text{m} = \frac{\xi U_\text{N}}{4.44 f \Phi K_\text{w}} = \frac{0.8 \times 220}{4.44 \times 50 \times 0.145 \times 10^{-2} \times 0.78} = 700 \, (\text{匝})$$

（取 $\xi = 0.8$）

（4）匝数分配

① 每极相组匝数

$$W_\text{mp} = \frac{W_\text{m}}{2p} = \frac{700}{4} = 175 \, (\text{匝})$$

② 各同心线把的正弦值　主绕组采用图 6-39 所示的布线，每极由 1-3、1-5、1-7 三个同心线把组成。则：

$$\sin(1\text{-}3) = \sin \frac{y(1\text{-}3)}{2} \times \frac{\pi}{2} = \sin \frac{2}{2} \times \frac{180°}{6} = \sin 30° = 0.5$$

$$\sin(1\text{-}5) = \sin \frac{4}{2} \times \frac{180°}{6} = \sin 60° = 0.866$$

$$\sin(1\text{-}7) = \frac{1}{2} \times \sin \frac{6}{2} \times \frac{180°}{6} = \frac{1}{2} \sin 90° = 0.5$$

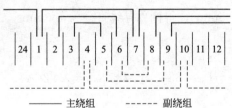

图 6-39　绕组布线示意图

③ 总正弦值

$$\sum \sin(x\text{-}x) = 0.5 + 0.866 + 0.5 = 1.866$$

④ 各同心线把所占百分数

$$n(1\text{-}3) = \frac{\sin(1\text{-}3)}{\sum \sin(x\text{-}x)} \times 100\% = \frac{0.5}{1.866} \times 100\% = 26.8\%$$

$$n(1\text{-}5) = \frac{0.866}{1.866} \times 100\% = 46.4\%$$

$$n(1\text{-}7) = \frac{0.5}{1.866} \times 100\% = 26.8\%$$

⑤ 各同心线把匝数

$$W_\text{m}(1\text{-}3) = n(1\text{-}3) W_\text{mp} = \frac{26.8}{100} \times 175 = 47 \, (\text{匝})$$

$$W_\text{m}(1\text{-}5) = \frac{46.4}{100} \times 175 = 81 \, (\text{匝})$$

$$W_m(1-7) = \frac{26.8}{100} \times 175 = 47(匝)$$

主绕组导线截面积的计算与单叠绕组相同，但要取导线最多的那一槽的 N_m 来计算。

2）副绕组的计算

（1）副绕组匝数

$$W_n = 0.65W_m = 0.65 \times 700 = 455(匝)$$

每极匝数

$$W_{np} = \frac{W_n}{2p} = \frac{455}{4} \approx 114(匝)$$

（2）各同心线把匝数。副绕组与主绕组布线相同，各线把的正弦值及所占有百分数亦与主绕组相同，故各同心线把的匝数为

$$W_n(1-3) = 114 \times \frac{26.8}{100} = 30(匝)$$

$$W_n(1-5) = 114 \times \frac{46.4}{100} = 53(匝)$$

$$W_n(1-7) = 114 \times \frac{26.8}{100} = 30(匝)$$

第三节 单相串励电动机

单相串励电动机使用交流电源，也可用直流电源，单相串励电动机具有启动力矩大、过载能力强、转速高（转速可高达 40000r/min）、体积小等优点。但是也有缺点，单相串励电动机换向比直流电动机换向还要困难，电刷容易产生火花，而且噪声较大，电动机功率较小。

单相串励电动机常用于电动缝纫机、地板打蜡机、电动吸尘器、手电钻、电刨子、电动扳手、理发工具的电吹风机等。

一、单相串励电动机的结构及工作原理

1. 单相串励电动机的结构

单相串励电动机主要组成部件有：定子、电枢、换向器、电刷、电刷架、机壳、轴承等。

（1）定子 定子由定子铁芯和励磁绕组（简称为定子线包）组成。为了减小铁芯涡流损耗，定子铁芯用 0.5mm 或更薄的硅钢片叠成，用空心铆钉铆接在一起。小功率单相串励电动机定子铁芯都采用图 6-40 所示的"万能电动机定子冲片"叠成，为凸极式，且有集中励磁绕组。定子线包和定子如图 6-41 所示。

图 6-40 万能电动机定子冲片　　　　图 6-41 单相串励电动机定子线包和安装图

单相串励电动机定子线包与电枢绕组串联方式有两种。一种是电枢绕组串联在两只定子线包中间，如图 6-42 所示。另一种是两只定子线包串联后再串电枢绕组，如图 6-43 所示。

单相串励电动机定子线包与电枢绕组两种串联的工作原理完全相同。两只定子线包通过电流所形成的磁极，其极性必须相反。这两种串联方法，第一种方法使用比较普遍。

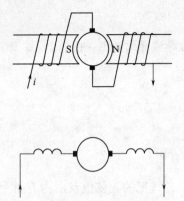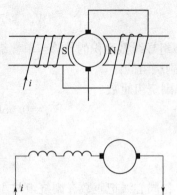

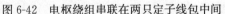

图 6-42　电枢绕组串联在两只定子线包中间　　　　图 6-43　两只定子线包串联后再串电枢绕组

（2）电枢　电枢是单相串励电动机的转动部件，它由电动机轴、电枢铁芯、电枢绕组和换向器组成。另外，冷却风扇也固定在轴上，但不应算成电枢的一部分。

电枢铁芯用硅钢片叠成，铁芯冲有很多半闭口的槽。在铁芯槽内嵌有电枢绕组。电枢绕组有很多单元绕组，每个单元绕组的首端和尾端都有引出线。单元绕组的引出线与换向片有规律地连接，从而使电枢绕组形成闭合回路。

单相串励电动机电枢绕组常采用单叠式，对绕式、叠绕式等几种。但更多采用的是对绕式绕组和叠绕式绕组。单相串励电动机电枢绕组与直流电动机电枢绕组的绕制方式基本相同。

目前我国电动工具基本采用Ⅲ系列交直流两用串励电动机。

（3）电刷架和换向器　单相串励电动机电枢上换向器的结构与直流电动机的换向器相同，它是由许多换向铜片镶贴在一个绝缘圆筒面上而成的。各换向片间用云母片绝缘。换向铜片做成楔形，各铜片下面的两端有半月形槽，在两端的槽里压制塑料，使各铜片能紧固在一起，并能使转轴与换向器的换向片相互绝缘。还可以承受高速旋转时所产生的离心力而不变形。每一个换向片的一端有一个小槽或凸出一个小片，以便焊接绕组引出线。

单相串励电动机采用的换向器一般有半塑料换向器和全塑料换向器两种。全塑料换向器是在各个换向铜片之间采用耐弧塑料作绝缘。

单相串励电动机电刷架一般用胶木粉压制底盘，它由刷握和盘式弹簧组成。单相串励电动机的刷握按其结构形式，可分为管式和盒式两大类。盒式结构采用更为广泛。盒式刷握结构简单、调节方便，并且加工容易，特别适用于需要移动电刷位置以改善换向的场合。盒式刷握的缺点是刚性差，变形大，不适应于转速高、振动大的场合。同时，它的盘式弹簧在工作过程中，圈间摩擦力较大，而且电刷粉末容易落入刷盒内，影响电刷的上下移动，更换电刷也不方便。

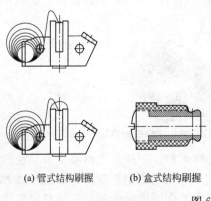

（a）管式结构刷握　　（b）盒式结构刷握　　　　　　　（c）实物图

图 6-44　电刷架

图 6-44（a）所示管式结构刷握具有可靠耐用等优点，它恰能弥补盒式结构刷握的不足之处。但是管式刷握的结构复杂，加工工艺要求较高，而且安装也较复杂。

刷握的作用是保证电刷在换向器上有准确的位置，从而保证电刷与换向器的全面紧密接触，使其接触压降保持恒定，同时保证电刷不致时高时低地跳动而造成火花过大。

电刷是单相串励电动机的重要零件。它不但能使电枢绕组与外电路保持联系，而且它与换向器配合，共同完成电枢电流的换向任务。选用何种电刷是很重要的。选择电刷时，主要依据电刷温升和换向器的圆周速度而定。此外，还要考虑电刷的硬度和磨损性能及惯性等因素的影响。单相串励电动机的电刷一般都采用 DS 型电化石墨电刷。表 6-8 列出了 DS 型电化石墨电刷的技术性能及工作条件。

表 6-8　DS 型电化石墨电刷的技术性能及工作条件

	电刷型号	DS-4	DS-8	DS-52	DS-72
技术性能	电阻率/(Ω·mm²/m)	6～16	31～50	12～52	10～16
	压入法硬度/(kgf/mm²)	3～9	22～24	12～24	5～10
	一对电刷的接触电压降/V	1.6～2.4	1.9～2.9	2～3.2	2.4～3.4
	摩擦系数不大于	0.2	0.25	0.23	0.25
	50h 磨损不大于/mm	0.25	0.15	0.15	0.2
工作条件	额定电流密度/(A/cm²)	12	10	12	12
	允许圆周速度/(r/s)	40	40	50	70
	电刷压力/(gf/cm²)	150～200	200～400	200～250	150～200

2. 单相串励电动机工作原理

单相串励电动机的励磁绕组和电枢绕组是串联形式，即励磁绕组与电枢绕组串接。由于电枢绕组和励磁绕组流过的电流为同一个电流，很显然改变电流方向时，励磁绕组产生的磁场方向相应改变，电枢绕组电流方向也改变，磁场与电枢绕组电流相对来说其间的关系也未变化，电动机转向也就不变化，如图 6-45 所示。

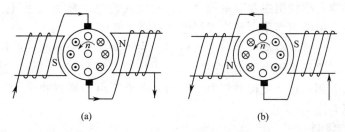

图 6-45　单相串励电动机工作原理示意图

在图 6-45 所示的单相串励电动机中，若电流 i 是正弦规律变化（也就是电网交流电源），即 $i = I_m \sin\omega t$ 这样，定子磁场的磁通也按正弦规律变化，如图 6-46 所示。

根据电动机电磁力矩公式 $M = C_M \Phi i$，电流为正半周时，电磁力矩 $M = C_M \psi i > 0$；电流为负半周时，电磁力矩 $M = C_M \psi i > 0$（如图 6-47 所示）。

由图 6-47 可见，电磁力矩总是正值，因此能保证电动机旋转方向与电流方向变化无关。电磁力矩以 2 倍电源频率变化，它的平均值为最大值的 1/2。

单相串励电动机若要改变旋转方向，只能通过改变励磁绕组与电枢绕组串联的极性来实现，可用图 6-48 来说明。

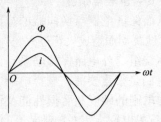

图 6-46 单相串励电动机励磁电流与磁通关系

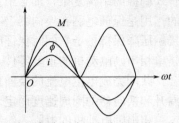

图 6-47 单相串励电动机电流、磁通、磁力矩关系

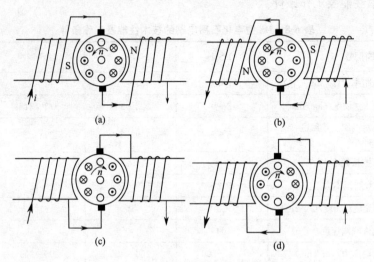

(a)

(b)

(c)

(d)

图 6-48 单相串励电动机转向示意图

由图 6-48 可以看出，当励磁绕组与电枢绕组采用图 6-48（a）、（b）形式时，电动机转向为逆时针方向；当励磁绕组与电枢绕组采用图 6-48（c）、（d）形式时，电动机转向为顺时针方向。

二、单相串励电动机的电枢绕组常见故障及其处理方法

单相串励电动机电枢绕组主要有单叠绕组、对绕式绕组、叠绕式绕组。家用电器中所用的单相串励电动机电枢绕组多采用叠绕式绕组和对绕式绕组。

单相串励电动机比直流电动机换向困难得多。为了解决这个问题，单相串励电动机电枢采取了特殊措施，即单相串励电动机的换向片片数比铁芯槽数多。一般情况下，换向片数目为槽数的 2 倍或者 3 倍。这就使得单相串励电动机电枢绕组的绕制和单元绕组与换向片的连接有它自己的特点。

1. 电枢绕组的绕制

我们以电枢铁芯有 8 个槽，定子两个磁极，换向片为 24 片的单相串励电动机为例说明电枢绕组的绕制工艺。

（1）叠绕式绕组的绕制工艺　因为铁芯只有 8 个槽，而换向片数是铁芯槽数的 3 倍，为了使单元绕组数与换向片数相同，单元绕组应为 24 个，每个铁芯槽内应嵌入 3 个单元绕组。在电枢绕组实际绕制过程中，每次同时绕制 3 个单元绕组（图 6-49）。

由图 6-49 可以看见，先在第 1 号槽到第 5 号槽之间绕 3 个单元绕组，再在第 2 号槽到第 6 号槽之间绕制另外 3 个单元。依此类推，直到在第 8 号到第 4 号槽之间绕制最后 3 个单元为止，24 个单元绕组全绕好。若我们将 3 个单元算作一组，那么这种 24 个单元绕组的电枢绕

组只有 8 组单元绕组了。这 8 组单元绕制方法与 8 个单元绕组电枢绕组的绕制方法相同。

由图 6-49 可见单元绕组的跨距 $y_1 = 4$ 槽。

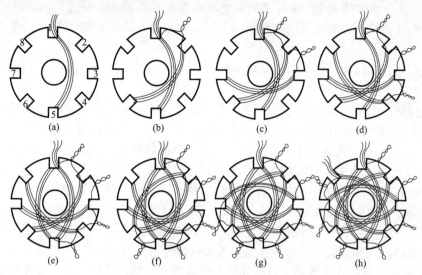

图 6-49　叠绕式绕组绕制步骤示意图

（2）对绕式绕组的绕制　对绕式绕组的绕制步骤与叠绕式绕组的绕制步骤不同。对绕式绕组每次也是同时绕 3 个单元，如图 6-50 所示。

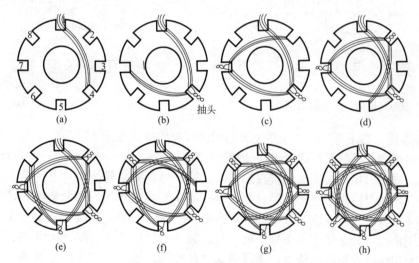

图 6-50　对绕式绕组的绕组步骤

由图 6-50 可以看到，先在第 1 号槽与第 4 号槽之间绕 3 个单元；紧接着在第 4 号槽到第 7 号槽之间绕另外 3 个单元；再从第 7 号槽到第 2 号槽之间绕 3 个单元。依此类推，直至最后从第 6 号槽到 1 号槽之间绕制最后 3 个单元为止，24 个单元绕组全部绕制完毕。

由图 6-50 还可看出，电枢单元绕组跨距 $y_1 = 3$ 槽。

比较图 6-49 和图 6-50 可知，尽管叠绕式绕组和对绕式绕组的绕制步骤不同，单元绕组跨距不同，但是每次都是同时绕制 3 个单元，电枢单元绕组都是 24 个，每个单元匝数相同，作用也是相同的。

2. 电枢绕组与换向片的连接规律

单相串励电动机电枢中，虽然其换向片比铁芯槽数多（换向片数是槽数的整倍数），但是单元绕组数则与换向片数相等。这样，使得每片换向片上必须接有一个单元绕组的首边引出线和另外一个单元绕组的尾边引出线，使全部单元绕组通过换向片连接成几个闭合回路。由于换向片数（Z_k）与铁芯槽数（Z）之间为整数倍关系，即 $Z_k/Z=a$（大于1的整数）。电枢绕组通过换向片连接形成的闭合回路数就为大于1的整数，即电枢绕组形成的闭合回路数等于 $Z_k/Z=a$。

下面我们还是以前面单相串励电动机为例，来说明24个电枢单元绕组与换向片具体连接规律。

现在先说明一个槽内3个单元绕组的首边、尾边与换向片的连接规律；然后说明相邻两个槽6个单元绕组与换向片的连接规律；最后得出24个单元与换向片的连接规律。

图6-51画出了叠绕式绕组第1号槽内3个单元绕组与换向片的连接示意图。

由图6-51可以看出第1号槽的3个单元的首边引出线分别接在第1号、第2号、第3号换向片上，而且对应的尾边引出线分别接在第4号、第5号、第6号换向片上。也就是第1号换向片和第4号换向片之间为一个单元绕组；第2号换向片和第5号换向片之间为一个单元绕组；第3号换向片和第6号换向片之间为一个单元绕组。

由此可见叠绕式和对绕式绕组与换向片连接规律是相同的。

图6-52画出了叠绕式绕组第1号槽和第2号槽内6个单元绕组与换向片连接示意图。

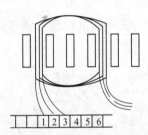

图6-51 叠绕式和对绕式绕组的1号槽内3个单元绕组与换向片连接示意图

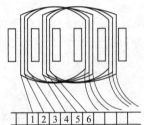

图6-52 叠绕式绕组相邻两槽内6个单元绕组与换向片连接示意图

图6-52表明，第1号槽内3个单元首边引出线分别连接在第1号、第2号、第3号换向片上；第2号槽的3个单元首边引出线分别连接在第4号、第5号、第6号换向片上；而第1号槽3个单元尾边引出线对应地连接在第4号、第5号、第6号换向片上；第2号槽内3个单元的尾边引出线对应连接在第7号、第8号、第9号换向片上。依此类推，可知第8号槽内3单元的3条首边引出线应该分别连接在第22号、第23号、第24号换向片上，而其对应的3条尾边引出线应分别接在第1号、第2号、第3号换向片上。实际上8槽、2极、24个换向片的单相串励电动机电枢绕组，通过换向片的作用，形成了三个闭合回路，这就决定了电刷宽度至少为三片换向片的宽度。

通过对8槽、2极、24个换向片单相串励电动机电枢单元绕组与换向片连接方法的分析，可以得出单相串励电动机电枢单元绕组与换向片连接的普遍规律：当换向片数 Z_k 与铁芯槽数 Z 的比值为 a（大于或等于1的整数）时，同一个槽内元件的首边引出线与其尾边引出线对应接在换向片上的距离也为"a"；相邻槽内元件首边与首边的引出线接在换向片上的距离为"a"，其尾边引出线接在换向片上的距离也为"a"；电枢绕组通过换向片连接形成的闭合回路数数也为"a"；电刷宽度也必须大于或等于"a"片换向片的宽度。

3. 单相串励电动机常见故障及其处理方法

单相串励电动机常见故障可分为两方面，一是机械方面的故障，二是电气方面的故障。为了简明扼要地表明单相串励电动机常见故障产生的原因以及修理方法，现列于表6-9中。

表 6-9 单相串励电动机常见故障及其处理方法

故障现象	故障原因	处理方法
测得电路不通，通电后不转	① 电源断线 ② 电刷与换向器接触不良 ③ 电动机内电路（定子或转子）断线	① 用万用表或试验灯检查，判定断线后，调换电源线或修理回路中造成断电的开关、熔断器等设备 ② 调整电刷电压弹簧，研磨电刷，更换电刷 ③ 拆开电动机，判定断路点，转子电枢断路一般需重绕；定子若断在引线，可重焊，否则需重绕
测得电路通，但电机空载、负载均不能转	① 定子或转子绕组短路 ② 换向片之间短路 ③ 电刷不在中性线位置（指电刷位置可调的串励机，下同）	① 拆开电机，检查短路点更换短路绕组 ② 若短路发生在换向片间的槽上部，可刻低云母，消除短路，否则需更换片间云母片 ③ 调整电刷位置
电刷下火花大	① 电刷不在中性线位置 ② 电刷磨损过多，弹簧压力不足 ③ 电刷或换向器表面不清洁 ④ 电刷牌号不对，杂质过多 ⑤ 电刷与换向器接触面过小 ⑥ 换向器表面不平 ⑦ 换向片之间的云母绝缘凸出 ⑧ 定子绕组有短路 ⑨ 定子绕组或电枢绕组通地 ⑩ 换向片通地 ⑪ 刷握通地 ⑫ 换向片间短路 ⑬ 电枢与换向片间焊接有误，有的单元焊反 ⑭ 电枢绕组断路 ⑮ 电枢绕组短路	① 校正电刷位置 ② 更换电刷；调整弹簧压力 ③ 清除表面炭末、油垢等污物 ④ 更换电刷 ⑤ 研磨电刷 ⑥ 研磨和车削换向器 ⑦ 刻低云母片，使之低于换向器表面1～2mm ⑧ 消除短路点或重绕线包 ⑨ 消除通地点或更换电枢绕组 ⑩ 加强绝缘，消除通地点 ⑪ 修理或更换刷握 ⑫ 修刮掉短路处的云母外，重新绝缘 ⑬ 查出误焊之处，重新焊接 ⑭ 消除断点或更换绕组 ⑮ 消除短路点或更换绕组
换向器出现环火（火花在换向器表面上连续出现）	① 电枢绕组断路或短路 ② 换向器片间短路 ③ 负载太重 ④ 电刷与换向器片接触不良 ⑤ 换向器表面凹凸不平 ⑥ 电源电压太高	① 检查电枢，查出并消除故障点，或更换电枢绕组 ② 清洗片间槽中炭及污垢，剔除槽中杂物，恢复片间绝缘 ③ 减载 ④ 研磨电刷镜面，或更换电刷 ⑤ 研磨或车削换向器表面，使之符合要求 ⑥ 调整电源电压
空载能转，但负载时不能启动	① 电源电压低 ② 定子线圈受潮 ③ 定子线圈轻微短路 ④ 电枢绕组有短路 ⑤ 电刷不在中性位置	① 改善电源电压条件 ② 用500V摇表测定子线圈对壳绝缘，若电阻很小但不为零即受潮严重，进行烘烤后，绝缘电阻应有明显增加 ③ 消除短路点或更换线包 ④ 检查并消除短路点，或更换电枢绕组 ⑤ 调整电刷位置
电动机转速太低	① 负载过重 ② 电源电压太低 ③ 电动机机械部分阻力太大 ④ 电枢绕组短路 ⑤ 换向片间短路 ⑥ 电刷不在中性线位置	① 减载 ② 调节电源电压 ③ 清洗或更换轴承；消除机械故障 ④ 消除短路点或重绕电枢绕组 ⑤ 消除短路；重新做绝缘 ⑥ 调整电刷位置
电枢绕组发热	① 电枢绕组内有接反的单元存在 ② 电枢绕组内有短路单元 ③ 电枢绕组有个别断路单元	① 查出反接单元，重新正确焊接 ② 查出短路单元，使之从回路中去掉或更换电枢绕组 ③ 查出断路单元，用跨接线短接，或更换电枢绕组

续表

故障现象	故障原因	处理方法
电枢绕组和铁芯均发热	① 超载 ② 定、转子铁芯相擦 ③ 电枢绕组受潮	① 减载 ② 校正轴；更换轴承 ③ 烘烤电枢绕组
定子线包发热	① 负载过重 ② 定子线包受潮 ③ 定子线包有局部短路	① 减载 ② 检查并烘烤恢复绝缘 ③ 重绕定子线圈
电动机转速太高	① 负载过轻 ② 电源电压高 ③ 定子线圈短路 ④ 电刷不在中性线位置	① 加载 ② 调节电源电压 ③ 消除短路或更换线包 ④ 调整电刷位置
电刷发出较大的"嘶嘶"声	① 电刷太硬 ② 弹簧压力过大	① 更换合适的电刷 ② 调整弹簧压力
负载增加使熔丝熔断	① 电源电压过高 ② 电枢绕组短路 ③ 电枢绕组断路 ④ 定子绕组短路 ⑤ 换向器短路	① 调整电源电压 ② 查出短路点，修复、更换绕组 ③ 查出断路元件，修复或更换 ④ 更换绕组 ⑤ 修复换向器
机壳带电	① 电源线接壳 ② 定子绕组接壳 ③ 电枢绕组通地 ④ 刷握通地 ⑤ 换向器通地	① 修理或更换电源线 ② 检查通地点，恢复绝缘，或更换定子线包 ③ 检查电枢，查清通地点，恢复绝缘或更换电枢绕组 ④ 加强绝缘或更换刷握 ⑤ 查出通地点，予以消除
空载时熔丝熔断	① 定子绕组严重短路 ② 电枢绕组严重短路 ③ 刷握短路 ④ 换向器短路 ⑤ 电枢被卡死	① 更换定子绕组 ② 更换电枢绕组 ③ 更换刷握 ④ 修复换向器绝缘 ⑤ 查出卡死原因，修复轴承或消除其他机械故障
电刷发出"嘎嘎"声	① 换向片间云母片凸起，使电刷跳动 ② 换向器表面高低不平，外圆跳动量过大 ③ 电刷尺寸不符合要求	① 下刻云母片，在换向片间形成合格的槽 ② 车削换向器，并做相应修理使之恢复正常状况 ③ 更换电刷

通过对表6-9的综合分析可知，单相串励电动机电气方面常出现的故障有接线上的问题，电源电压过高或低，定子线包短路、断路或通地，电枢绕组短路、断路、通地，换向器出现问题等。单相串励电动机常出的机械方面的毛病有：整机装配质量和轴承质量问题。下面我们分别介绍电动机电气故障和机械故障的检查方法。

4. 定子线包短路、断路、通地的检查方法

（1）定子线包短路　定子线包轻微短路时，其现象一般是电动机转速过高，定子线包发热。我们可以用电桥测电阻方法进行检测。具体检测时，将电动机完好的定子线包串入电桥的一个桥臂，另一个定子线包串入电桥另一桥臂中，比较两线包电阻，哪个线包阻值小，则说明其中有短路。

当线包短路严重时，线包发热严重，具有烧焦痕迹，这样的线包可以直观检查。正常线包呈透明发光亮的漆层。而短路严重的线包，漆层无光泽严重时呈褐色或黑色。若用万用表测电阻时，电阻很明显远比正常线包电阻值小。这样的线包只能更换。

（2）定子线包断路　定子线包断路，电动机不能工作。定子线包断路可以通过"万用表"

测电阻法来检查。定子线包断路，多发生在定子线包往定子铁芯安装过程中，而且多在线包的最里层线圈。这种情况下只能重新绕线包。有时线包断点发生在线包漆包线与引出线焊接处，所以修理时一定要注意焊接质量。

由于定子线包安装时容易造成断线，一定在线包安装完后立即用"万用表"检查是否有断路；在确定没有断路时，再给定子线包浸漆（即定子安装后浸漆）。

（3）定子线包通地　定子线包通地是指定子励磁绕组与定子铁芯相通。一旦定子线包通地，机壳就带电。我们发现机壳带电后，要拆开电动机，取出电枢，用500V兆欧表检查线包对机壳绝缘电阻值。若发现绝缘电阻值较小，但不为零，说明定子线包受潮严重，可以烘烤线包。烘烤完线包再用500V兆欧表检查绝缘电阻，若绝缘阻值没有增大，只好更换或重绕线包。若用500V兆欧表检查发现绝缘电阻值为零，则判定线包直接通地，一般只能更换或重绕线包。

（4）更换线包步骤　需要更换定子线包时，应将原线包取下，清除定子铁芯上的杂物。在拆原线包时，要记录几个重要数据：线包最大线圈的长宽尺寸、最小线圈的长宽尺寸、线包的厚度以及线包的线径和匝数。这些数据都是绕制新线包所必不可少的。

在重新绕制线包时，要先制作一个木模具。然后在木模上按原来线包参数绕制线包。线包绕制成后，用玻璃丝漆布或黄蜡绸布半叠包缠好，并压成与磁极一样的弯度。定子线包绕制完毕后，必须将线包先套入定子磁极铁芯，然后再浸漆烘干。若先浸漆，线包烘干后很坚硬，就不能压套在磁极铁芯上了。

定子线包套在磁极铁芯上之后，应检查线包是否有断路，在确定没断路后，方能浸漆烘干。在浸漆烘干后，还要用500V兆欧表检测线包与定子铁芯（机壳）间绝缘电阻值（绝缘电阻应大于5MΩ）；用"高压试验台"做线包与机壳间绝缘强度测试。测试加的电压应不低于1500V（正弦交流电压）。耐压测试时间应不小于1min。在测试过程中不应有击穿和闪烁现象发生。

更换完线包后，将定子线包与电枢绕组串联起来，其方法如图6-53所示。

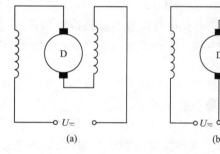

(a)　　　　　　(b)

图6-53　定子绕组与电枢绕组串联方法示意图

5. 电枢绕组故障检查

单相串励电动机电枢与直流电动机电枢结构相同，电枢绕组故障检查方法相同，可以参阅前面章节有关内容。这里只说明电枢单元绕组与换向片连接的具体方法。

（1）电枢单元绕组与换向片的焊接工艺　重新绕制的电枢单元绕组与换向片连接前，必须将换向片清理干净，然后再将单元绕组的首端边引出线和尾端边引线对位嵌入换向片槽口内，用根竹片按住引线头，再逐片焊接。焊接时，应使用松香酒精焊剂，切不可用酸性焊剂。焊接完，再切除长出换向片槽外的线头，清除焊接剂和多余焊锡等污物。

换向片与单元绕组焊接完后，要检查单元绕组与换向片是否连接正确，焊接质量，是否有虚焊或漏焊现象。如果有问题应及时处理。

（2）单元绕组与换向片连接的对应关系　家用电器产品所用的单相串励电动机，换向片数多为电枢铁芯槽的2倍或者3倍，但电枢单元绕组数与换向片数是相等的。这就要求每片换向片上必须有一个单元的首边引出线，又要有另外一个单元的尾边引出线。现在以J_1Z-6手电钻单相串励电动机的电枢为例说明电枢单元绕组与换向片连接的对位关系，如图6-54所示。

例中电动机电枢为9槽，换向片为27片，有两个磁极。电枢铁芯每个槽内有六条引出

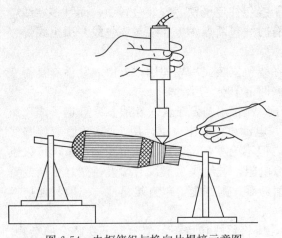

图 6-54 电枢绕组与换向片焊接示意图

线，三个单元的首边引出线和另外三个单元的尾边引出线。总计电枢绕组有 27 个单元，54 条引出线。在具体焊接过程中，是先将电枢 27 个单元首边引出线按顺序与每片换向片连上；27 个单元的尾边引出线暂时不连。

在 27 片换向片与 27 个单元首边引出线连完以后，再用万用表查出每片换向片所连单元的尾边引出线，然后将 27 个单元尾边引出线对位有规律地焊接在换向片上。例如第 1 号槽的 3 个单元绕组的首边接在第 1 号、第 2 号、第 3 号换向片上，第 1 号换向片所连的单元尾边查找出后，应连在第 4 号换向片上；第 2 号换向片所连单元尾边引出线查找出后，应连在第 5 号换向片上；依此类推，第 27 号换向片所连单元的尾边引出线应连在第 3 号换向片。实际每个单元首边引出线与尾端引出线在换向片上的距离为 3 片换向片的距离。

6. 换向部位出现故障的检查方法

单相串励电动机换向部位出现的故障与直流电动机常出现的换向部位故障是相同的。换向部位出现的故障有相邻换向片之间短路、换向器通地、电刷与换向器接触不良、刷握通地等。因此，两种电动机换向部位出现故障的检查方法和修理方法也是相同的。只是单相串励电动机刷握通地和电刷与换向器接触不良所造成的后果比直流电动机更严重，所以单独对这两种故障进一步介绍。

(1) 电刷与换向器接触不良的检查和修理　单相串励电动机的电刷与换向器接触不良，会使换向器与电刷之间产生较大火花，甚至环火，会造成换向器表面的烧伤，严重影响电动机的正常运行。

造成换向器与电刷间接触不良的主要原因有电刷磨损严重、电刷压力弹簧变形、换向器表面粘有污物或磨损严重等。

电刷与换向器接触不良时，必须打开电刷握，将电刷和弹簧取出。仔细观察电刷、弹簧、换向器表面，就容易发现是哪个部件出的问题。电刷磨损严重时，其端面偏斜严重，端面颜色深浅不一。这时只有更换电刷才行。在更换电刷时一定要注意电刷规格、电刷的软硬度和调节好电刷压力。这是因为，若电刷选择过硬会使换向器很快磨损，且使电动机运行时电刷发出"嘎嘎"声响；换向器与电刷间发生较大火花。若电刷选择太软，则电刷磨损太快，电刷容易粉碎。石墨粉末太多也容易造成换向片间短路，使换向器产生环火。

电刷压力弹簧损坏或弹簧疲劳是容易发现的。弹簧的弹力不足，就说明弹簧疲劳。若弹簧扭曲变形，说明弹簧已经损坏。弹簧一旦出现这样的情况，应及时更换。

换向器表面有污物时，只要用细砂布轻轻研磨即可。若换向片有烧伤斑点或换向器边缘处有熔点，可用锋利刮刀剔除。若发现换向片间云母片烧坏，应清除烧坏的云母片，重新绝缘烘干。另一种可能是换向片脱焊。

(2) 刷握通地　刷握通地是单相串励电动机的常见故障。刷握通地主要是因刷握绝缘受潮或损坏造成的。有时在调整刷握位置时，不慎也可能造成刷握通地。

电刷的刷握通地后，电动机运行时的表现，随着电枢绕组与定子线包连接方式的不同而不同。

① 电枢绕组串接于定子线包中间的方式：刷握发生通地故障后，随着电源火线与零线位置的不同而可能出现两种不同的现象。

a. 如图 6-55(a) 所示的情况：当接通电源时，电流由火线经定子线包 2，再经通地刷握形成回路。此时，熔丝将立即熔断。若熔丝太粗，熔断得慢，或不熔断，会使定子线包 2 烧毁。

b. 如图 6-55(b) 所示的情况：当接通电源时，电流由电源火线经过定子线包 1 和电枢绕组，再由接地刷握形成回路。此时，电动机能够启动运转，但由于只有一个定子线包起作用，主磁场减弱一半，所以使电动机转速比正常转速快得多，电枢电流也大得多。同时还会因磁场的不对称，使电动机运转时出现剧烈振动，并使电刷与换向器之间出现较大绿色火花。时间稍长，电动机发热，引起绕组烧毁。

② 电枢绕组串接于定子线包之外的连接方式：电刷的刷握接地后，则可能发生下列四种现象。

a. 图 6-56(a) 所示的情况：当电源接通后，电流由火线经过电枢绕组和通地刷握形成回路。此时熔丝应很快熔断。若熔丝熔断速度慢或不熔断，电枢绕组会因电流太大而烧毁。

b. 图 6-56(b) 所示的情况：当电源接通后，电流由火线经两个定子线包和通地刷握形成回路，定子绕组会立即烧毁。

c. 图 6-56(c) 所示的情况：当电源接通后，电流由火线经通地刷握形成回路，熔丝会立即熔断。

d. 图 6-56(d) 所示的情况：当电源接通后，电流由火线经定子线包和电枢绕组，再经通地刷握形成回路，电动机能够启动运行，转速正常，但电动机的机壳带电，对人身安全有危险。这也是绝对不允许的。

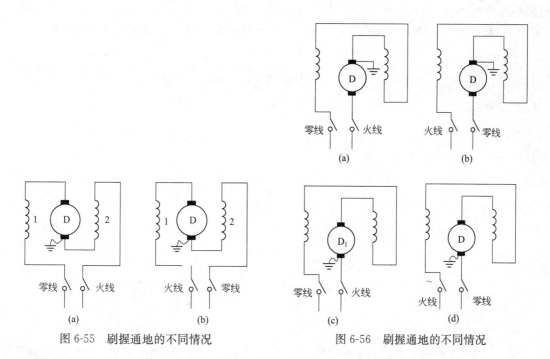

图 6-55 刷握通地的不同情况   图 6-56 刷握通地的不同情况

刷握通地的故障容易判定，只需用 500V 兆欧表检测刷握对机壳的绝缘电阻，或者用万用表检测刷握与机壳之间电阻就可以。一旦发现刷握通地，必须立即修理，不允许拖延。刷握通地很容易修理，只需要加强刷握与机壳间绝缘，或更换刷握。

7. 单相串励电动机噪声产生原因及降低噪声的方法

单相串励电动机运行时产生的噪声一般比直流电动机大得多。

单相串励电动机噪声来源可分为三个部分：机械噪声、通风噪声、电磁系统的噪声。

(1) 机械噪声 单相串励电动机转速很高，一旦电动机转子（电枢）动平衡或静平衡不好，会使电动机产生很强烈振动。另外，轴承稍有损坏、轴承间隙过大、轴承缺油也会使电动机产生振动，发出噪声。还有就是因换向器与电刷接触不良产生的噪声。

（2）通风噪声　通风噪声是因电动机运行时，其附属风扇产生高速气流用以冷却电动机。此高速气流通过电机时会产生噪声。

（3）电磁系统噪声　单相串励电动机通以正弦交流电，它的定子磁场和气隙磁场都是周期性变化的。磁极受到交变磁力的作用，电枢也会受到交变磁场作用，使电动机部件发生周期性交变的变形。这些都会使电动机产生噪声。

单相串励电动机运行的噪声是不可避免的，只能是设法降低噪声。下面介绍降低电动机噪声的方法。

① 降低机械噪声的方法

a. 对电动机转子（电枢）进行精密的平衡试验，尽最大努力提高转子平衡精度。

b. 选用高精度等级的轴承，注意及时给轴承加润滑油。一旦发现轴承有损坏及时更换。

c. 精磨换向器，尽量保持圆度，且使表面圆滑。同时还要精密研磨电刷端面，使之与换向器表面吻合，以减小电刷振动，从而降低噪声。

② 降低通风噪声的方法

a. 使冷却风扇的叶片数为奇数，例如7片、9片、11片、13片等。

b. 提高扇叶的刚度，并尽可能使各扇叶平衡。

c. 风扇的扇叶稍有变形应立即修正，并且可以增大风扇外径与端盖间的径向间隙，也就是减小风扇直径。

d. 将扇叶的尖锐边缘磨成圆形，并使通风道成流线型，以减少对空气流动的阻力。

第七章

直流电动机维修

　　将机械能转换为直流电能的电机称为直流发电机；将直流电能转换机械能的电机称为直流电动机。直流电机具有可逆性。如果将直流发电机接上直流电源就可以成为电动机。反之将直流电动机用原动机带动旋转，亦可以作为发电机使用。因此，直流电动机和直流发电机的结构相同。

第一节　电动机用途、分类、结构及原理

一、用途与分类

1. 用途

　　直流电机在切削机床、轧钢、运输等部门都得到普遍使用。直流电动机具有优良的调速特性，调速平滑、方便，调速范围广；过载能力大，能承受频繁的冲击负载；可实现频繁的无级调速、启动、制动和反转；能满足生产过程自动化系统各种不同的特殊运行要求等特点。直流发电机可作为各种直流电源。例如直流电动机的电源，同步电机的励磁机，化学工业方面作电解电镀的低压大电流直流电源。虽然晶闸管电源因其在技术和经济上的显著优点而在许多领域中逐渐取代直流发电机，但是直流电机在机床电气控制中仍有一定的重要性。

　　直流电机也有结构复杂、有色金属消耗较多、运行中维修比较麻烦、制造成本比交流电机高等不足之处，因此直流电机的使用受到了一定的限制。直流发电机的特性和用途见表 7-1。

表 7-1　直流发电机的特性及用途

励 磁 方 式	电压变化率	特　　性	用　　途
永磁	1%～10%	输出端电压与转子转速成线性关系	用作测速发电机
他励	5%～10%	输出端电压随负载电流增加而降低，能调节励磁电流，使输出端电压有较大幅度的变化	常用于电动机-发电机-电动机系统中，实现直流电动机的恒转矩宽广调速

续表

励磁方式	电压变化率		特 性	用 途
并励	20%～40%		输出端电压随负载电流增加而降低，降低的幅度较他励时为大，其外特性稍软	充电、电镀、电解、冶金等用直流电源
复励	积复励	小，超过6%	输出端电压在负载变化时变化较小，电压变化率由复励调谐	直流电源，或用柴油机带动的独立电源等
	差复励	较大	输出端电压随负载电流增加而迅速下降，甚至降为零	如用于自动舵控制系统中作为执行直流电动机的电源
串励			有负载时，发电机才能输出端电压；输出的电压随负载电流增加而上升	用作升压机

直流电动机从实际冷却状态下开始运转，到绕组为工作温度时，由于温度变化引起了磁通变化和电枢电阻压降的变化，因此产生转速变化，一般为15%～20%。而永磁直流电动机的磁通与温度无关，仅电枢电阻压降随温度变化，所以由于温度变化而产生的转速变化为1%～20%。

稳定并励直流电动机的主极励磁绕组由并励绕组和稳定绕组组成。稳定绕组实质上是少量匝数的串励绕组。在并励或他励电动机中采用稳定绕组的目的，在于使转速不致随负载增加而上升，而是略为降低。

复励中串励绕组和并励绕组的极性同向的，称积复励；极性相反的，称差复励。通常所称复励直流电机是指积复励。在复励直流发电机中，串励绕组使其空载电压和额定电压相等，称为平复励；使其空载电压低于额定电压的，称为复励；使其空载电压高于额定电压的，称欠复励。根据串励绕组在电机接线中连接情况，复励直流电机接线有短复励和长复励之分。

2. 分类

按用途可分为：直流发电机；直流电动机。

按励磁方式分：他励式；自励式。

在自励电机中，按励磁绕组接入方式分：并励式；串励式；复励式（积复励，差复励）。

按防护结构形式分：开启式；防滴式；全封闭式；封闭防水式。

二、直流电动机的结构和工作原理

1. 结构

直流电动机由定子、电枢、换向器、电刷、电刷架、机壳、轴承等主要部件构成，如图7-1所示。磁极由磁极铁芯和励磁绕组组成，安装在机座上。机座是电动机的支撑体，也是磁路的一部分。磁极分为主磁极和换向极。主磁极励磁线圈用直流电励磁，产生N、S极相间排列的磁场，换向极置于主磁极之间，用来减小换向时产生的火花。

电枢由电枢铁芯与电枢绕组组成。电枢装在转轴上。转轴旋转时，电枢绕组切割磁场，在其中产生感应电动势。电枢铁芯用硅钢片叠成，外表面开有均匀的槽，槽内嵌放电枢绕组，电枢绕组与换向器连接。换向器又称为整流子，它是直流电动机的关键部件。换向器的作用是将外电路的直流电转换成电枢绕组的交流电，以保证电磁转矩作用方向不变。

2. 直流电动机的工作原理

直流电动机接上电源以后，电枢绕组中便有电流通过，应用左手定则可知，电动机转子将受力而逆时针方向旋转，如图7-2所示。由于换向器的作用，使N极和S极下面导体中的电流始终保持一定的方向，因而转子便按逆时针方向不停地旋转。

图 7-1　直流电动机的外形及结构

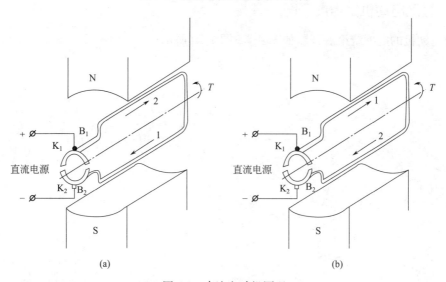

(a)　　　　　　　　　　　　　　(b)

图 7-2　直流电动机原理

第二节　直流电动机接线图及绕组展开图

直流电动机接线图及绕组展开图及维修方法与串励式电动机基本相同，电子绕组与转子绕组的维修过程参见串励电动机内容，本节主要介绍直流电动机接线方式及展开图。

一、　直流电动机接线图

直流电动机根据转子及定子连接方式的不同分为串励式、并励式、复励和他励式，如图 7-3～图 7-6 所示。

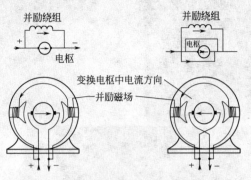

图 7-3　并励式绕组接线图（变换电枢引线
即能改变旋转方向）

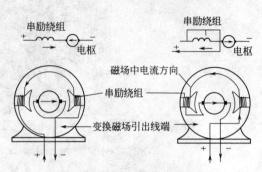

图 7-4　串励式绕组接线图（变换磁场引线
即能改变旋转方向）

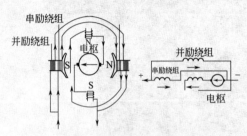

图 7-5　具有换向极的 2 极复励式绕组接线图

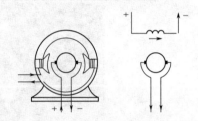

图 7-6　他励式绕组接线图

二、直流电动机绕组展开图

直流电动机的电枢绕组展开图如图 7-7～图 7-10 所示。

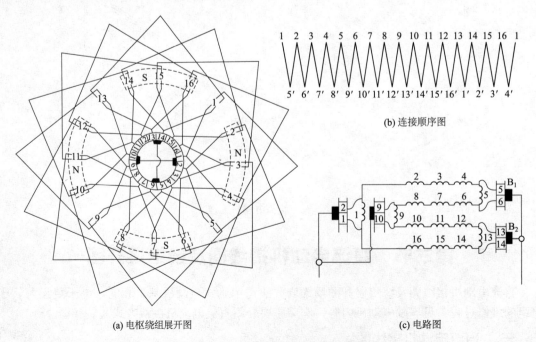

(a) 电枢绕组展开图

(b) 连接顺序图

(c) 电路图

图 7-7　4 极 16 槽单叠绕组端部接线图

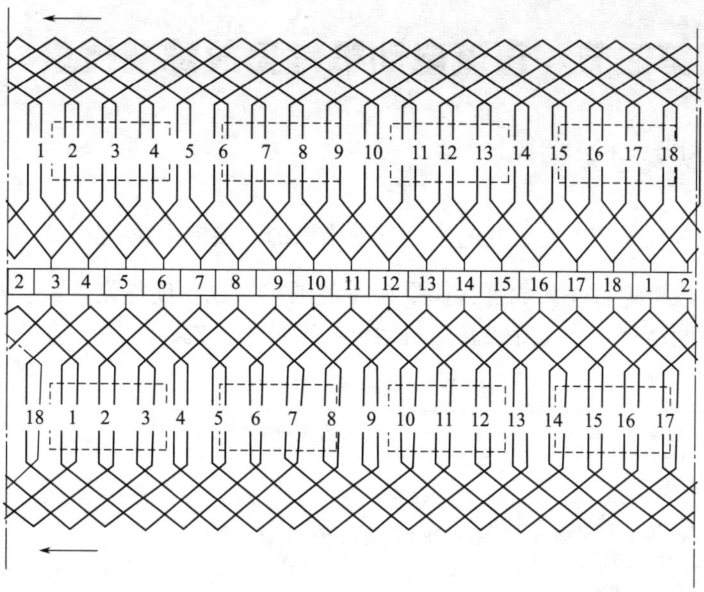

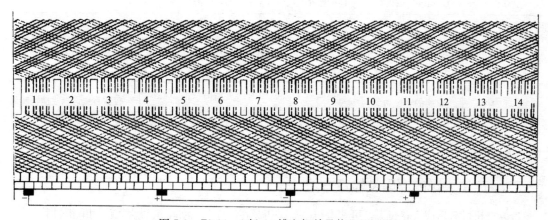

图 7-8　4 极 18 槽绕组展开图

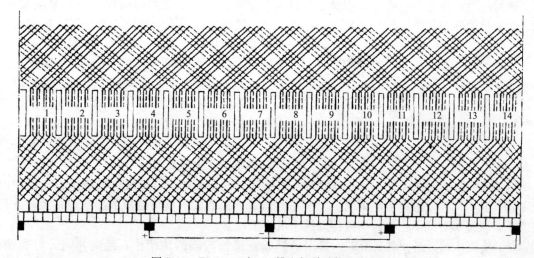

图 7-9　Z2-11，2 极 14 槽电枢单叠绕组展开图

图 7-10　Z2-11，2 极 14 槽电枢单波绕组展开图

第三节　直流电动机常见故障及检查

一、电刷下火花过大

直流电机故障多数是从换向火花的增大反映出来的。换向火花有 1、$1\frac{1}{4}$、$1\frac{1}{2}$、2、3 五级。微弱的火花对电机运行并无危害。如果火花范围扩大或程度加剧，就会灼伤换向器及电刷，甚至使电机不能运行，火花等级及电机运行情况见表 7-2。

表 7-2　电刷下火花等级

火花等级	程度	换向器及电刷的状态	允许运行方式
1	无火花		
$1\frac{1}{4}$	电刷边缘仅小部分有弱的点状火花或有非放电性的红色小火花	换向器上没有黑痕，电刷上没有灼痕	允许长期连续运行
$1\frac{1}{2}$	电刷边缘大部分或全部有轻弱的火花	换向器上有黑痕出现，但不发展，用汽油即能擦除，同时在电刷上有轻微的灼痕	
2	电刷边缘大部分或全部有较强烈的火花	换向器上有黑痕出现，用汽油不能擦除，同时电刷上有灼痕（如短时出现这一级火花，换向器上不会出现灼痕，电刷不致被烧焦或损坏）	仅在短时过载或短时冲击负载时允许出现
3	电刷的整个边缘有强烈的火花，有时有大火花飞出（即环火）	换向器上黑痕相当严重，用汽油不能擦除，同时电刷上有灼痕（如在这一级火花等级下短时运行，则换向器上将出现灼痕，同时电刷将被烧焦）	仅在直接启动或逆转瞬间允许存在，但不得损坏换向器

二、产生火花的原因及检查方法

（1）电机过载造成火花过大：可测电机电流是否超过额定值。如电流过大，说明电机过载。

（2）电刷与换向器接触不良：换向器表面太脏；弹簧压力不合适。可用弹簧秤或凭经验调节弹簧压力；在更换电刷时，错换了其他型号的电刷；电刷或刷握间隙配合太紧或太松。配合太紧可用砂布研磨，如配合太松需更换电刷；接触面太小或电刷方向放反了，接触面太小主要是在更换电刷时研磨方法不当造成的。正确的方法是，用 N320 号细砂布压在电刷与换向器之间（带砂的一面对着电刷，紧贴在换向器表面上，不能将砂布拉直），砂布顺着电机工作方向移动，如图 7-11 所示。

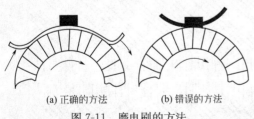

(a) 正确的方法　　(b) 错误的方法

图 7-11　磨电刷的方法

（3）刷握松动，电刷排列不成直线，电刷位置偏差越大，火花越大。

（4）电枢振动造成火花过大：电枢与各磁极间的间隙不均匀，造成电枢绕组各支路内电压不同，其内部产生的电流使电刷产生火花；轴承磨损造成电枢与磁极上部间隙过大，下部间隙小；联轴器轴线不正确；用带传动的电机，带过紧。

（5）换向片间短路：电刷粉末、换向器铜粉充满换向器的沟槽中；换向片间云母腐蚀；修换向器时形成的毛刷没有及时消除。

（6）电刷位置不在中性点上：修理过程中电刷位置移动不当或电刷架固定螺栓松动，造成电刷下火花过大。

（7）换向极绕组接反：判断的方法是，取出电枢，定子通以低压直流电流。用小磁针试验换向极极性。顺着电机旋转方向，发电机为 n—N—S—S，电动机为 n—S—s—N（其中大写字母为主磁极极性，小写字母为换向极极性）。

（8）换向极磁场太强或太弱：换向极磁场太强会出现以下症状：绿色针状火花，火花的位置在电刷与换向器的滑入端，换向器表面对称灼伤。对于发电机，可将电刷逆着旋转方向移动一个适当角度；对于电动机，可将电刷顺着旋转方向移动一个适当的角度。

换向极磁场太弱会出现以下症状：火花位置在电刷和换向器的滑出端。对于发电机需将电刷顺着旋转方向移动一个适当角度；对于电动机，则需将电刷逆着旋转方向移动一个适当角度。

（9）换向器偏心：除制造原因外，主要是修理方法不当造成的。换向器片间云母凸出：对换向器槽挖削时，边缘云母片未能清除干净，待换向片磨损后，云母片便凸出，造成跳火。

（10）电枢绕组与换向器脱焊：用万用表（或电桥）逐一测量相邻两片的电阻，如测到某两片间的电阻大于其他任意两片的电阻，说明这两片间的绕组已经脱焊或断线。

三、换向器的检修

换向器的片间短路与接地故障，一般是由于片间绝缘或对地绝缘损坏，且其间有金属屑或电刷碳粉等导电物质填充所造成的。

（1）故障检查方法：用检查电枢绕组短路与接地故障的方法，可查出故障位置。为分清故障部位是在绕组内还是在换向器上，要把换向片与绕组相连接的线头焊开，然后用试验灯检查换向片是否有片间短路或接地故障。检查中，要注意观察冒烟、发热、焦味、跳火及火花的伤痕等故障现象，以分析、寻找故障部位。

（2）修理方法：找出故障的具体部位后，用金属器具刮除造成故障的导电物体，然后用云母粉加胶合剂或松脂等填充绝缘的损伤部位，恢复其绝缘。若短路或接地的故障点存在于换向器的内部，必须拆开换向器，对损坏的绝缘进行更换处理。

（3）直流电动机换向器制造工艺及装配方法

① 制作换向片。制作换向片的材料是专用冷拉梯形铜排，落料后必须经校平工序，最后按图纸要求用铣床加工嵌线柄或开高片槽。

② 升高片制作与换向片的连接。升高片一般用 0.6～1mm 的紫铜枚或 1～1.6mm 厚紫铜带制作。

升高片与换向片的连接一般采用铆钉铆接或焊接，焊接一般采用铆焊、银铜焊、磷铜焊。

③ 片间云母板的制作。按略大于换向片的尺寸，冲剪而成。

④ V 形绝缘环和绝缘套管的制作。首先按样板将坯料剪成带切口的扇形，一面涂上胶黏剂并晾干，然后把规定层数的扇形云母粘贴成一整叠，并加热至软化，外包一层聚酯薄膜，用带子捆起来，用手将坯料压在模子的 V 形部分，再加压铁压紧，待冷至室温后取下压铁便完成了初步成形。最后在 160～210℃下进行烘压处理，冷却至室温后，便得到成型的 V 形绝缘环。

⑤ 装配换向片的烘压。先将换向片和云母板逐片相间排列置于叠压模的底盘上，拼成圆筒形，按编号次序放置锥形压块，用带子将锥形压块扎紧，并在锥形压块与换向片之间插入绝缘纸板，再套上叠压圈后，便可拆除带子。

⑥ 加工换向片组 V 形槽。

⑦ 换向器的总装。换向器的总装是将换向片组、V 形绝缘环、压圈、套管等零件组装在

一起，用螺杆或螺母紧固，再经数次冷压和热压，使换向器成为一个坚固稳定的圆柱整体。

四、电刷的调整方法

1. 直接调整法

首先松开固定刷架的螺栓，戴上绝缘手套，用两手推紧刷架座，然后开车，用手慢慢逆电机旋转的方向转动刷架。如火花增加或不变，可改变方向旋转，直到火花最小为止。

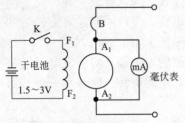

图 7-12 感应法确定电刷中性点位置

2. 感应法（如图 7-12 所示）

当电枢静止时，将毫伏表接到相邻的两组电刷上（电刷与换向器的接触要良好），励磁绕组通过开关 K 接到 1.5～3V 的直流电源上，交替接通和断开励磁绕组的电路。毫伏表指针会左右摆动。这时，将电机刷架顺电机旋转方向或逆时针方向移动，直至毫伏表指针基本不动时，电刷位置即在中性点位置。

3. 正反转电动机法

对于允许逆转的直流电动机，先使电动机顺转，后逆转，随时调整电刷位置，直到正反转转速一致时，电刷所在的位置就是中性点的位置。

五、电动机不能启动

（1）电动机无电源或电源电压过低。

（2）电动机启动后有"嗡嗡"声而不转。其原因是过载，处理方法与交流异步电动机相同。

（3）电动机空载仍不能启动。可在电枢电路中串上电流表量电流。如电流小可能是电路电阻过大、电刷与换向器接触不良或电刷卡住。如果电流过大（超过额定电流），可能是电枢严重短路或励磁电路断路。

六、电动机转速不正常

（1）转速高：串励电动机空载启动；积复励电动机，串励绕组接反；磁极线圈断线（指两路并励的绕组）；磁极绕组电阻过大。

（2）转速低：电刷不在中性线上、电枢绕组短路或接地。电枢绕组接地，可用试验灯检查，其方法如图 7-13 所示。

七、电枢绕组过热或烧毁

（1）长期过载，换向磁极或电枢绕组短路。

（2）直流发电机负载短路造成电流过大。

（3）电压过低。

（4）电机正反转过于频繁。

（5）定子与转子相摩擦。

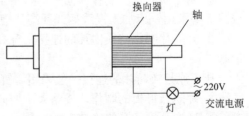

图 7-13 用试验灯检查电枢绕组的接地点

八、磁极线圈过热

（1）并励绕组部分短路：可用电桥测量每个线圈的电阻，是否与标准值相符或接近，电阻值相差很大的绕组应拆下重绕。

（2）发电机气隙太大：查看励磁电流是否过大，拆开电机，调整气隙（即垫入铁皮）。

（3）复励发电机负载时，电压不足，调整电压后励磁电流过大；该发电机串励绕组极性接反；串励线圈应重新接线。

（4）发电机转速太低。

九、 电枢振动

（1）电枢平衡未校好。

（2）检修时，风叶装错位置或平衡块移动。

十、 直流电动机的拆装

拆卸前要进行整机检查，熟悉全机有关的情况，做好有关记录，充分做好施工的准备工作。拆卸步骤如下。

（1）拆除电动机的所有接线，同时做好复位标记和记录。

（2）拆除换向器端的端盖螺栓和轴承盖的螺栓，并取下轴承外盖。

（3）打开端盖的通风窗，从各刷握中取出电刷，然后再拆下接在刷杆上的连接线，并做好电刷和连接线的复位标记。

（4）拆卸换向器端的端盖。拆卸时先在端盖与机座的接合处打上复位标记，然后在端盖边缘处垫以木楔，用铁锤沿端盖的边缘均匀地敲打，使端盖止口慢慢地脱开机座及轴承外圈。记好刷架的位置，取下刷架。

（5）用厚牛皮纸或布把换向器包好，以保持清洁，防止碰撞致伤。

（6）拆除轴伸出端的端盖螺钉，将连同端盖的电枢从定子内小心地抽出或吊出。操作过程中要防止擦伤绕组、铁芯和绝缘等。

（7）把连同端盖的电枢放在准备好的木架上，并用厚纸包裹好。

（8）拆除轴伸端的轴承盖螺钉，取下轴承外盖和端盖。轴承只在有损坏时才需取下来更换，一般情况下不要拆卸。

电动机的装配步骤按拆卸的相反顺序进行。操作中，各部件应按复位标记和记录进行复位，装配刷架、电刷时，更需细心认真。

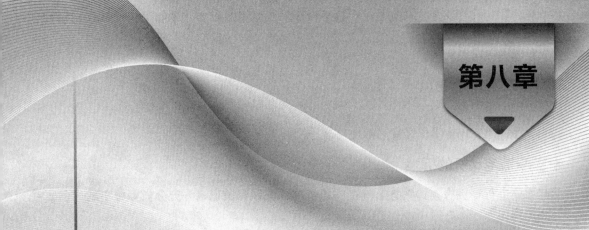

第八章

小型电动机维修

第一节　微型直流电动机维修

一、结构

　　如图 8-1 所示，直流电动机主要包括定子、转子和电刷三部分。定子是固定不动的部分，由永久磁铁制成；转子是在软磁材料硅钢片上绕上线圈构成的；而电刷则是把两个小炭棒用金属片卡住，固定在定子的底座上，与转子轴上的两个电极接触而构成的。电子稳速式电机还包括电子稳速板。

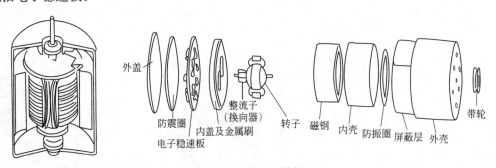

外盖　　整流子（换向器）　转子　磁钢　内壳　防振圈　屏蔽层　外壳　带轮

防震圈　内盖及金属刷

电子稳速板

图 8-1　电动机的结构

二、直流电动机稳速原理

1. 机械稳速

　　机械稳速是通过在电机转子上安装的离心触点开关实现的。离心开关与电阻并联，当电机转子旋转过快时，调速器触点受离心力作用而离开，电源通过电阻 R 后再加到电机上，因而电机两端电压下降，使电机转速减慢。当电机转速过慢时，离心力变小，调速器触点闭合，电源不通过电阻而是直接加到电机上，电机转速加快（如图 8-2 所示）。

2. 电子稳速

用晶体管电子电路稳定电机转速的装置叫电子稳速装置，电机线圈、电阻 R_1、R_2 和 R_3 构成桥式电路。当电路保持平衡状态时，a 点电位比 b 点高约 0.4V，此时电位器 RP_1（RP_2）有一定电流通过。当电机转速增加时，反电动势增加，相当于电机线圈内阻增加，致使 a 点的电位更高于 b 点的电位。a 点电位升高，V_2 的发射极电位也随着升高，相对的基极电位降低，于是其集电极电流减小，由于 V_2 的集电极电流即是 V_1 的基极电流，所以，V_1 的集电极电流也减小，因此流过电机线圈的电流减小，电机转速变低。相反，若电机转速过低时，通过三极管的作用，使电机线圈电流有所增加，从而使电机转速提高（如图 8-3 所示）。

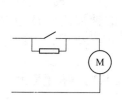

图 8-2　机械稳速原理

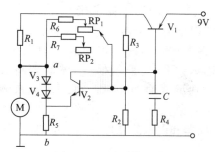

图 8-3　电子稳速原理

电子稳速方式比机械稳速方式稳定性高、噪声小，所以被现代高级盒式收录机和普通盒式收录机所普遍采用。

3. 电压伺服发电机稳速

在电机内装有伺服发电机，当电机旋转时，同时带动该发电机转动。该发电机产生的电压与转速成正比。为了利用发电机产生的电压控制电机的转速，通常在发电机 G 和电机 M 之间接上电压伺服电路。当电机转速变快时，发电机产生的电压升高，使三极管 V_1 的基极电压增大，集电极电压，即三极管 V_2 基极电压变低，V_2 的基极电流 I_{b2} 变小，从而 V_2 的集电极电流 I_{c2} 变小。电流 I_{c2} 即是电机的电流，I_{c2} 变小，会使电机转速变慢。与上述过程相反，当电机转速变慢时，通过发电机和电路的调整作用会使电机转速变快（如图 8-4 所示）。

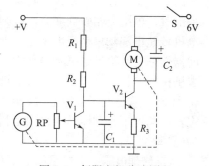

图 8-4　伺服电机稳速原理

三、电动机常见故障及检修

1. 电动机不转

电机内转子线圈断路，电机引线断路，稳速器开路以及电刷严重磨损而接触不上，都会致使电机不转。此外，若电机受到强烈振动或碰撞，使电机定子的磁体碎裂而卡住转子或者电机轴与轴之间严重缺油而卡死转子，也均会造成电机不转。注意，一旦出现这两种情况时，就不应再加电，否则会烧毁转子线圈。

2. 转速不稳

电动机转速不稳的原因较多。例如，因电机长期运转，致使轴承中的油类润滑剂干涸，转动时机械噪声将明显增大，若用手转动电机轴，会感到转动不灵活。如果电机的换向器或电刷磨损严重，两者不光滑，也会造成电机转速不稳。如果电子式稳速器中可变电阻的滑动片产生氧化层或松动，与电阻片接触不良，则会造成无规则的转速不稳。另外，若电子稳速电路中起补偿作用的电容开路，则会使电路产生自励振荡，而使电机转速出现忽快忽慢有节奏的变化。

3. 电噪声大

电机在转动过程中产生较大火花，如果电机的换向器和电刷磨损较严重，两者接触不良，即转子旋转中时接时断，则会产生火花。另外，若换向器上粘上炭粉、金属末等杂物，也会造成电刷与换向器的接触不良，从而产生电火花。

4. 转动无力

定子永久磁体受振断裂，电机转子线圈中有个别绕组开路等，都会使电机转动无力。

5. 电机的修理

（1）电机轴承浸油。如果确认电机转速不稳是因其轴承缺油造成的，则应给轴承浸油。具体做法是：将电机拆下，打开外罩，撬开电机后盖，抽出电机转子，用直径4mm的平头钢冲子，冲下电机壳上以及后盖上的轴承。然后用纯净的汽油洗刷轴承，尤其要对轴承内孔仔细清洗。清洗后要将轴承擦干，在纯净的钟表润滑油中浸泡一段时间，在对轴承浸油的同时，可利用无水酒精将转子上的换向器和后盖上的电刷都清洗一下。最后复原。

（2）换向器和电刷的修理。如果电机出现严重火花，则应检查换向器和电刷的磨损情况，并修理。

① 修理换向器。打开电机壳，将转子抽出，检查换向器的磨损程度，并视情况进行处理。若换向器的表面有轻微磨损，可将3mm宽的条状金相砂纸，套在换向器上，转动电机转子，打磨其表面，直到磨损痕迹消失。若换向器表面磨损较重，出现凹状，则可用4mm宽的条状400号砂纸套在换向器上，然后将转子卡在小型手电钻上，先粗磨一遍，待表面较平滑时，再用金相砂纸细磨，可调整电刷与换向器的相对位置，避开磨损部位。另外，有些电机转速正常，只是产生火花，干扰其他电气设备或者视频设备。这种现象很可能是由于换向器上粘上炭粉、金属末等杂物，造成电刷与换向器之间接触不良而引起的。可用提高转速法试排除之。具体方法是：将电机上的传动带摘除，对电机加上较高的直流电源，让其高速转1min。若是电子稳速电机，可以加上12～15V电压。电机旋转时间可以根据实际情况而定，可长可短。这样做的目的是利用电机做高速旋转时产生的离心力作用，将换向器上的杂物甩掉。

② 修理电刷。电机里的电刷有两种，一种是炭刷，另一种是弹性片。炭刷磨损后，使弧形工作面与换向器的接触紧密，两者之间某处有间隙，这时用小什锦圆锉边修整圆弧面边靠在换向器上试验，直至整个圆弧面都与换向器紧密接触为止。另外，在炭质电刷架的背面都粘有一条橡胶块，其作用是加强电刷的弹性。使用中，若该橡胶块脱落或局部开胶，就会使电刷弹性减小，从而使电刷对换向器的压力减小，接触也就不紧密。遇此情况，用胶水将橡胶块按原位粘牢即可。对于弹性片电刷，常出现的问题主要是刷面不平整，有弯曲的地方，只要用镊子将其拉直矫正并且使两个电刷互相靠近即可修复。

注意，按上述的方法对换向器以及电刷修整后，一定要仔细进行清洗，尤其换向器上的几个互不接触的弧形钢片之间的槽里要用钢材剔除粉末杂物，否则电机将不能正常工作。

③ 电机开路性故障的修复。经过检测，如果发现电机有开路性故障，在一般情况下是可以修复的。因为电机开路通常是由换向器上的焊点脱焊或离心式稳速开关上的焊点脱焊以及电子式稳速器中晶体三极管开路（管脚脱焊或损坏）造成的。可针对实际情况进行修理。如果是焊点脱焊，可重新焊好，如果是晶体三极管损坏，应将其更换。

④ 电机短路性故障的修理。对于电机线圈内部的短路性故障，在业余条件下，多采用更换法进行修复。

第二节 罩极式电动机维修

一、罩极式电动机的构造原理

罩极式电动机的构造如图 8-5 所示，主要由定子、定子绕组、罩极、转子、支架等构成。通入 220V 交流电，定子铁芯产生交变磁场，罩极也产生一个感应电流，以阻止该部分磁场的变化，罩极的磁极磁场在时间上总滞后于嵌放罩极环处的磁极磁场，结果使转子产生感应电流而获得启动转矩，从而驱动蜗轮式风叶转动。

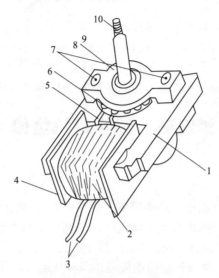

图 8-5 罩极式电动机构造
1—定子；2—定子绕组；3—引线；4—骨架；5—罩极（短路环）；
6—转子；7—紧固螺钉；8—支架；9—转轴；10—螺杆

二、检修

1. 开路故障

用万用表 $R \times 10$ 或 $R \times 100$ 挡测量两引线的电阻，视其电阻大小判断是否损坏。正常电阻值在几十到几百欧之间，若测出电阻为无穷大，说明电机的绕组烧毁，造成开路。先检查电机引线是否脱落或脱焊，重新接好、焊好引线，故障便排除了。若正常故障部位多半是绕组表层齐根处或引出线焊接处受潮霉断而造成开路，只要将线包外层绝缘物卷起来，细心找出断头，重新焊牢，故障即排除。

2. 电机冒烟，有焦味

故障现象为电机绕组匝间或局部短路所致，使电流急剧增大，绕组发高热最终冒烟烧毁。遇到这种故障应立即关掉电源，避免故障扩大。

用万用表 $R \times 10$ 或 $R \times 100$ 挡测量两引棒（线）电阻若比正常电阻低得多，则可判定电机绕组局部短路或烧毁。维修步骤如下。

① 先将电机的固定螺钉拧出，拆下电机。

② 拆下电机架螺钉，使支架脱离定子，取出转子（注意，转子轴直径细而长，卸后要保管好，切忌弄弯）。

③ 找两块质地较硬的木版垫在定子铁芯两旁，再用台虎钳夹紧木版，用尖形铜棒轮换顶住弧形铁芯两端，用铁锤敲打铜棒尾端，直至将弧形铁芯绕组组件冲出来。

④ 用两块硬木板垫在线包骨架一端的铁芯两旁，用上述的方法将弧形铁芯冲出来。

⑤ 将骨架内的废线、浸渍物清理干净，利用原有的骨架进行绕线。如果拆出的骨架已严重损坏无法复用时，可自行粘制一个骨架，将骨架套在绕线机轴中，两端用锥顶、锁母夹紧，按原先匝数绕线。线包绕好后，再在外层包扎 2～3 层牛皮纸作为线包外层绝缘。

⑥ 把弧形铁芯嵌入绕组骨架内，经浸漆烘干再装回定子铁芯弧槽内。

⑦ 用万用表复测绕组的电阻，若正常，绕组与铁芯无短路，空载通电试转一段时间，手摸铁芯温升正常，说明电机修好了，将电机嵌回电热头原位，用螺钉拧紧即可恢复正常使用。

有时电机经过拆装，特别是拆装多次，定子弧形槽与弧形铁芯配合间隙会增大，电机运转时会发出"嗡嗡"声，此时可在其间隙处滴入几滴熔融沥青，凝固后，噪声便消除。

3. 电机启动困难

故障原因：电机启动困难多半是罩极环焊接不牢形成开路，导致电机启动力矩不足。

维修时用万用表 AC 250V 挡测量电机两端引线电压，220V 为正常，再用电阻挡测量单相绕组电阻。如也正常，再用手拨动一下风叶，若转动自如时，故障原因多半是四个罩极环中有一个接口开路。将电机拆下来，细心检查罩极环端口即可发现开路处。

第三节　同步电机维修

一、结构特点

永磁式同步电机，具有体积小、结构紧凑、耗电省、工作稳定、转动平稳、输出力矩大和供电电压高、低变化对其转速无影响等优点。永磁同步电机的整体结构见图 8-6，它由减速齿轮箱和电机两部分构成。电机由前壳、永磁转子、定子、定子绕组、主轴和后壳等组成。前壳和后壳均选用 0.8mm 厚的 08F 结构钢板经拉深冲压而成，壳体按一定角度和排列冲出 6 个辐射状的极爪，嵌装后上、下极爪互相错开构成一个定子，定子绕组套在极爪外。后壳中央铆有一根直径为 1.6mm 的不锈钢主轴，主要作用是固定转子转动。永磁转子采用铁氧体粉末加入黏合剂经压制烧结而成，表面均匀地充磁，$2p=12$ 极，并使 N、S 磁极交错排列在转子圆周上，永磁磁场强度通常在 0.07～0.08T。组装时，先将定子绕组嵌入后壳内，采用冲铆方式铆牢电机。

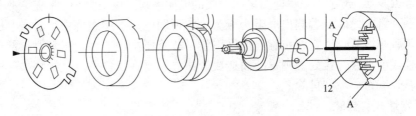

图 8-6　永磁同步电机构造

二、维修

检修时，首先从同步电机外部电路检查，看连接导线是否折断、接线端子是否脱落。若正常，用万用表交流 250V 挡测量接线端子 6H1-2H2 的端电压，若正常，说明触头 3C-a 工作正常，断定同步电机损坏。

拧下同步电机两支 M3 螺钉，卸下电机，用什锦锉锉掉后壳铆装点（后壳"A"四处），用一字螺丝刀插入前壳缝隙中将前壳撬出，取出绕组，用万用表 $R×1k$ 或 $R×10k$ 挡测量电源引线两端。绕组正常电阻为 10～10.5kΩ，如果测量出的电阻为无穷大，说明绕组断路。这种断路故障有可能发生在绕组引线处，先拆下绕组保护罩，用镊子小心地将绕组外层绝缘纸掀起来，细心观察引线的焊接处，找出断头后，逆绕线方向退一匝，剪断霉断头，重新将断头焊牢，将绝缘纸包扎好，装好电机，故障排除。

有时断头未必发生在引线焊点处，很有可能在绕组的表层，此时可将绕组的漆包线退到一个线轴上，直至将断头找到。用万用表测量断头与绕组首端是否接通。若接通，将断头焊牢包扎绝缘好，再将拆下的漆包线按原来绕线方向如数绕回线包内，焊好末端引线，装好电机，故障消除。

绕组另一种故障是烧毁。轻度烧毁为局部或层间烧毁，线包外层无烧焦迹象。严重烧毁则线包外层有烧焦迹象。对于烧毁故障，用万用表 $R \times 1k$ 或 $R \times 10k$ 挡测量引线两端电阻。如果测得电阻比正常电阻小得很多，说明绕组严重烧毁短路，对于上述的烧毁故障，必需重新绕制绕组。具体做法：将骨架槽内烧焦物、废线全部清理干净，如果骨架槽底有轻度烧焦或局部变形疙瘩，可用小刀刮掉或用什锦锉锉掉，然后在槽内缠绕 2～3 匝涤纶薄膜青壳纸作绝缘层。将骨架套进绕线机轴中，两端用螺母压紧，找直径 0.05mmQA 型聚氨酯漆线包密绕 11000 匝（如果手头只有直径 0.06mmQZ-1 型漆线包也可使用，绕后只是耗用电流大一些，对使用性能无影响）。由于绕组用线的直径较细，绕线时绕速力求匀称，拉力适中，切忌一松一紧，以免拉断漆线包同时还要注意漆包线勿打结。为了加强首末两端引线的拉伸机械强度，可将首末漆包线来回折接几次，再用手指捻成一根多股线，再将其缠绕在电源引线裸铜线上，不用刮漆用松香焊牢即可。注意，切勿用带酸性焊锡膏进行焊接，否则日后使用漆包线容易锈蚀折断！绕组绕好后，再用万用表检查是否对准铆装点（四处），用锤子敲打尖冲子尾端，将前、后壳铆牢。通电试转一段时间，若转子转动正常，无噪声，外壳温升也正常，即可装机使用。

参考文献 ‹‹‹——

[1] 曹祥. 电动机原理维修与控制电路. 北京：电子工业出版社，2010.
[2] 杨扬. 电动机维修技术. 北京：国防工业出版社，2012.
[3] 赵清. 电动机. 北京：人民邮电出版社，1988.
[4] 松柏. 三相电动机修理自学指导. 北京：科学技术出版社，1997.